国家科学技术学术著作出版基金资助出版

多体物理中的相干态正交化方法及其应用

汪克林 陈庆虎 刘 涛 著

中国科学技术大学出版社

内 容 简 介

本书讲述的相干态正交化理论是一种非微扰的新方法. 它和 Green 函数相较可以看到,后者按耦合常数的幂展开,而新方法首先将玻色场平移至所有近似理论得到的零级近似所需新的玻色场后,再在新玻色场的"Fock 态"中展开. 本书从阐述相干态正交化方法的物理思想出发,叙述其如何严格求解二态单模玻色场的 J - C 模型并与实验结果比较,验证理论的可靠性和精确性,然后推广到高角动量和单模玻色场的 Dicke 模型得到一系列有价值的结论. 再将它应用于自旋-玻色模型,包括分离模和连续模的情形;后者与重要的耗散问题有密切关系. 书中还讨论了该方法在若干重要领域中的应用, 对各种多体系统中的重要物理现象和规律, 如对称性、对称的自发破缺、量子相变、量子纠缠、Berry 相、保真度等都做了较为详细的讨论.

本书包含内容十分丰富,研究方法上具有原创性,对物理学的认识理解十分透彻,所介绍的方法在物理学中具有广泛的应用前景. 可供相关研究人员参考, 对深入认识理解和研究多体问题有较大的借鉴作用.

图书在版编目(CIP)数据

多体物理中的相干态正交化方法及其应用/汪克林,陈庆虎,刘涛著. ——合肥:中国科学技术大学出版社,2012.12

ISBN 978-7-312-03041-3

Ⅰ. 多… Ⅱ. ①汪… ②陈… ③刘… Ⅲ. 相干态—正交化—研究 Ⅳ. O431

中国版本图书馆 CIP 数据核字（2012）第 312470 号

出版	中国科学技术大学出版社 安徽省合肥市金寨路 96 号,230026 http://press.ustc.edu.cn
印刷	合肥晓星印刷有限责任公司
发行	中国科学技术大学出版社
经销	全国新华书店
开本	710 mm×960 mm　1/16
印张	13.5
字数	258 千
版次	2012 年 12 月第 1 版
印次	2012 年 12 月第 1 次印刷
定价	48.00 元

前　　言

自1994年起我们用相干态展开方法讨论极化子问题到现在历时已近20年.在这些年的工作中,作者和若干同仁一道创建了一类较为完善的求解多体问题的非微扰方法.在这个理论发展的第一阶段,我们用相干态展开方法讨论了极化子、激子、双极化子和Holstein模型等凝聚态物理理论中的一些基本问题.当时国际上这一领域的研究尚处在变分法、微扰论、近似变换及数值计算的阶段,而我们的半解析方法已显现出一些优势.当国际上一般还停留在讨论极化子的基态时,我们的方法已能成功地运用于运动极化子问题.

量子光学中的Rabi模型一直无法严格解析求解,只能用旋波近似的方法来处理.这一近似方法也被推广到其他若干多体物理问题,如自旋玻色系统.随着实验的发展及应用的需要,建立超越旋波近似严格理论的迫切性更加显露出来,目前国际上也有不少的工作在探索没有旋波近似下的理论.我们在原有的相干态展开方法基础上,发展了一种相干态正交化技术,可以很精确地处理无转动波近似的单模和多模自旋玻色系统.与他人的理论结果比较,我们发现文献中很多比较著名的理论实际上只相当于我们方法的初级近似.随着二能级系统与玻色子耦合强度的加强,一些初级近似的理论逐渐失效,我们的理论计算结果与超强耦合实验的结果符合得很好,显示出一定的优越性.

在过去的近20年里,我们在国内外发表了不少的成果,这些成果表明我们的系统理论可以有效地应用于一类多体问题,即费米(或自旋)-玻色耦合系统.量子多体系统的问题是原子物理、凝聚态物理、量子光学和量子信息等领域中一个十分重要和基本的内容.多年来Green函数方法一直是讨论多体问题的主要理论工具,由于应用了费曼图及费曼规则,使之成为一个系统的解析理论.主要的Green函数方法是一种量子理论中的微扰论方法,它按耦合常数的幂次展开,其每一级近似在Fock态的一个子空间中展开.随着实际的需要,非微扰理论的发展已是必然的趋势.相干态正交化理论首先将多体问题中的玻色场做一个平移得到新的玻色场,然后在新的玻色场中展开.它的每一级近似都包含了无穷多个原始Fock态部分的求和,因此它的收敛性及精确性都远远高于在原始Fock态空间中展开的计算.以Dicke模型基态计算为例,相干态正交化理论计算展开到六级时已达到饱和结果,而在原始的Fock态中展开,即使高到两位数量级的展开阶数也达不到这样的精确性.

本书主要阐述了相干态正交化方法由来的物理思想,叙述了如何严格求解二态系统及单模场耦合Rabi模型,并与实验结果比较,证实了理论结果的可靠性及精确性.然后推广到讨论高角动量与单模玻色场耦合的Dicke模型,得到一系列有价值的物理结果.随后再将该理论推广到自旋-玻色场模型,包括分离和连续谱两种形式.本书的另一部分内容是将这一理论应用于物理学的多个方面:多粒子变量和多模玻色场的Holstein模型,磁系统及磁性质,发光理论中的激子问题,诱导透明及极化子等目前大家所关注的研究领域.书中除讨论多体系统的基态外,也讨论物理系统完整的能谱及相应的态矢、跃迁频谱、物理系统的对称性及对称的自发破缺、量子相变、量子纠缠及其突然消失与复活、Berry相、保真度等物理系统的各种重要性质.

在完成本书的研究工作中,有不少的成果是和中国科学技术大学的完绍龙,中国科学院武汉物理研究所的冯芒,华北电力大学的韩榕生,五邑大学的王忆,西南科技大学的任学藻诸位教授一道完成的.在此本书作者向他们表示衷心的感谢.

本书所涉及的范围包含凝聚态物理到量子光学的诸多问题,我们无法一一提及和引用所有相关的论文和著作,对那些应该引用而遗漏的文献作者,我们深表歉意.由于作者学术水平有限,书中难免有不妥之处,我们真诚地希望读者给予批评指正.

作　者

2012年9月

目　次

前言 ·· （ⅰ）

第1章　多体问题的思考 ··· （1）
1.1　引言 ··· （1）
1.2　玩具模型 ··· （3）

第2章　J-C模型 ·· （9）
2.1　J-C模型的意义 ··· （9）
2.1.1　腔电动力学与J-C模型 ··· （9）
2.1.2　Λ型原子与J-C模型 ·· （10）
2.2　J-C模型在旋波近似下的严格解 ·· （11）
2.2.1　求解 ··· （11）
2.2.2　演化问题 ··· （13）
2.2.3　暗态 ··· （16）
2.3　J-C模型的严格求解及宇称 ··· （17）
2.3.1　J-C模型的哈氏量及宇称 ·· （17）
2.3.2　表象变换与算符变换 ··· （19）
2.3.3　定态解的玻色场态矢中的系数关系 ··· （20）
2.3.4　严格解与旋波近似解的比较 ·· （23）
2.4　J-C模型严格求解与实验结果的比较 ··· （28）
2.4.1　二能态"原子"与单模玻色场的耦合系统 ···································· （28）
2.4.2　二能态"原子"与三模玻色场的耦合系统 ···································· （32）
2.5　J-C模型的解析解法 ··· （38）

    2.5.1 相干态正交化展开系数的递推关系 ……………………………… (38)
    2.5.2 能量本征值的解析求解 ……………………………………… (40)
  2.6 两个 J-C 原子的纠缠动力学 ………………………………………… (42)
    2.6.1 两个原子的纠缠 ……………………………………………… (42)
    2.6.2 相干态正交化解法 …………………………………………… (42)
    2.6.3 幺正变换解法 ………………………………………………… (44)
    2.6.4 两 J-C 原子的纠缠 …………………………………………… (45)
  参考文献 …………………………………………………………………… (47)

第 3 章 Dicke 模型 ……………………………………………………… (51)
  3.1 Dicke 模型和宇称 …………………………………………………… (51)
    3.1.1 多个粒子的腔电动力学 ……………………………………… (51)
    3.1.2 Dicke 模型的宇称 …………………………………………… (52)
  3.2 Dicke 模型在热力学极限下的严格解 ……………………………… (54)
    3.2.1 引言 …………………………………………………………… (54)
    3.2.2 热力学极限下的解析解 ……………………………………… (55)
  3.3 有限粒子数 Dicke 模型的严格求解 ………………………………… (61)
    3.3.1 定态解问题 …………………………………………………… (61)
    3.3.2 求解宇称和能量的共同本征态 ……………………………… (64)
    3.3.3 宇称的对称破缺 ……………………………………………… (67)
  3.4 Dicke 模型中量子相变的 no-go 定理 ……………………………… (71)
    3.4.1 Dicke 模型的完整哈氏量 …………………………………… (71)
    3.4.2 TRK 求和定则 ………………………………………………… (73)
    3.4.3 真实二能级多原子与单模光场耦合系统的 no-go 定理 …… (75)
    3.4.4 电路 QED 中不存在 no-go 定理 …………………………… (76)
  3.5 具有原子间直接作用的 Dicke 模型的另一种量子相变 …………… (77)
    3.5.1 推广的 Dicke 模型 …………………………………………… (78)
    3.5.2 计算的实例和量子相变 ……………………………………… (80)
  附录 Dicke 模型的宇称破缺与 Wigner 函数 …………………………… (82)
  参考文献 …………………………………………………………………… (85)

第4章 有限分立模式的自旋-玻色模型 ……………………………………… (89)
　4.1 激光调控的阱中的粒子群 ……………………………………………… (89)
　　4.1.1 如何在阱中实现自旋-玻色耦合 …………………………………… (89)
　　4.1.2 模型具有复苏现象 ………………………………………………… (90)
　4.2 有限分立模 S-B 模型的宇称与求解 …………………………………… (92)
　　4.2.1 宇称及宇称守恒 …………………………………………………… (92)
　　4.2.2 求解 ………………………………………………………………… (96)
　4.3 宇称对称性是否会破缺——兼论几种模型的对称破缺 ……………… (98)
　参考文献 ……………………………………………………………………… (100)

第5章 Holstein 模型 …………………………………………………………… (101)
　5.1 Holstein 模型的复杂性 ………………………………………………… (101)
　5.2 Holstein 模型的变分求解 ……………………………………………… (102)
　　5.2.1 干 DNA 中的 Holstein 极化子模型的电荷转移 ………………… (102)
　　5.2.2 变分求解 Holstein 模型中考虑进双声子作用的问题 …………… (105)
　5.3 两格点 Holstein 模型的严格解 ………………………………………… (109)
　　5.3.1 用相干态展开方法求解两格点 Holstein 模型 …………………… (110)
　　5.3.2 解析解与近似算法得到的结果的比较 …………………………… (112)
　5.4 格点能不同的两格点 Holstein 模型的严格解 ………………………… (113)
　　5.4.1 无序性下的两格点 Holstein 模型 ………………………………… (113)
　　5.4.2 计算的结果和讨论 ………………………………………………… (115)
　参考文献 ……………………………………………………………………… (116)

第6章 准粒子 ………………………………………………………………… (120)
　6.1 极化子 …………………………………………………………………… (120)
　　6.1.1 静止极化子 ………………………………………………………… (120)
　　6.1.2 用相干态正交化方法讨论极化子 ………………………………… (124)
　　6.1.3 运动的极化子 ……………………………………………………… (130)
　6.2 一维双极化子和二维极化子与双极化子 ……………………………… (135)
　　6.2.1 双极化子的变分算法 ……………………………………………… (135)

6.2.2 二维极化子 ……………………………………………………………… (138)
6.2.3 各个维度下的双极化子 ………………………………………………… (141)
6.3 激子 ……………………………………………………………………………… (143)
6.3.1 激子的变分计算 ………………………………………………………… (144)
6.3.2 激子的相干态展开方法的计算 ………………………………………… (147)
6.4 Polariton ………………………………………………………………………… (149)
6.4.1 Polariton 的简单模型 …………………………………………………… (150)
6.4.2 另一 Polariton 系统的基态解 …………………………………………… (153)
参考文献 ……………………………………………………………………………… (155)

第7章 耗散 …………………………………………………………………………… (158)
7.1 单比特的耗散 …………………………………………………………………… (158)
7.1.1 热库的振子分布 ………………………………………………………… (158)
7.1.2 单比特的耗散问题 ……………………………………………………… (160)
7.2 两比特纠缠态的耗散 …………………………………………………………… (166)
7.2.1 两比特耗散的求解 ……………………………………………………… (166)
7.2.2 纠缠受耗散的影响 ……………………………………………………… (172)
7.3 热库零频邻域性质的关键作用及其重要结论 ………………………………… (174)
7.3.1 Spin-Boson 模型中的对称破缺和标度行为 …………………………… (174)
7.3.2 无定域场的 SBM 没有量子的相变 …………………………………… (179)
附录 7.1 连续谱相干态矩阵元 …………………………………………………… (182)
附录 7.2 连续谱相干态与 Fock 态矩阵元 ……………………………………… (188)
参考文献 ……………………………………………………………………………… (199)

名词索引 ……………………………………………………………………………… (201)

第1章 多体问题的思考

1.1 引　　言

多体问题,即量子多体系统的研究,是物理和化学中不少领域的一个重要研究方向.这些领域包括核物理、原子物理、凝聚态物理、理论化学、物理化学、量子光学、量子信息和生物物理等.量子多体系统是指具有离散多自由度和连续多自由度的量子系统,研究它的性质和动力学行为是多体物理的主要内容.

由于多体系统是多个自由度的系统,必然具有复杂性和多样性.除了气、液和固三种形态外,对于同一物质的液态和固态也常有不同的结构方式和不同的物理性质的相存在.这些不同的相呈现出不同的,甚至是完全相反的一些物理性质,如导电性质不同的绝缘相和导体相、铁磁性和反铁磁性等.导致多体系统相变的外部因素一般是外部环境的温度变化,而在零温时基于同一种物质中相互作用的强弱或某些物理参量的变化使系统从一种相过渡到另一种相,这种类型的相变被称为量子相变.

多体系统是由物理性质相同的个体组成的体系,它的结构形式是多种多样的.尽管如此,它仍然具有这样或那样的规律性和规则的整体性质,例如固体中的原子、分子排列的周期性、自旋取向的一致性等,这种整体的规则性质的变化表征多体系统的一些对称性变化,更确切地说——从保有某种对称性过渡到对称性的破缺.通常总是可用一些物理量来标志不同的相和表征这些相的对称特性,它们被称为系统的序参量.

量子多体系统中的个体,例如原子、分子、离子、光子、声子等,可分为两大类:具有半整数自旋的费米子和具有整数自旋的玻色子.这两类粒子具有不同的统计性质,它们的多体波函数或多体态矢也具有显著不同的特征.费米系的多体态矢是全反对称的,而玻色系的多体态矢是全对称的.因此费米系具有重要的泡利不相容原理,而玻色系却没有.这两种粒子系显著的不同特性来自它们服从不同的对易和反对易的基本对易关系.

在多体系统中,不论是费米子还是玻色子都具有一定大小的自旋或轨道角动量.角动量算符服从的对易关系既不同于费米子的产生、湮灭算符满足的反对易关系,也不同于玻色子的产生、湮灭算符满足的对易关系.它们满足的对易关系既有对称的,也有反对称的,所以处理起来较为困难.过去已由 Schwinger 提出了双振子理论以及 Holstein-Primakov 的单振子变换理论来帮助减轻这一困难.这两种理论可统称为角动量算符的玻色化方法,它们使得具有自旋的量子多体系统的处理得到一定的简化.

量子多体系统可以是单纯的费米子多体系统,如电子气问题;也可以是单纯的玻色子系统,如固体中的热声子系.不过,更多见的是既包含费米子又包含玻色子的量子多体系统.这是因为费米粒子间相互作用的中介粒子总是玻色子的缘故.例如电磁作用的中介粒子是光子以及存在于粒子间的属于玻色子的声子的作用.这种作用贯穿于粒子与固体中的离子集体振动间交换能量的过程之中.

在非相对论的理论框架下,即粒子速度远低于光速的情形下,费米子的粒子数是守恒的,也即在系统的动力学演化中费米子的总数始终保持不变,但作为传递作用的中介粒子的光子或声子的总数在演化过程中却是变化的.换句话说,在量子多体系统中费米子的波函数或态矢常固定在一个确定的粒子数的 Hilbert 子空间里,而玻色子部分的态矢则不然.因此,就既有费米子又有玻色子的量子多体系统而言,其动力学演化规律用传统的粒子数一定的 Fock 态来描述可能不是一种方便和可行的方法.

原子或分子中的电子在不同能级上的自发辐射、受激辐射和受激吸收都属于电磁相互作用.它和带电粒子与声子的作用以及描述基本粒子相互作用规律的规范场相互作用都可归之于同样的 Yukawa 型相互作用.所以,可以说求解多体物理问题的传统的 Green 函数方法是来自和相对论性量子场论的相互借鉴.在这种方法中利用费曼图可以形象和清楚地描述相互作用的物理过程,并由于它具有系统的费曼规则可以阐释和分析有关的量子多体系统的物理规律,因而使它成为多体物理领域中的主要理论工具.从另一个角度来看,我们知道它的系列费曼图是按耦合强度常数的幂次展开的.尽管严格的解需要考虑到全部的无穷阶费曼图形的贡献,但是如果只要求近似到一定的精确程度时,则可以只计算有限的费曼图形,所以它也是一个系统的求解多体系统的近似方法.

Green 函数方法实质上是量子理论中的微扰论方法,因为它是按耦合常数的幂次展开的,这就要求耦合强度较弱,以保证其收敛性和有限阶计算的可行性.然而在凝聚态物理中多体系统的电声相互作用的耦合通常并不属于弱耦合的范围,随着激光技术的出现和进步,强激光作用下的物理和化学过程也常不能看作是弱耦合的过程,因此在许多重要的多体系统的物理问题中用 Green 函数方法去处理不一定切实可行.多年来,人们就一直在探索建立一个不以耦合强度幂次来展开的非微扰的理论工具.当然这种努力的目标不是寻找一种严格的解析方法,因为大家清楚这种设想的要求太高了.比较现实的是寻求另一种近似程度不按耦合强度展开的方法,用费曼图的语言来讲,就是设想非微扰的每一步近似中包含的费曼图将不是 Green 函数方法中对应于一定耦合强度幂次的那些费曼图.新方法的每一阶近似中包含的图可能是 Green 函数的各阶费曼图中一部分的某种组合,更确切一点说是全部费曼图中的某些无穷的部分求和.

如何寻找一种有效的非微扰理论方法应用于讨论量子多体物理这个问题还可以从另一角度来设想.我们知道 Green 函数方法除了按照耦合常数的幂次展开这一特点外,还有一点是它将费米子及玻色子的态矢都用粒子数一定的 Fock 态来展开.这对演化中保持不变的费米子系来说是恰当和方便的,但对粒子数会不断变化的玻色粒子系来说可能不是最恰当的办法.这就启示我们如何去探索建立一种非微扰理论的可能性.本书的内容就是围绕这一主题来进行的,循着这一思路提出了一个求解多体物理的非微扰方法,并将它应用于各个有关物理领域及各种物理模型中,从已经得到的结果来看,至少可以说这是行之有效的.当然还有很多的工作及改进需要继续去做,现在把它归纳起来写成一本书的目的,一方面供同行们参考,另一方面也想得到同行们的批评及指正,使得这一探讨能更加深入地进行下去.

1.2 玩具模型

前面已谈过,由于多体系统的复杂性导致的结果,我们会看到即使是单模的玻色子和粒子的作用,例如一个二能态系统与一个单模光相互作用的 J-C 模型要严格求解也是一件困难的事情,长期以来人们一直采用旋波近似(RWA)去讨论相关的一些问题.为了找到一个超出 RWA 近似的非旋波近似的新方法,这里举出一个单个费米子与多模玻色子系相互作用的简单模型,这个模型是严格可解的.我们要看的是从它的严格求解过程中我们能得到什么样的启发.

这个模型的哈氏量如下:
$$H = c^+ c \Big[\varepsilon + \sum_q g_q(a_q + a_q^+)\Big] + \sum_q \omega_q a_q^+ a_q \tag{1.2.1}$$

其中,c,c^+是费米子的湮灭、产生算符;ε是费米子的固有能量;a_q,a_q^+是q模玻色子的湮灭、产生算符,q模玻色子的能量为ω_q($\hbar$取为1).费米子与q模玻色子间相互作用的耦合常数为g_q.对于这样一个耦合系统,从它的玻色子是多模的情形,不同模式玻色子的能量各异以及它们与费米子的耦合强度也不相同的这些特点来看,这一模型是具有一定普遍性的.因此,似乎它应该是不易求解的,然而它却是一个严格可解的模型.

实际上,这一系统严格求解的方法是比较直截了当的,即我们可以通过一个正则变换将(1.2.1)式对角化.引入的正则变换算符为
$$U = \exp\Big[-c^+ c \sum_q \frac{g_q}{\omega_q}(a_q^+ - a_q)\Big] \tag{1.2.2}$$

容易看出它是一个幺正算符,即
$$U^+ = \exp\Big[c^+ c \sum_q \frac{g_q}{\omega_q}(a_q^+ - a_q)\Big] = U^- \tag{1.2.3}$$

在下面的讨论中我们要用到 Hausdorff 公式.该公式告诉我们,对于任意的两个算符A,S有如下的关系:
$$\bar{A} = e^S A e^{-S} = A + [S,A] + \frac{1}{2!}[S,[S,A]] + \cdots \tag{1.2.4}$$

现在用(1.2.2)式及(1.2.3)式来对系统的哈氏量(1.2.1)式作正则变换:
$$\bar{H} = U^+ H U \tag{1.2.5}$$

首先利用(1.2.4)式分别计算(1.2.1)式中的各个算符在正则变换下的结果,得出
$$\begin{cases} \bar{C} = U^+ C U = C \exp\Big[-\sum_q \frac{g_q}{\omega_q}(a_q^+ - a_q)\Big] \\ \bar{C}^+ = U^+ C^+ U = C^+ \exp\Big[\sum_q \frac{g_q}{\omega_q}(a_q^+ - a_q)\Big] \end{cases} \tag{1.2.6}$$

$$\begin{cases} \bar{a}_q = U^+ a_q U = a_q - \frac{g_q}{\omega_q} C^+ C \\ \bar{a}_q^+ = a_q^+ - \frac{g_q}{\omega_q} C^+ C \end{cases} \tag{1.2.7}$$

由以上的结果可得变换后的哈氏量为

$$\bar{H} = U^+ H U$$
$$= \varepsilon \bar{C}^+ \bar{C} + \sum_q g_q(\bar{a}_q + \bar{a}_q^+) + \sum_q \omega_q \bar{a}_q^+ \bar{a}_q$$
$$= \varepsilon C^+ C + \sum_q g_q \left(a_q + a_q^+ - 2\frac{g_q}{\omega_q}C^+ C\right)C^+ C$$
$$+ \sum_q \omega_q \left(a_q^+ - \frac{g_q}{\omega_q}C^+ C\right)\left(a_q - \frac{g_q}{\omega_q}C^+ C\right)$$
$$= \varepsilon C^+ C - C^+ C \left(\sum_q \frac{g_q^2}{\omega_q}\right) + \sum_q \omega_q a_q^+ a_q \tag{1.2.8}$$

其中用到
$$\bar{C}^+ \bar{C} = C^+ \exp\left[\sum_q \frac{g_q}{\omega_q}(a_q^+ - a_q)\right] C \exp\left[-\sum_q \frac{g_q}{\omega_q}(a_q^+ - a_q)\right]$$
$$= C^+ \exp\left[\sum_q \frac{g_q}{\omega_q}(a_q^+ - a_q)\right]\exp\left[-\sum_q \frac{g_q}{\omega_q}(a_q^+ - a_q)\right]C$$
$$= C^+ C \tag{1.2.9}$$

及
$$C^+ C C^+ C = C^+(1 - C^+ C)C = C^+ C - C^+ C^+ C C = C^+ C \tag{1.2.10}$$

经过正则变换后得到的(1.2.8)式的哈氏量已经成为对角化的形式了. 其能谱如下:

(1) 基态能量
$$E_0 = \varepsilon - \sum_q \frac{g_q^2}{\omega_q} \tag{1.2.11}$$

(2) 所有的激发态能量
$$E_{\langle n_q \rangle} = \varepsilon - \sum_q \frac{g_q^2}{\omega_q} + \sum_q n_q \omega_q \tag{1.2.12}$$

至此,这一问题便得到了完全的解决. 不过,为了从这一模型中得到启发,我们现在换一种解法来讨论. 由于这是一个严格可解的问题,很容易判断新的解法是否正确. 同时也可看出,从这一新的解决方法的讨论中如何启发我们找到解决这类多体问题的一个新的有效的途径. 为此,令(1.2.1)式的定态解取如下形式:
$$|\rangle = C^+|0\rangle \cdot |\varphi\rangle \tag{1.2.13}$$

其中$|0\rangle$是真空态,$C^+|0\rangle$表示一个费米子的态,$|\varphi\rangle$为相应的玻色子的态矢. 将(1.2.13)式代入(1.2.1)式决定的定态方程中,有

$$H|\rangle = C^+|0\rangle\left[\varepsilon + \sum_q g_q(a_q + a_q^+)\right]|\varphi\rangle + C^+|0\rangle\sum_q \omega_q a_q^+ a_q |\varphi\rangle$$
$$= EC^+|0\rangle|\varphi\rangle \tag{1.2.14}$$

两端消去 $C^+|0\rangle$ 得到 $|\varphi\rangle$ 满足的方程:

$$\left[\varepsilon + \sum_q g_q(a_q + a_q^+) + \sum_q \omega_q a_q^+ a_q\right]|\varphi\rangle = E|\varphi\rangle \tag{1.2.15}$$

观察上式会发现,如果我们引入一组新的玻色算符:

$$\begin{cases} A_q = a_q + g_q \\ A_q^+ = a_q^+ + g_q \end{cases} \tag{1.2.16}$$

(1.2.15)式即可写成对角的形式从而成为严格可解的. 也很容易证明引进的新算符满足玻色子算符的基本对易关系:

$$\begin{cases} [A_q, A_{q'}] = [A_q^+, A_{q'}^+] = 0 \\ [A_q, A_{q'}^+] = \delta_{qq'} \end{cases} \tag{1.2.17}$$

以及在新算符 $(\{A_q\}, \{A_q^+\})$ 相应的 Fock 空间里同样有以下一些性质.

(1) 可以引入算符 $\{A_q\}$ 的 Fock 空间里的真空态 $|0\rangle_A$. 它具有以下的性质:

$$A_q |0\rangle_A = 0 \tag{1.2.18}$$

(2) 引入新算符的粒子数为 $\{n_q\}$ 的新的 Fock 态矢:

$$|n_{q_1}, n_{q_2}, \cdots\rangle_A$$

它的意义是

$$A_{q_i}^+ A_{q_i} |n_{q_1}, n_{q_2}, \cdots, n_{q_i}, \cdots\rangle_A = n_{q_i}|n_{q_1}, n_{q_2}, \cdots, n_{q_i}, \cdots\rangle_A \tag{1.2.19}$$

注意,在上面的那些公式中态矢 $|\cdots\rangle_A$ 都加上一个下标 A,其目的是表明现在写出的态矢都是在算符 $(\{A_q\}, \{A_q^+\})$ 的 Fock 空间中的态矢,以便和原来的 $(\{a_q\}, \{a_q^+\})$ 的 Fock 空间中的态矢相区别. 为了看得更清楚一些,下面将阐明新、旧两种 Fock 空间的态矢间的关系及其物理意义.

先从系统的求解问题谈起. 将(1.2.15)式用(1.2.16)式的 $(\{A_q\}, \{A_q^+\})$ 来表示,有

$$\left[\varepsilon + \sum_q \omega_q A_q^+ A_q - \sum_q \frac{g_q^2}{\omega_q}\right]|\varphi\rangle = E|\varphi\rangle \tag{1.2.20}$$

立即看到它已是对角化的形式,即已严格可解,而且得到和(1.2.11)式、(1.2.12)式一样的能谱:

$$E_{\{n_q\}} = \varepsilon + \sum_q n_q \omega_q - \sum_q \frac{g_q^2}{\omega_q} \tag{1.2.21}$$

那么两种方法得到的基态和激发态是否也是一样的呢? 从(1.2.20)式看出新

解法得出的对应于能量 $E_{\langle n_q \rangle}$ 的态矢就是 $C^+|0\rangle n_{q_1}, n_{q_2}, \cdots, n_{q_i}, \cdots\rangle_A$,那么我们是否就可以说原来的解法按(1.2.8)式的对角化形式看对应于 $E_{\langle n_q \rangle}$ 的态矢是 $|n_{q_1}, n_{q_2}, \cdots, n_{q_i}, \cdots\rangle C^+|0\rangle$ 这样的形式呢?如果是这样,那么两种方法解出的本征态矢岂不是就不相同了吗?问题是(1.2.8)式是经过幺正变换过来的,由(1.2.8)式直接得出的态矢应该再作一个相应的反变换才能得到真正的态矢,而在变换以后,我们就会发现它们是相同的.

不过在这里我们不去作态矢的反变换,只是从 $|n_{q_1}, n_{q_2}, \cdots\rangle_A$ 出发,把它用 $(\{a_q\}, \{a_q^+\})$ 算符的 Fock 空间的态矢表示出来,看这些态矢应当是什么样的. 为了更加简单明了地找出两者的关系,下面以单模为例来表述,因为单模的情形弄清楚了,多模的情形就可以直截了当地得出. 在简单的单模情形下,(1.2.16)式改写为

$$\begin{cases} A = a + g \\ A^+ = a^+ + g \end{cases} \quad (1.2.22)$$

这时仍然将 A 空间中的态矢加一个下标 A 和原来的 a 空间中的态矢相区别. 其基态矢 $|0\rangle_A$ 满足

$$A|0\rangle_A = 0 \quad (1.2.23)$$

上式也可写成

$$(a + g)|0\rangle_A = 0 \quad (1.2.24)$$

把它和 a 空间中的相干态满足的关系

$$(a + g)\mathrm{e}^{-\frac{g^2}{2} - ga^+}|0\rangle = 0 \quad (1.2.25)$$

作比较就知道 $|0\rangle_A$ 就是 a 空间中的相干态:

$$|0\rangle_A = \mathrm{e}^{-\frac{g^2}{2} - ga^+}|0\rangle \quad (1.2.26)$$

而一般的激发态矢可表示为

$$|n\rangle_A = \frac{1}{\sqrt{n!}}(A^+)^n|0\rangle_A$$

$$= \frac{1}{\sqrt{n!}}(a^+ + g)^n \mathrm{e}^{-\frac{g^2}{2} - ga^+}|0\rangle \quad (1.2.27)$$

即它们是 a 空间中的相干态矢用算符 $(a^+ + g)^n$ 作用后得到的态矢.

由以上的单模讨论可直接推广到多模的情形,因此我们立即可以写出多模情形的相应于能量本征值 $E_{\langle n_q \rangle}$ 的本征态矢:

$$C^+|0\rangle|n_{q_1}, n_{q_2}, \cdots\rangle_A = C^+|0\rangle \frac{1}{\sqrt{\prod_q n_q!}} \prod_q (a_q^+ + g_q)^{n_q} \mathrm{e}^{-\sum_q \left(\frac{g_q^2}{2} + g_q a_q^+\right)}|0\rangle$$

$$(1.2.28)$$

最后,将这一简单玩具模型的讨论归纳为以下几点:

(1) 这一模型过去用传统的正则变换使哈氏量对角化而得到严格解,在这里我们引入一种新的严格求解的方法.而且将在后面的讨论中看到这个新的解法为我们提供了一种切实可行的求解一系列多体问题的方法.

(2) 从这个模型的各种激发态的态矢表示式可以看出,它们不是$\{a_q, a_q^+\}$空间中的粒子数一定的 Fock 态矢,而是相干态形式的态.这种态含有各种粒子数的 Fock 态,这点从哈氏量的表示式可以清楚看到,因为通过$\{a_q\}$及$\{a_q^+\}$的作用便会产生出许多不同粒子数的 Fock 态来.

(3) 这个玩具模型不是一个物理实际的模型.原因是模型中的费米子能量始终是恒值 ε,在相互作用下费米子的能量应当是变化的.

(4) 可以预料,当我们应用这一新的解法去讨论各种相关的实际多体问题时,由于那些系统中存在的这样或那样的复杂性,一定还会有不少的困难需要一一地加以解决.

第2章 J-C模型

2.1 J-C模型的意义

2.1.1 腔电动力学与J-C模型

近年来,在实验方面制作了各种类型的阱,目的是把少量的粒子或离子囚禁在其中,使得我们有可能在可控的条件下对它们量子理论的规律、粒子间相互作用的性质和过程进行观测.这些阱的组成包含为了囚禁粒子而设计的产生囚禁势的装置,被囚禁的粒子团或少量的粒子还有与之产生相互作用的光场.相应于这类实验规律的观测及其理论研究,被称为腔电动力学.其中,最为简单典型的情形是囚禁一个具有内部自由度的单个粒子与一个单模光场的耦合系统.粒子的内部自由度可以是粒子的自旋或原子的不同内部能态,其中最简单和最基本的例子是一个自旋为1/2的粒子或一个二能态的原子与单模光场的耦合系统理论模型,即Jaynes-Cummings模型,简称J-C模型.这个模型虽然是简单的情形,但从中可以得到我们期望得到的非经典态的行为,可以利用它进行简单的量子计算,因此对它的研究可以作为量子通信的理论基础.不仅如此,在它的基础上还可以进一步讨论更复杂的Dicke模型、Holstein模型、Spin-Boson模型这样一些重要的模型,因此可以说它在凝聚态物理许多分支的研究中都起到了重要的作用.

另一个J-C模型的经典例子是核磁共振问题,当加在核自旋上的辐射脉冲的频率接近于自旋进动的Larmor频率时会导致自旋的Rabi振荡.一般情况下,在近共振及弱的驱动场的作用下,哈氏量中的旋波项起主要作用,得到与驱动强度呈线性关系的Rabi频率.这种在相互作用里只考虑所谓的旋波项,而不考虑非旋波项的近似叫作旋波近似(RWA).但如驱动场较强,使Rabi频率接近Larmor频率时,非旋波项就不能不考虑了,这时会有称为Bloch-Sigert能级移动(简称B-S能移)的一些新的物理效应出现.在原子与单模光场耦合系统的实验中,这种 B－S 能移的量子效应已被观察到.

2.1.2 Λ 型原子与 J-C 模型

为了表明 J-C 模型应用范围的广泛性,下面用一个三能态的 Λ 型原子和两束激光作用的耦合系统作为例子来阐明这样一个物理系统的研究也可以通过一些物理的考虑和技巧把它转换成一个 J-C 模型的问题.

如图 2.1.2.1 中所示的一个具有三能态 $|r\rangle, |e\rangle, |g\rangle$ 的原子,其中 $|e\rangle$ 与 $|g\rangle$ 之间是电偶矩跃迁禁戒的. 在 $|r\rangle, |g\rangle$ 两态之间加一个失谐频率为 ω_1 的激光,在 $|r\rangle, |e\rangle$ 间加一个失谐频率为 ω_2 的激光.这两支反向的行波成为 $|e\rangle, |g\rangle$ 间的一个频率为 $\omega_L = \omega_1 - \omega_2$ 的有效驱动光场,而使 $|g\rangle \leftrightarrow |e\rangle$ 有了有效的跃迁. 在依 ω_L 转过的坐标系里其有效的哈氏量为

$$H = \frac{\Delta}{2}\sigma_z + a^+ a + \frac{\Omega}{2}(\sigma_+ e^{i\eta\hat{x}} + \sigma_- e^{-i\eta\hat{x}}) \quad (2.1.1)$$

其中 $\Delta = (\omega_0 - \omega_L)/\nu$; ω_0 是两态 $|e\rangle$ 与 $|g\rangle$ 的能级差($\hbar$ 取为 1); ν 是囚禁粒子的阱的频率; $\sigma_z, \sigma_+, \sigma_-$ 是二能态的相应 Pauli 矩阵. $\eta = k\sqrt{\dfrac{1}{2M\nu}}$,其中 k 是波失,M 是原子质量.作变换 $\hat{X} = a + a^+$,这种变换在量子力学书中已谈到过,即将原子的位移算符用玻色型的湮灭、产生算符 a, a^+ 来表示.

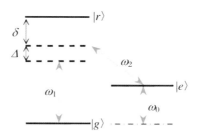

图 2.1.2.1　三能态 Λ 原子示意图

对于(2.1.1)式可作如下的幺正变换:

$$H' = UHU^+ \quad (2.1.2)$$

$$U = \frac{1}{\sqrt{2}}e^{i\pi a^+ a/2}\begin{pmatrix} F^+(\eta) & F(\eta) \\ F^+(\eta) & F(\eta) \end{pmatrix} \quad (2.1.3)$$

其中

$$F(\eta) = \exp[i\eta(a + a^+)/2] \quad (2.1.4)$$

通过运算得

$$H^I = \frac{\Omega}{2}\sigma_z + a^+ a + g(a + a^+)\sigma_x + \varepsilon\sigma_x + g^2 \quad (2.1.5)$$

其中 $g = \eta/2, \varepsilon = -\Delta/2$.

这样一来,这一物理问题最终就转变成了 J-C 模型的问题,因为(2.1.5)式(除了多一个无关紧要的常数 g^2 外)是一个标准的 J-C 模型的哈氏量.

2.2 J-C 模型在旋波近似下的严格解

2.2.1 求解

前面已谈过,J-C 模型描述的是二能级原子或自旋为 1/2 的粒子与单模光场耦合系统的物理规律,其哈氏量为

$$H = \frac{\Delta}{2}\sigma_z + \varepsilon\sigma_x + \lambda(a + a^+)\sigma_x + \omega_0 a^+ a \quad (2.2.1)$$

如果采取只考虑其中的旋波项而忽略掉非旋波项的旋波近似,则它可表示为

$$H = \frac{\Delta}{2}\sigma_z + \varepsilon\sigma_x + \lambda(a\sigma_+ + a^+ \sigma_-) + \omega_0 a^+ a \quad (2.2.2)$$

其中 σ_+, σ_- 是二能态的升降算符,在有些文献里常把(2.2.2)式表示的哈氏量称为 J-C 模型,这里不采取这样的叫法,为明确起见,把(2.2.2)式称作旋波近似下的 J-C 模型,而把(2.2.1)式称作非旋波近似下的严格的 J-C 模型.并把(2.2.1)式和(2.2.2)式中的 $a\sigma_+, a^+\sigma_-$ 称作旋波项,把 $a\sigma_-, a^+\sigma_+$ 称作非旋波项.

在 J-C 模型中作旋波近似的理由可简述如下:在系统的动力学演化过程中,旋波项贡献的时间因子为 $e^{\pm i(\omega_0 - \Delta)t}$,非旋波项贡献的时间因子为 $e^{\pm i(\omega_0 + \Delta)t}$. 在接近共振的 $\omega \approx \Delta$ 情况下,前一个时间因子接近为常量,后一个时间因子是一个高频振荡的因子,它的平均贡献几乎为零因而可以忽略掉.因此 J-C 模型在近共振和弱耦合的情形下,旋波近似是一个好的近似.

旋波近似下的 J-C 模型能够严格求解.为了以后讨论方便我们把(2.2.2)式改写成一个用二能态的态矢 $|e\rangle$ 和 $|g\rangle$ 来表示的公式:

$$H = \frac{\Delta}{2}(|e\rangle\langle e| - |g\rangle\langle g|) + \lambda(a|e\rangle\langle g| + a^+|g\rangle\langle e|) + \omega_0 a^+ a \quad (2.2.3)$$

同样为了讨论的简便起见,我们在(2.2.3)式中已令隧穿项的参数 ε 为零. 从下面的讨论过程可以看到,这种做法不会对物理产生实质性的影响,加上 ε 后的讨论可以完全类似地进行.

令(2.2.3)式的定态解取如下形式:
$$|\rangle = |e\rangle|\Phi_1\rangle + |g\rangle|\Phi_2\rangle \tag{2.2.4}$$

其中 $|\Phi_1\rangle,|\Phi_2\rangle$ 是相应玻色子的态矢,将(2.2.3)式和(2.2.4)式代入定态方程
$$H|\rangle = E|\rangle \tag{2.2.5}$$

中得
$$\left(\omega_0 a^+ a + \frac{\Delta}{2}\right)|e\rangle|\Phi_1\rangle + \left(\omega_0 a^+ a - \frac{\Delta}{2}\right)|g\rangle|\Phi_2\rangle$$
$$+ \lambda a|e\rangle|\Phi_2\rangle + \lambda a^+|g\rangle|\Phi_1\rangle$$
$$= E(|e\rangle|\Phi_1\rangle + |g\rangle|\Phi_2\rangle) \tag{2.2.6}$$

比较两边的 $|e\rangle,|g\rangle$ 分别得
$$\left(\omega_0 a^+ a + \frac{\Delta}{2}\right)|\Phi_1\rangle + \lambda a|\Phi_2\rangle = E|\Phi_1\rangle \tag{2.2.7}$$

$$\left(\omega_0 a^+ a - \frac{\Delta}{2}\right)|\Phi_2\rangle + \lambda a^+|\Phi_1\rangle = E|\Phi_2\rangle \tag{2.2.8}$$

从(2.2.7)式和(2.2.8)式容易看出,所有的定态解均可以统一表示成下面的形式:
$$\begin{cases} |\Phi_1^{(n)}\rangle = C_n|n\rangle \\ |\Phi_2^{(n)}\rangle = D_n|n+1\rangle \end{cases} \tag{2.2.9}$$

其中,用上标 (n) 标志不同的定态,$|n\rangle,|n+1\rangle$ 是粒子数为 $n,n+1$ 的粒子数本征态,将(2.2.9)式代入(2.2.7)和(2.2.8)二式得

$$\left(n\omega_0 + \frac{\Delta}{2}\right)C_n|n\rangle + \lambda\sqrt{n+1}D_n|n\rangle = E_n C_n|n\rangle \tag{2.2.10}$$

$$\left[(n+1)\omega_0 - \frac{\Delta}{2}\right]D_n|n+1\rangle + \lambda\sqrt{n+1}C_n|n+1\rangle = E_n D_n|n+1\rangle \tag{2.2.11}$$

将上二式两端的 $|n\rangle,|n+1\rangle$ 消去,得
$$\left(n\omega_0 + \frac{\Delta}{2}\right)C_n + \lambda\sqrt{n+1}D_n = E_n C_n \tag{2.2.12}$$

$$\left[(n+1)\omega_0 - \frac{\Delta}{2}\right]D_n + \lambda\sqrt{n+1}C_n = E_n D_n \tag{2.2.13}$$

上述 C_n 和 D_n 的线性方程组有解的条件为

$$\begin{vmatrix} n\omega_0 + \dfrac{\Delta}{2} - E_n & \lambda\sqrt{n+1} \\ \lambda\sqrt{n+1} & (n+1)\omega_0 - \dfrac{\Delta}{2} - E_n \end{vmatrix} = 0 \qquad (2.2.14)$$

由上式解出

$$E_n^{(\pm)} = \frac{1}{2}\left[(2n+1)\omega_0 \pm \sqrt{(\Delta-\omega_0)^2 + 4\lambda^2(n+1)}\right] \qquad (2.2.15)$$

并由(2.2.12)式和(2.2.13)式得

$$\begin{cases} \dfrac{C_n^{(+)}}{D_n^{(+)}} = \dfrac{\lambda\sqrt{n+1}}{E_n^{(+)} - n\omega_0 - \dfrac{\Delta}{2}} \\ \dfrac{C_n^{(-)}}{D_n^{(-)}} = \dfrac{\lambda\sqrt{n+1}}{E_n^{(-)} - n\omega_0 - \dfrac{\Delta}{2}} \end{cases} \qquad (2.2.16)$$

再加上归一化条件,得

$$\begin{cases} (C_n^{(+)})^2 + (D_n^{(+)})^2 = 1 \\ (C_n^{(-)})^2 + (D_n^{(-)})^2 = 1 \end{cases} \qquad (2.2.17)$$

就可将$(C_n^{(+)}, D_n^{(+)})$和$(C_n^{(-)}, D_n^{(-)})$解出. 至此便得到了系统所有的能谱及相应的态矢.

2.2.2 演化问题

下面用一个例子来阐明该系统的演化过程.

如果系统的初始状态是原子居于下态$|g\rangle$,玻色场居于粒子数为$n+1$的本征态$|n+1\rangle$. 现在问系统将随时间如何演化? 由于这一模型已经严格解出,即它的所有定态态矢均可表示成

$$|\Psi_n^{(+)}\rangle = C_n^{(+)}|e\rangle|n\rangle + D_n^{(+)}|g\rangle|n+1\rangle \qquad (2.2.18)$$

$$|\Psi_n^{(-)}\rangle = C_n^{(-)}|e\rangle|n\rangle + D_n^{(-)}|g\rangle|n+1\rangle \qquad (2.2.19)$$

其中$|\Psi_n^{(+)}\rangle$是对应于$E_n^{(+)}$的本征态矢,$|\Psi_n^{(-)}\rangle$是对应于$E_n^{(-)}$的本征态矢.

初始态矢是

$$|\Psi(t=0)\rangle = |g\rangle|n+1\rangle \qquad (2.2.20)$$

将它用定态态矢集表示出来为

$$|\Psi(t=0)\rangle = \sum_m (A_m|\Psi_m^{(+)}\rangle + B_m|\Psi_m^{(-)}\rangle) \qquad (2.2.21)$$

其中

$$\begin{cases} A_m = \langle \Psi_m^{(+)} \mid \Psi(t=0) \rangle \\ B_m = \langle \Psi_m^{(-)} \mid \Psi(t=0) \rangle \end{cases} \quad (2.2.22)$$

由(2.2.18)式和(2.2.19)式可以得出

$$\begin{cases} A_m = \delta_{m \cdot n} D_m^{(+)} \\ B_m = \delta_{m \cdot n} D_m^{(-)} \end{cases} \quad (2.2.23)$$

因此有

$$\mid \Psi(t=0) \rangle = D_n^{(+)} \mid \Psi_n^{(+)} \rangle + D_n^{(-)} \mid \Psi_n^{(-)} \rangle \quad (2.2.24)$$

于是在 t 时刻系统的态矢为

$$\mid \Psi(t) \rangle = D_n^{(+)} \mathrm{e}^{-\mathrm{i} E_n^{(+)} t} \mid \Psi_n^{(+)} \rangle + D_n^{(-)} \mathrm{e}^{-\mathrm{i} E_n^{(-)} t} \mid \Psi_n^{(-)} \rangle$$
$$= (D_n^{(+)} C_n^{(+)} \mathrm{e}^{-\mathrm{i} E_n^{(+)} t} + D_n^{(-)} C_n^{(-)} \mathrm{e}^{-\mathrm{i} E_n^{(-)} t}) \mid e \rangle \mid n \rangle$$
$$+ (D_n^{(+)} D_n^{(+)} \mathrm{e}^{-\mathrm{i} E_n^{(+)} t} + D_n^{(-)} D_n^{(-)} \mathrm{e}^{-\mathrm{i} E_n^{(-)} t}) \mid g \rangle \mid n+1 \rangle \quad (2.2.25)$$

至此,任意时刻系统的态矢就得到了.

如果我们问 t 时刻系统仍处在下态 $\mid g \rangle$ 的概率有多大?则从(2.2.25)式可以算出

$$\rho_g(t) = \mid (D_n^{(+)})^2 \mathrm{e}^{-\mathrm{i} E_n^{(+)} t} + (D_n^{(-)})^2 \mathrm{e}^{-\mathrm{i} E_n^{(-)} t} \mid^2$$
$$= (D_n^{(+)})^4 + (D_n^{(-)})^4 + 4(D_n^{(+)})^2 (D_n^{(-)})^2 \cos(E_n^{(+)} - E_n^{(-)}) t \quad (2.2.26)$$

由于总概率归一,因此也可得 t 时刻系统居于上态 $\mid e \rangle$ 的概率:

$$\rho_e(t) = 1 - \rho_g(t) \quad (2.2.27)$$

由(2.2.26)式和(2.2.27)式看出,系统由这样的初始态出发后在演化过程中会不断地在 $\mid e \rangle$ 和 $\mid g \rangle$ 间作 Rabi 振荡.

如果系统在初始时刻处于下态 $\mid g \rangle$,但玻色场不是居于粒子数一定的 Fock 态,而是居于一个相干态 $\mid \alpha \rangle$ 上,则这时系统的初始态为

$$\mid \Psi(t=0) \rangle = \mid g \rangle \mid \alpha \rangle \quad (2.2.28)$$

其中

$$\mid \alpha \rangle = \mathrm{e}^{-\frac{\alpha^2}{2} + \alpha a^+} \mid 0 \rangle \quad (2.2.29)$$

将初态 $\mid \Psi(t=0) \rangle$ 仍按系统的定态集展开,这时(2.2.21)式中的 A_m, B_m 为

$$A_m = \langle \Psi_m^{(+)} \mid\mid \Psi(t=0) \rangle$$
$$= (C_m^{(+)} \langle m \mid \langle e \mid + D_m^{(+)} \langle g \mid \langle m+1 \mid) \mid g \rangle \mid \alpha \rangle$$
$$= D_m^{(+)} \langle m+1 \mid \alpha \rangle$$
$$= D_m^{(+)} \langle m+1 \mid \left(\mathrm{e}^{-\frac{\alpha^2}{2}} \sum_n \frac{1}{n!} (\alpha a^+)^n \mid 0 \rangle \right)$$
$$= D_m^{(+)} \mathrm{e}^{-\frac{\alpha^2}{2}} \frac{(\alpha)^{m+1}}{\sqrt{(m+1)!}} \quad (2.2.30)$$

$$B_m = D_m^{(-)} e^{-\frac{\alpha^2}{2}} \frac{(\alpha)^{m+1}}{\sqrt{(m+1)!}} \qquad (2.2.31)$$

因此 t 时刻系统的态矢为

$$|\Psi(t)\rangle = \sum A_m e^{-iE_m^{(+)}t}|\Psi_m^{(+)}\rangle + \sum B_m e^{-iE_m^{(-)}t}|\Psi_m^{(-)}\rangle \qquad (2.2.32)$$

t 时刻系统仍居于下态$|g\rangle$的概率为

$$\begin{aligned}
\rho_g(t) &= \langle \Psi(t)|g\rangle\langle g|\Psi(t)\rangle \\
&= \left[\sum_m A_m e^{iE_m^{(+)}t}\langle\Psi_m^{(+)}| + \sum_m B_m e^{iE_m^{(-)}t}\langle\Psi_m^{(-)}|\right]|g\rangle\langle g| \\
&\quad \cdot \left[\sum_{m'} A_{m'} e^{-iE_{m'}^{(+)}t}|\Psi_{m'}^{(+)}\rangle + \sum_{m'} B_{m'} e^{-iE_{m'}^{(-)}t}|\Psi_{m'}^{(-)}\rangle\right] \\
&= \left[\sum_m A_m e^{-iE_m^{(+)}t} D_m^{(+)}\langle m+1| + \sum_m B_m e^{-iE_m^{(-)}t} D_m^{(-)}\langle m+1|\right] \\
&\quad \cdot \left[\sum_{m'} A_m e^{iE_m^{(+)}t} D_m^{(+)}|m'+1\rangle + \sum_{m'} B_m e^{iE_m^{(-)}t} D_m^{(-)}|m'+1\rangle\right] \\
&= \sum_m \left[A_m^2 D_m^{(+)2} + B_m^2 D_m^{(-)2} + 4 A_m B_m D_m^{(+)} D_m^{(-)} \cos(E_m^{(+)} - E_m^{(-)})t\right]
\end{aligned}$$

$$(2.2.33)$$

比较(2.2.26)式和(2.2.33)式可以看出,当初始状态的玻色场态矢是粒子数一定的 Fock 态时,系统是在上、下态之间作一定频率的规则的振荡.在图 2.2.2.1 中可以看到这种规则的振荡曲线,频率的大小依 n 不同而改变.

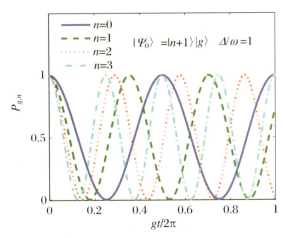

图 2.2.2.1　RWA 初态 Fock 态$|n+1\rangle|g\rangle$,下态占有率随时间的演化

如果初始态是相干态时,系统的演化规律是许多"不同频率的叠加"的结果,这些不同频率波动的干涉结果就会产生如图2.2.2.2所示的除了一般的调幅振荡外还会出现所谓的崩塌和复原现象,对应于图中第二段的直线区域和后来又重新出现的振荡曲线.这和无线电波中含有许多频率成分时,波形呈现出各种各样形状的道理是一样的.

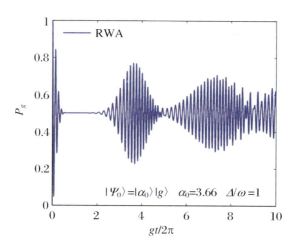

图 2.2.2.2 RWA 初态相干态 $|\alpha_0\rangle|g\rangle$,下态占有率随时间的演化

2.2.3 暗态

最后谈一谈旋波近似下的 J-C 模型的暗态问题.在前面的讨论中得到的结果是定态解的能量本征值由(2.2.15)式给出,对应的本征态矢由(2.2.16)式和(2.2.17)式表出.这些结果似乎已覆盖了所有的定态解,但如再仔细一点考虑,就会发现我们漏掉了如下的一个定态解:

$$|\Phi\rangle = |g\rangle|0\rangle \tag{2.2.34}$$

因为把它带入定态方程(2.2.5)式中,得

$$H|\Phi\rangle = -\frac{\Delta}{2}|g\rangle|0\rangle = -\frac{\Delta}{2}|\Phi\rangle \tag{2.2.35}$$

证明它的确是能态,其能量本征值为 $-\Delta/2$,这个态的特别之处在于它不含上态 $|e\rangle$,而且玻色场为零,它不会参与腔场和原子之间的相互作用,因此被称为暗态.

2.3 J-C模型的严格求解及宇称

2.3.1 J-C模型的哈氏量及宇称

把包括非旋波项的J-C模型的哈氏量写出为

$$H = \frac{\Delta}{2}\sigma_z + \varepsilon\sigma_x + \lambda(a + a^+)(\sigma_+ + \sigma_-) + \omega_0 a^+ a \tag{2.3.1}$$

为了讨论主要的性质,先令$\varepsilon = 0$,讨论结束后也可将讨论推广到ε不为零的情形,即取

$$H = \frac{\Delta}{2}\sigma_z + \lambda(a + a^+)(\sigma_+ + \sigma_-) + \omega_0 a^+ a \tag{2.3.2}$$

J-C模型如果不考虑旋波近似,或者说在不符合RWA的情形下如何严格求解,在过去的研究中一直被视为是一个困难的问题.困难的根源分析如下,看一看(2.3.2)式中的相互作用项的含意,它是系统在上、下态跃迁的同时,玻色子数将增加一个或减少一个.因此不论上态还是下态,在定态的情况下不会只局限于玻色子数完全确定的Fock态中,而是有可能包含了所有的不同玻色子数的Fock态,这就是J-C模型求严格解的困难所在.尽管如此,我们在仔细分析系统的哈氏量以后可以发现系统具有一个与哈氏量对易的守恒量——宇称,而根据宇称取值的正负,可以将它的定态玻色子数的分布情况分为两类,从而将帮助我们在求解时得到一定的简化.

可以证明(2.3.2)式中的H与守恒量的宇称算符$\hat{\Pi}$对易,算符$\hat{\Pi}$的定义如下:

$$\hat{\Pi} = e^{i\pi\hat{N}} \tag{2.3.3}$$

其中

$$\hat{N} = a^+ a + \frac{\sigma_z}{2} + \frac{1}{2} \tag{2.3.4}$$

并有

$$[H, \hat{\Pi}] = 0 \tag{2.3.5}$$

证:

$$[H,\hat{\Pi}] = \left[\frac{\Delta}{2}\sigma_z + \omega a^+ a + \lambda(a+a^+)(\sigma_+ + \sigma_-), e^{i\pi\hat{N}}\right]$$

$$= [\lambda(a+a^+)(\sigma_+ + \sigma_-), e^{i\pi\hat{N}}]$$

$$= \lambda\{(a+a^+)(\sigma_+ + \sigma_-)e^{i\pi\hat{N}} - e^{i\pi\hat{N}}(a+a^+)(\sigma_+ + \sigma_-)\}$$

第一个等式利用了 $e^{i\pi\hat{N}}$ 与 $\sigma_z, a^+ a$ 的对易关系,另一方面:

$$e^{i\pi\hat{N}}(a+a^+)(\sigma_+ + \sigma_-)e^{-i\pi\hat{N}} = e^{i\pi\hat{N}}(a+a^+)e^{-i\pi\hat{N}} e^{i\pi\hat{N}}(\sigma_+ + \sigma_-)e^{-i\pi\hat{N}}$$

$$= \left\{(a+a^+) + [i\pi\hat{N},(a+a^+)] + \frac{1}{2!}[i\pi\hat{N},[i\pi\hat{N},(a+a^+)]] + \cdots\right\}$$

$$\cdot \left\{(\sigma_+ + \sigma_-) + [i\pi\hat{N},(\sigma_+ + \sigma_-)] + \frac{1}{2!}[i\pi\hat{N},[i\pi\hat{N},(\sigma_+ + \sigma_-)]] + \cdots\right\}$$

$$= \left\{(a+a^+) + [i\pi a^+ a,(a+a^+)] + \frac{1}{2!}[i\pi a^+ a,[i\pi a^+ a,(a+a^+)]] + \cdots\right\}$$

$$\cdot \left\{(\sigma_+ + \sigma_-) + \left[i\pi\frac{\sigma_z}{2} + \frac{1}{2},(\sigma_+ + \sigma_-)\right]\right.$$

$$\left. + \frac{1}{2!}\left[i\pi\frac{\sigma_z}{2} + \frac{1}{2},\left[i\pi\frac{\sigma_z}{2} + \frac{1}{2},(\sigma_+ + \sigma_-)\right]\right] + \cdots\right\}$$

$$= \left\{(a^+ + a) + i\pi(a^+ - a) + \frac{1}{2!}[(i\pi)^2 a^+ + (-i\pi)^2 a + \cdots]\right\}$$

$$\cdot \left\{(\sigma_+ + \sigma_-) + i\pi(\sigma_+ - \sigma_-) + \frac{1}{2!}[(i\pi)^2\sigma_+ + (-i\pi)^2\sigma_- + \cdots]\right\}$$

$$= (e^{i\pi}a^+ + e^{-i\pi}a)(e^{i\pi}\sigma_+ + e^{-i\pi}\sigma_-)$$

$$= (a^+ + a)(\sigma_+ + \sigma_-)$$

将这一结果代入上式即得

$$[H,\hat{\Pi}] = 0$$

由宇称算符 $\hat{\Pi}$ 和 H 对易以及 $\hat{\Pi}$ 有性质 $\hat{\Pi}^2 = 1$ 知,$\hat{\Pi}$ 的本征值为 $\Pi = \pm 1$,并由此可以得出如下结论:能量和宇称的共同本征态可以分为正、负宇称两支.

考虑到算符 $\hat{N}$ 对如下系统的态矢作用为

$$\begin{cases} \hat{N}(|n\rangle \otimes |\uparrow\rangle) = (n+1)(|n\rangle \otimes |\uparrow\rangle) \\ \hat{N}(|n\rangle \otimes |\downarrow\rangle) = n(|n\rangle \otimes |\downarrow\rangle) \\ \hat{N}\left(\sum_n f_n |n\rangle \otimes |\uparrow\rangle\right) = \left(\sum_n (n+1)f_n |n\rangle \otimes |\uparrow\rangle\right) \\ \hat{N}\left(\sum_n \varphi_n |n\rangle \otimes |\downarrow\rangle\right) = \left(\sum_n n\varphi_n |n\rangle \otimes |\downarrow\rangle\right) \end{cases} \quad (2.3.6)$$

于是根据(2.3.3)式和(2.3.4)式知,H 与 $\hat{\Pi}$ 的共同本征态必须是以下两类:

$$|\mathrm{I}\rangle = \begin{Bmatrix} \sum_l f_{2l} |2l\rangle \\ \sum_l \varphi_{2l+1} |2l+1\rangle \end{Bmatrix}, \quad \Pi = -1 \qquad (2.3.7)$$

$$|\mathrm{II}\rangle = \begin{Bmatrix} \sum_l f_{2l+1} |2l+1\rangle \\ \sum_l \varphi_{2l} |2l\rangle \end{Bmatrix}, \quad \Pi = 1 \qquad (2.3.8)$$

(2.3.7)式和(2.3.8)式的意义是:对于宇称为正的定态的性质是当自旋为上态时,玻色场只含有奇数的Fock态,自旋为下态时,玻色场只含偶数的Fock态;对于宇称为负的定态是当自旋为上态时,玻色场只含有偶数的Fock态,自旋为下态时,玻色场只含奇数的Fock态.

2.3.2 表象变换与算符变换

为了求解的方便,在自旋空间里作如下的表象变换:

$$\begin{cases} |e\rangle = \frac{1}{\sqrt{2}}(|2\rangle - |1\rangle) \\ |g\rangle = \frac{1}{\sqrt{2}}(|2\rangle + |1\rangle) \end{cases} \qquad (2.3.9)$$

$$\begin{cases} |2\rangle = \frac{1}{\sqrt{2}}(|g\rangle + |e\rangle) \\ |1\rangle = \frac{1}{\sqrt{2}}(|g\rangle - |e\rangle) \end{cases} \qquad (2.3.10)$$

这时有

$$\sigma_x \to \sigma_z, \quad \sigma_z \to -\sigma_x \qquad (2.3.11)$$

在(2.3.9)式和(2.3.10)式中旧表象中的上、下态记为$|e\rangle, |g\rangle$,新表象中的上、下态记为$|2\rangle, |1\rangle$.

表象变换后,(2.3.2)式改写为

$$\begin{aligned} H &= -\frac{\Delta}{2}\sigma_x + \omega a^+ a + \lambda(a + a^+)\sigma_z \\ &= -\frac{\Delta}{2}(|2\rangle\langle 1| + |1\rangle\langle 2|) + \omega a^+ a + \lambda(a + a^+)(|2\rangle\langle 2| - |1\rangle\langle 1|) \end{aligned}$$
$$(2.3.12)$$

根据(2.3.12)式的形式以及在1.2节中讨论过的玩具模型的启发下,作如下的算符变换：

$$\begin{cases} A = a + \alpha, & A^+ = a^+ + \alpha \\ B = a - \alpha, & B^+ = a^+ - \alpha \\ \alpha = \dfrac{\lambda}{\omega} \end{cases} \qquad (2.3.13)$$

并相应地定义 A 算符和 B 算符的态空间中的"真空态"：

$$\begin{cases} |0\rangle_A = \mathrm{e}^{-\alpha a^+ - \frac{\alpha^2}{2}} |0\rangle \\ |0\rangle_B = \mathrm{e}^{\alpha a^+ - \frac{\alpha^2}{2}} |0\rangle \end{cases} \qquad (2.3.14)$$

其中 $|0\rangle$ 是原始的 a 算符的真空态. 再引入 A 算符空间和 B 算符空间的 Fock 态：

$$\begin{cases} |n\rangle_A = \dfrac{1}{\sqrt{n!}} (A^+)^n |0\rangle_A \\ |n\rangle_B = \dfrac{1}{\sqrt{n!}} (B^+)^n |0\rangle_B \end{cases} \qquad (2.3.15)$$

有了以上守恒的宇称算符的讨论及引入新的 A,B 算符后，我们就可以转入具体的问题求解了.

2.3.3 定态解的玻色场态矢中的系数关系

现在将解在新表象中表示为

$$|\rangle = |1\rangle|\Phi_1\rangle + |2\rangle|\Phi_2\rangle \qquad (2.3.16)$$

将上式代入(2.3.12)式的相应的定态方程中，得 $|\Phi_1\rangle,|\Phi_2\rangle$ 的耦合方程组如下：

$$-\frac{\Delta}{2}|\Phi_2\rangle + [\omega a^+ a - \lambda(a + a^+)]|\Phi_1\rangle = E|\Phi_1\rangle \qquad (2.3.17)$$

$$-\frac{\Delta}{2}|\Phi_1\rangle + [\omega a^+ a + \lambda(a + a^+)]|\Phi_2\rangle = E|\Phi_2\rangle \qquad (2.3.18)$$

利用(2.3.13)式中引入的新算符 $A(A^+)$ 及 $B(B^+)$，可将上二式改写为

$$-\frac{\Delta}{2}|\Phi_2\rangle + \left[\omega B^+ B - \frac{\lambda^2}{\omega}\right]|\Phi_1\rangle = E|\Phi_1\rangle \qquad (2.3.19)$$

$$-\frac{\Delta}{2}|\Phi_1\rangle + \left[\omega A^+ A - \frac{\lambda^2}{\omega}\right]|\Phi_2\rangle = E|\Phi_2\rangle \qquad (2.3.20)$$

根据上二式的形式自然将 $|\Phi_1\rangle,|\Phi_2\rangle$ 按 A,B 算符的"Fock"态展开：

$$|\Phi_1\rangle = \sum_n B_n |n\rangle_B \qquad (2.3.21)$$

$$|\Phi_2\rangle = \sum_n A_n |n\rangle_A \qquad (2.3.22)$$

将(2.3.21)式和(2.3.22)式代入(2.3.20)式和(2.3.19)式得

$$-\frac{\Delta}{2}\sum_n A_n |n\rangle_A + \sum_n \left(n\omega - \frac{\lambda^2}{\omega}\right) B_n |n\rangle_B = E\sum_n B_n |n\rangle_B \quad (2.3.23)$$

$$-\frac{\Delta}{2}\sum_n B_n |n\rangle_B + \sum_n \left(n\omega - \frac{\lambda^2}{\omega}\right) A_n |n\rangle_A = E\sum_n A_n |n\rangle_A \quad (2.3.24)$$

将(2.3.23)式左乘 $_B\langle m|$,(2.3.24)式左乘 $_A\langle m|$ 后得

$$\omega(m-\alpha^2)B_m - \frac{\Delta}{2}\sum_n (-1)^m D_{mn}(2\alpha) A_n = EB_m \quad (2.3.25)$$

$$\omega(m-\alpha^2)A_m - \frac{\Delta}{2}\sum_n (-1)^m D_{mn}(2\alpha) B_n = EA_m \quad (2.3.26)$$

其中

$$D_{mn}(2\alpha) \equiv (-1)^n {}_A\langle m|n\rangle_B \equiv (-1)^m {}_B\langle m|n\rangle_A \quad (2.3.27)$$

而 $D_{mn}(x)$ 的表示式为

$$D_{mn}(x) = e^{-\frac{x^2}{2}} \sum_{i=0}^{\min[m,n]} \frac{(-1)^i \sqrt{m!n!} \, x^{m+n-2i}}{(m-i)!(n-i)!i!} \quad (2.3.28)$$

在得到(2.3.25)式及(2.3.26)式时利用了不同的 $|n\rangle_A$ 间的正交性及不同的 $|n\rangle_B$ 间的正交性,同时注意到不同的 $|n\rangle_A$ 和 $|m\rangle_B$ 之间并无正交关系.

这样就可以由(2.3.25)式及(2.3.26)式的耦合方程组将能量本征值 E_l 及 $\{A_m^{(l)}\}$ 及 $\{B_m^{(l)}\}$ 解出.虽然实际上我们不能计算到无穷阶,而只能在一定的精度下计算到一个大的截断阶 N_p,不过实际的计算表明,只要 N_p 取得足够大总可以达到所设的精度要求.

下面将讨论如何利用宇称守恒的物理特性来简化我们的计算工作.

(1) 先看一下对于一个确定的 n,$|n\rangle_A - |n\rangle_B$ 的性质.

$$\begin{aligned}
|n\rangle_A - |n\rangle_B &= \frac{1}{\sqrt{n!}}[(a^+ + \alpha)^n |0\rangle_A - (a^+ - \alpha)^n |0\rangle_B] \\
&= \frac{1}{\sqrt{n!}}\Big[\sum_i C_i^n (\alpha)^{n-i}(a^+)^i \\
&\quad \cdot \sum_j \frac{1}{j!}(-\alpha a^+)^j - \sum_i C_i^n (-\alpha)^{n-i}(a^+)^i \\
&\quad \cdot \sum_j \frac{1}{j!}(\alpha a^+)^j\Big] e^{-\frac{\alpha^2}{2}}|0\rangle \quad (2.3.29)
\end{aligned}$$

由上式我们看不出有什么规律性来,但如换为考察 $|n\rangle_A - (-1)^n |n\rangle_B$ 时就会发现它有一个有意义的特性,按照(2.3.29)式一样的推导有

$$|n\rangle_A - (-1)^n |n\rangle_B$$
$$= \frac{1}{\sqrt{n!}} e^{-\frac{\alpha^2}{2}} \sum_{ij} C_i^n (\alpha)^{n-i+j} \frac{1}{j!} [(-1)^j - (-1)^i] (a^+)^{i+j} |0\rangle$$
$$= \frac{1}{\sqrt{n!}} e^{-\frac{\alpha^2}{2}} \sum_{li} 2C_i^n (\alpha)^{n+2l+1-2i} \frac{(-1)^{i+1}}{(2l+1-i)!} (a^+)^{2l+1} |0\rangle \qquad (2.3.30)$$

这就是说 $|n\rangle_A - (-1)^n |n\rangle_B$ 的态矢中只含具有奇数个玻色子的粒子数态；类似可知 $|n\rangle_A + (-1)^n |n\rangle_B$ 的态矢中只含具有偶数个玻色子的粒子数态.

(2) $A(B)$ 空间中只含奇(偶)数个玻色子的态矢的普遍形式.

由以上确定 n 的讨论立即可得出只含奇(偶)数个玻色子的普遍的态矢表示式为

$$\begin{cases} |\text{奇}\rangle = \sum f_n [|n\rangle_A - (-1)^n |n\rangle_B] \\ |\text{偶}\rangle = \sum f_n [|n\rangle_A + (-1)^n |n\rangle_B] \end{cases} \qquad (2.3.31)$$

(3) 根据以上的讨论现在可以来构造具有确定宇称的定态的普遍表示式了.

回忆一下在新表象中曾将定态解写成
$$|\rangle = |1\rangle |\Phi_1\rangle + |2\rangle |\Phi_2\rangle \qquad (2.3.32)$$
其中
$$|\Phi_1\rangle = \sum_n B_n |n\rangle_B \qquad (2.3.33)$$
$$|\Phi_2\rangle = \sum_n A_n |n\rangle_A \qquad (2.3.34)$$

现在我们要问，如果这一定态同时是宇称算符的本征态的话，那么(2.3.33)式和(2.3.34)式中的系数集 $\{A_n\}$ 及 $\{B_n\}$ 之间应具有什么样的关系？答案很简单，即

$$\text{对于 } \Pi = +1, \quad B_n = (-1)^n A_n \qquad (2.3.35)$$
$$\text{对于 } \Pi = -1, \quad B_n = -(-1)^n A_n \qquad (2.3.36)$$

即宇称值为正的能量和宇称的共同本征态 $|+\rangle$ 及宇称值为负的能量和宇称的共同本征态 $|-\rangle$ 分别为

$$|+\rangle = |1\rangle \sum_n (-1)^n A_n |n\rangle_B + |2\rangle \sum_n A_n |n\rangle_A \qquad (2.3.37)$$
$$|-\rangle = |1\rangle \sum_n -(-1)^n A_n |n\rangle_B + |2\rangle \sum_n A_n |n\rangle_A \qquad (2.3.38)$$

将新、旧表象间的关系
$$\begin{cases} |2\rangle = \frac{1}{\sqrt{2}} (|g\rangle + |e\rangle) \\ |1\rangle = \frac{1}{\sqrt{2}} (|g\rangle - |e\rangle) \end{cases} \qquad (2.3.39)$$

代入(2.3.37)式和(2.3.38)式得

$$|+\rangle = |g\rangle \frac{1}{\sqrt{2}} \sum_n A_n(|n\rangle_A + (-1)^n |n\rangle_B)$$
$$+ |e\rangle \frac{1}{\sqrt{2}} \sum_n A_n(|n\rangle_A - (-1)^n |n\rangle_B) \quad (2.3.40)$$

$$|-\rangle = |g\rangle \frac{1}{\sqrt{2}} \sum_n A_n(|n\rangle_A - (-1)^n |n\rangle_B)$$
$$+ |e\rangle \frac{1}{\sqrt{2}} \sum_n A_n(|n\rangle_A + (-1)^n |n\rangle_B) \quad (2.3.41)$$

(2.3.40)式和(2.3.41)式的结果表明,只要我们将 B_n 与 A_n 用(2.3.35)式及(2.3.36)式联系起来就能得到正确的宇称及能量的共同本征态.

在上面的 J-C 模型如何严格求解的讨论以后,我们可以作一个小结:

(1) J-C 模型的定态态矢的一般形式的确如一开始谈到的那样,比较自然的求解是设它的解的形式由 A,B 算符空间的"Fock"态构成,这就是求解 J-C 模型原来一直局限在原始的 a 算符的 Fock 空间中去讨论困难的原因.

(2) 考虑到模型具有守恒量宇称后,态矢的系数集 $\{A_m\}$ 及 $\{B_m\}$ 间存在如(2.3.35)式和(2.3.36)式的关系.换句话说,由于有了宇称的考虑,使待求的未知量减少了一半.

(3) 实际的求解必然要求求和到足够大的截断 N_p,使之满足精度的要求.

为了清楚地显示出这种系统的能谱分为正、负宇称两支,我们用图 2.3.3.1 表示出,左边的图是用 RWA 算出的能谱,右边是相应的严格求解出的能谱,图中列出了基态及第一到第十激发态,符号 odd,even 表示本征态的奇偶宇称.符号 +,- 表示旋波近似下的和非旋波解析近似下解出的不同的 +,- 两支能量.由(2.2.15)式可清楚看出产生两支能量的根源.

2.3.4 严格解与旋波近似解的比较

(1) 我们在 2.2 节从(2.2.20)式到(2.2.33)式的讨论中由给定系统一个确定的初始状态出发,在旋波近似下严格地求出了系统在任何时刻仍居于下态 $|g\rangle$ 概率的解析表达式.由于总概率应为 1,所以任一时刻系统居于上态的概率也可得到.为了看清楚旋波近似在什么条件下是好的近似,什么时候就会失效,下面用一个具体例子来清楚地说明.

例子是系统在 $t=0$ 时居于下态,其玻色场是一个相干态的初始态,即

$$|t=0\rangle = |g\rangle e^{a_0 a^+ - \frac{a_0^2}{2}} |0\rangle \quad (2.3.42)$$

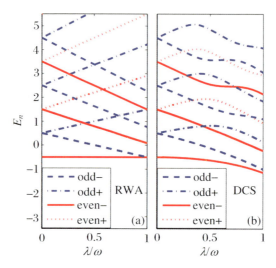

图 2.3.3.1　RWA 和 DCS 宇称能谱比较

根据 2.2 节中旋波近似下严格的求解过程,将(2.2.17)式中的 $\{C_n\}\{D_n\}$ 明显表示出,再将 $|t=0\rangle$ 按定态展开,则如(2.2.25)式所示的那样,将得到 t 时刻的态矢 $|\psi(t)\rangle$.这一推导过程在此不再重复给出,这里只将最后的任一时刻系统居于 $|e\rangle$ 的占有率表示出来:

$$\rho_e^{(\text{RWA})} = -2\lambda^2 e^{-a_0^2} \left[\sum_{n=0}^{\infty} \frac{a_0^{2n+2}(-1+\cos\sqrt{\Delta^2+4\lambda^2 n+4\lambda^2} \cdot t)}{(\Delta^2+4\lambda^2 n+4\lambda^2)\Gamma(n+1)} \right] \quad (2.3.43)$$

(2) 不用旋波近似将非旋波项也包括进来的严格求解.

在 2.3.3 小节里从(2.3.16)式到(2.3.28)式的讨论中已给出了如何严格地求解系统的能量本征值 $\{E_l\}$ 及相应态矢展开系数 $\{A_n^{(l)}\}$ 及 $\{B_n^{(l)}\}$ 的方法,系统的能量本征态矢集 $\{|\varphi_l\rangle\}$ 可以按上述的求解方法得到.现在首先将给定系统的初始态 $|t=0\rangle$ 按能量本征态矢集展开:

$$\begin{aligned}
|t=0\rangle &= |g\rangle e^{a_0 a^+ - \frac{a_0^2}{2}} |0\rangle \\
&= \sum_l |\varphi_l\rangle\langle\varphi_l| [|g\rangle e^{a_0 a^+ - \frac{a_0^2}{2}} |0\rangle] \\
&= \sum_l f_l |\varphi_l\rangle \quad (2.3.44)
\end{aligned}$$

其中

$$\begin{aligned}
f_l &= \langle\varphi_l| [|g\rangle e^{a_0 a^+ - \frac{a_0^2}{2}} |0\rangle] \\
&= [\langle 1|\langle\varphi_1^{(l)}| + \langle 2|\langle\varphi_2^{(l)}|] [|g\rangle e^{a_0 a^+ - \frac{a_0^2}{2}} |0\rangle]
\end{aligned}$$

$$= \left[\frac{1}{\sqrt{2}}(\langle g| - \langle e|)\langle \varphi_1^{(l)}| + \frac{1}{\sqrt{2}}(\langle g| + \langle e|)\langle \varphi_2^{(l)}|\right]\left[|g\rangle e^{\alpha_0 a^+ - \frac{\alpha_0^2}{2}}|0\rangle\right]$$

$$= \frac{1}{\sqrt{2}}[\langle \varphi_1^{(l)}| + \langle \varphi_2^{(l)}|]e^{\alpha_0 a^+ - \frac{\alpha_0^2}{2}}|0\rangle$$

$$= \frac{1}{\sqrt{2}}\left[\sum_n B_n^{(l)}{}_B\langle n| + \sum_n A_n^{(l)}{}_A\langle n|\right]e^{\alpha_0 a^+ - \frac{\alpha_0^2}{2}}|0\rangle \qquad (2.3.45)$$

在得到了 $\{f_l\}$ 后,就立即可以得到 t 时刻系统的态矢 $|t\rangle$:

$$|t\rangle = \sum_l f_l e^{-iE_l t}|\varphi_l\rangle \qquad (2.3.46)$$

于是 t 时刻系统居于 $|e\rangle$ 的占有率按下式即可算出:

$$\rho_e^{(\text{exact})}(t) = \langle t|(|e\rangle\langle e|)|t\rangle \qquad (2.3.47)$$

同样,这里也不再仔细地列出上式的运算过程.为了比较在演化问题中旋波近似的结果和非旋波近似的严格解的结果,由(2.3.43)式算出的 $\rho_e^{(\text{RWA})}$ 及由(2.3.47)式算出的 $\rho_e^{(\text{exact})}$ 之间的比较表示于图 2.3.4.1 到图 2.3.4.4 中.图中列出了相应的参量,其比较的结果如下:

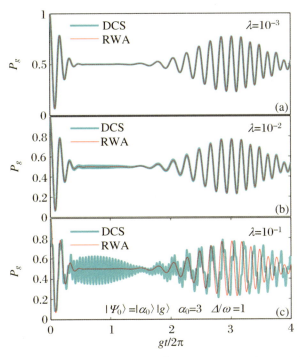

图 2.3.4.1 初态相干态 $|\alpha_0\rangle|g\rangle$,不同耦合强度 λ 下 DCS 和 RWA 占有率比较

(a) 由图 2.3.4.1 看出,在一定的 α_0 及不失谐的情形下,只要耦合强度弱即 $\lambda \leqslant 10^{-2}$,两者便符合得不错,这时旋波近似是好的近似.

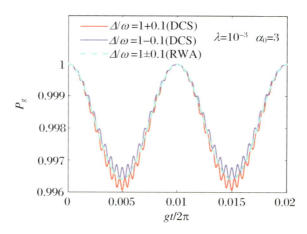

图 2.3.4.2 初态相干态 $|\alpha_0\rangle|g\rangle$,不同失谐 δ 下 DCS 和 RWA 占有率比较(1)

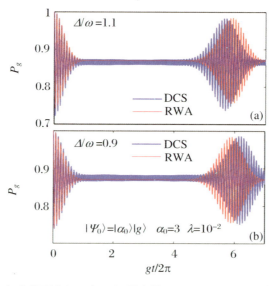

图 2.3.4.3 初态相干态 $|\alpha_0\rangle|g\rangle$,不同失谐 δ 下 DCS 和 RWA 占有率比较(2)

(b) 从图 2.3.4.2 和图 2.3.4.3 看出,尽管耦合强度 λ 很小,但只要有一定程度的偏离共振,两者之间还是有明显偏离的.

(c) 图 2.3.4.4 表明,虽然耦合较弱和处于共振的情形,只要相干态中的 α_0 较小,两者也偏离显著;只有 α_0 到足够大时,两者才相合.

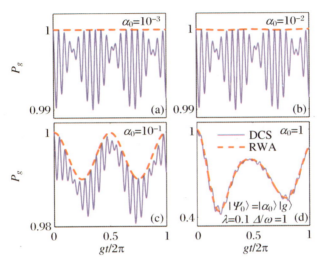

图 2.3.4.4 初态相干态 $|\alpha_0\rangle|g\rangle$,低声子下 DCS 和 RWA 占有率比较

总的来讲,计算的结果表明,原来估计在近共振、弱耦合的条件下 RWA 近似成立的断言是正确的,不过细致的分析告诉我们,这只是大体上的论断,例如,图 2.3.4.4 清楚地告诉我们, α_0 的大小也会起一定的作用.此外,ε 的增大使得复活与塌缩呈现显著的周期性,从图 2.3.4.5 可以清楚地看到这一点.

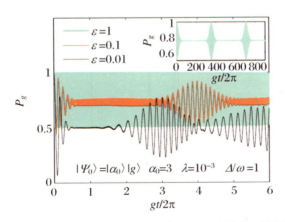

图 2.3.4.5 初态相干态 $|\alpha_0\rangle|g\rangle$,DCS 给出不同 ε 对量子复活与塌缩的影响

2.4 J-C模型严格求解与实验结果的比较

由于过去的实验大多停留在弱耦合的范围内,因此应用旋波近似的理论方法去解释有关的实验以及用它来讨论相关的理论问题还是比较成功的.尽管如前所述已有一些零星的实验(如 Bloch-sigert 能移)反映出旋波近似的不足及 J-C 模型中非旋波项的作用不可忽略,但毕竟还只是个别的实验.所以用旋波近似方法讨论 J-C 模型一直被普遍地应用着.

但是随着实验技术的发展及应用的需要,强耦合系统在实际中越来越多地出现,因此必须考虑进非旋波项严密的 J-C 模型理论的紧迫性就越来越大了.例如在电路 QED(Circuit QED)中超导比特起着人造原子的作用,在低温环境中这种人造原子与共振回路间的作用很强,出现了一系列在过去弱的腔电动力学实验中没有出现过的物理现象,于是用严密的 J-C 模型的非旋波近似理论去计算并与实验结果相比较就显得十分必要了.

2.4.1 二能态"原子"与单模玻色场的耦合系统

2010 年 P. Forn-Diaz 等人发表了他们用电路 QED 实验装置所做的类似于 J-C 模型的实验结果.他们的实验装置耦合强度 g 与场的频率 ω_r 之比为 $g/\omega_r \approx 0.1$.从理论上看这时已超出旋波近似的有效应用范围了.从他们给出的这一耦合系统详细的能谱和光谱来看,实验结果和用旋波近似计算的结果之间出现了的偏差,因此这正是我们应用严格的理论去计算并预期能得到与实验结果很好吻合的好机会.

他们的模型的哈氏量可以表示为

$$H = \frac{\hbar\omega_g}{2}\sigma_z + \hbar\omega_r\left(a^+ a + \frac{1}{2}\right) + \hbar g(a^+ + a)[\cos\theta\sigma_z - \sin\theta\sigma_x] \quad (2.4.1)$$

它在形式上和标准 J-C 模型的哈氏量(2.3.1)式的差别只是最后的相互作用项不是 $\hbar g(a^+ + a)\sigma_z$ 而已.另外,ω_g 与 θ 和原始的二能态的能量差 Δ 和实验上的另一常量 I_P 及可变参量 $\delta\Phi_x$ 间有以下的关系:

$$\begin{cases} \omega_g = \sqrt{\Delta^2 + (2I_P \cdot \delta\Phi_x)^2}/\hbar \\ \sin\theta = \Delta/\hbar\omega_g \end{cases} \quad (2.4.2)$$

尽管(2.4.1)式和(2.3.1)式不完全相同,但应用前面讲过的严格的理论方法一样可以对这一问题进行计算.为此首先对(2.4.1)式的哈氏量作一个幺正变换,令

$$V = \begin{bmatrix} \cos\dfrac{\theta}{2} & -\sin\dfrac{\theta}{2} \\ \sin\dfrac{\theta}{2} & \cos\dfrac{\theta}{2} \end{bmatrix} \tag{2.4.3}$$

为简便计,取 $\hbar = 1$,则变换后的哈氏量为

$$H' = VHV^{-1} = -\frac{\omega_g}{2}(\cos\theta\sigma_z + \sin\theta\sigma_x) + \omega_r\left(a^+a + \frac{1}{2}\right) + g(a + a^+)\sigma_z \tag{2.4.4}$$

再作算符变换

$$A = a + \alpha, \quad B = \alpha - a, \quad \alpha = g/\omega_r \tag{2.4.5}^*$$

将(2.4.5)式代入(2.4.4)式,同时为了下面计算方便将 σ_x 和 σ_z 换写成

$$\sigma_x = |e\rangle\langle g| + |g\rangle\langle e|$$

$$\sigma_z = |e\rangle\langle e| - |g\rangle\langle g|$$

变换后的哈氏量表为

$$H' = [\varepsilon_- + \omega_r(A^+A - \alpha^2)]|e\rangle\langle e| + [\varepsilon_+ + \omega_r(B^+B - \alpha^2)]|g\rangle\langle g|$$
$$- \frac{\omega_g}{2}\sin\theta(|e\rangle\langle g| + |g\rangle\langle e|) \tag{2.4.6}$$

其中

$$\varepsilon_\pm = (\omega_r \pm \omega_g\cos\theta)/2 \tag{2.4.7}$$

设解的形式为

$$|\Psi'\rangle = |\varphi_1\rangle|e\rangle + |\varphi_2\rangle|g\rangle$$
$$= \sum_{n=0}[C_n|n\rangle_A|e\rangle + d_n|n\rangle_B|g\rangle] \tag{2.4.8}$$

将(2.4.6)式及(2.4.8)式代入定态方程,如前有

$$\begin{cases} [\varepsilon_- + \omega_r(m - \alpha^2)]C_m - \dfrac{\omega_g\sin\theta}{2}\sum_m D_{mn}(2\alpha)d_n = EC_m \\ [\varepsilon_+ + \omega_r(m - \alpha^2)]d_m - \dfrac{\omega_g\sin\theta}{2}\sum_m D_{mn}(2\alpha)C_n = Ed_m \end{cases} \tag{2.4.9}$$

---

* 和2.3节中的算符变换 $B = a - \alpha$ 略有不同,这里变换的 $B = \alpha - a$ 同样也满足玻色算符的基本对易式.现在的变换较前面作的算符变换的方便之处是在讨论宇称本征态时用到的玻色态的表示式 $|n_A\rangle \pm (-1)^n|n_B\rangle$ 将简化成 $|n_A\rangle \pm |n_B\rangle$.

其中，D_{mn} 的表示式为

$$D_{mn} = \exp(-2d^2) \sum_{k=0}^{\min[m,n]} (-1)^{-k} \frac{\sqrt{m!n!}(2\alpha)^{m+n-2k}}{(m-k)!(n-k)!} \quad (2.4.10)$$

按照 Forn-Diaz 等人的实验值：

$$I_P = 500 \text{ nA}, \quad \frac{g}{2\pi} = 0.81 \text{ GHz}, \quad \frac{\omega_r}{2\pi} = 8.13 \text{ GHz}, \quad \frac{\Delta}{h} = 4.20 \text{ GHz}$$

代入(2.4.9)式求解，并将解得的结果和实验值比较分列于下.

(1) $\delta\Phi_x = -6,\cdots,6$ 时能谱的实验结果及精确解的比较.

图 2.4.1.1 是 $\delta\Phi_x$ 从 -6 变化到 6 时实验测得的最低的三根 $E_n \to E_0$ 跃迁的频谱曲线.

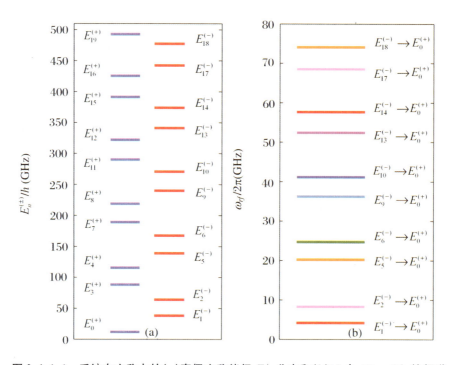

图 2.4.1.1　系统在宇称点的(a)奇偶宇称能级 $E_n^{\pm}$ 分布和(b)10 个 $E_n^- \to E_0^+$ 的频谱

图 2.4.1.2 是用精确解法算出的三根理论的频谱曲线. 比较上述的两个图可看出两者是精确的相合.

(2) 现在我们把注意力集中在图中的横轴中点 $\delta\Phi_x = 0$ 处，它对应于 $\sin\theta = 1$，$\cos\theta = 0$，(2.4.1)式变为

$$H_0 = \frac{\Delta}{2}\sigma_z + \hbar\omega_r\left(a^+a + \frac{1}{2}\right) - \hbar g(a^+ + a)\sigma_x \quad (2.4.11)$$

这时系统具有守恒的宇称算符:

$$\hat{\Pi} = e^{i(a^+a + \sigma_z/2 + 1/2)} \quad (2.4.12)$$

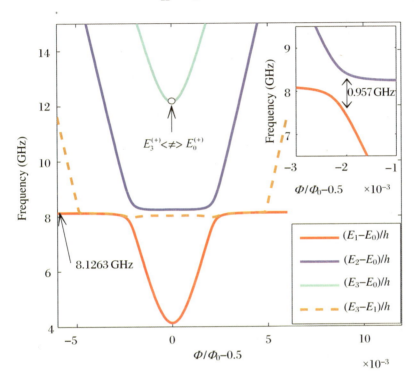

图 2.4.1.2 电路 QED 理论频谱的数字计算结果

它与 H_0 对易:

$$[H_0, \hat{\Pi}] = 0 \quad (2.4.13)$$

因此它的定态可以是 H_0 及 $\hat{\Pi}$ 的共同本征态,且其能谱可分为正、负宇称两支,其解按前面已作过的分析可表示为

$$|\Psi_\pm\rangle = \sum_{n=0} f_n[|n\rangle_A |e\rangle \mp |n\rangle_B |g\rangle] \quad (2.4.14)$$

这就是为什么在图 2.4.1.3 中把它们分成两组的原因,即它们中点处的态矢分别对应于正宇称和负宇称.图中特别把它们的能谱列出,并用右上标标识它们的宇称,该图中的左图是能谱,右图是频谱.由此得到两个有意义的结论:一是从能级间

跃迁的选择定则知道,跃迁必须在相反宇称间进行,因此如图 2.4.1.1 及图 2.4.1.2 所示,在最高的第三根频谱的中心处,实验给出的跃迁强度为零.从理论上来看它是 $E_3^+ \to E_0^+$,所以是禁戒的,即理论正确地解释了实验的结果.二是频谱线偏离中心后自然宇称不再是好量子数.所以这时第三频谱线的强度虽然不再是零,不过从变化的连续性来考虑,可以预期得出的第三根谱线的强度应该比第一根和第二根弱,实验的结果也的确如此.

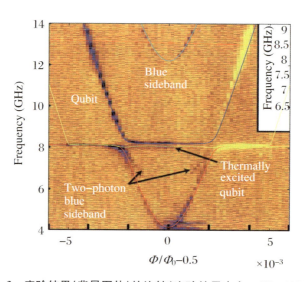

图 2.4.1.3 实验结果(背景图片)的比较(实验结果来自 arXiv_1005_1559Fig.3)

(3) 图 2.4.1.4 中的左图上给出了用精确方法 DCS 算出的能谱及用 RWA 算出的能谱,两者有一定的偏离,因此在 $E_i \to E_0$ 的跃迁频谱中也有一定的偏离,即所谓的 B-S 移动,并描绘于右图中,为了显示这种移动随系统的参量不同如何变化,在图 2.4.1.5 中给出了 $E_1 \to E_0$ 的 Bloch-Siegert shift 随 $\alpha = g/\omega_r$ 的变化情形.

2.4.2 二能态"原子"与三模玻色场的耦合系统

(1) 和单模情形的哈氏量类似,只是单模玻色场换成了多模玻色场:

$$H = \frac{\hbar \omega_g}{2}\sigma_z + \sum_n \hbar \omega_n \left(a_n^+ a_n + \frac{1}{2}\right) + \sum_n \hbar g_n (a_n^+ + a_n)[\cos\theta \sigma_z - \sin\theta \sigma_x]$$

(2.4.15)

因此可以用类似于单模情形时的计算步骤来处理这一问题.为简单计仍取

$\hbar = 1$. 引入幺正变换 $V = \begin{bmatrix} \cos\frac{\theta}{2} & -\sin\frac{\theta}{2} \\ \sin\frac{\theta}{2} & \cos\frac{\theta}{2} \end{bmatrix}$,将(2.4.15)式变换为

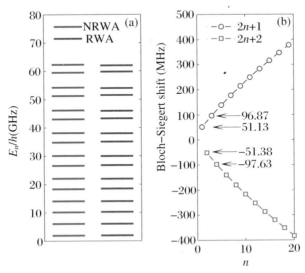

图 2.4.1.4 (a) 系统宇称点能级 $E_i^{\pm}$ 比较:左 non-RWA,右 RWA
(b) 系统宇称点上不同能级跃迁($E_i \to E_0$)的 Bloch-Siegert shift

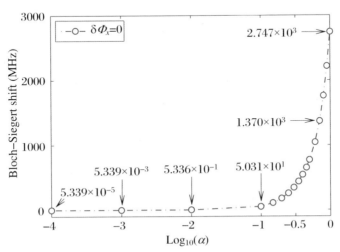

图 2.4.1.5 系统宇称点上第一激发态到基态($E_1 \to E_0$)的 Bloch-Siegert shift 随耦合强度 $\alpha = g/\omega_r$ 的变化

$$H' = VHV^{-1} = -\frac{\omega_g}{2}(\cos\theta\sigma_z + \sin\theta\sigma_x)$$

$$+ \sum_n \left[\omega_n\left(a_n^+ a_m + \frac{1}{2}\right) + g_n(a_n^+ + a_n)\sigma_z\right] \quad (2.4.16)$$

我们仍然可以如单模的情形,引入相应的每一模式的新算符:

$$A_n = a_n + \alpha_n, \quad B_n = \alpha_n - a_n, \quad \alpha_n = g_n/\omega_n$$

于是可将(2.4.16)式改写成

$$H' = \begin{bmatrix} \sum_n \omega_n(A_n^+ A_n - \alpha_n^2) + \varepsilon_+ & -\frac{\omega_g}{2}\sin\theta \\ -\frac{\omega_g}{2}\sin\theta & \sum_n \omega_n(B_n^+ B_n - \alpha_n^2) + \varepsilon_- \end{bmatrix} \quad (2.4.16')$$

其中

$$\begin{cases} \varepsilon_+ = \frac{1}{2}\left(\sum_n \omega_n + \omega_g\cos\theta\right) \\ \varepsilon_- = \frac{1}{2}\left(\sum_n \omega_n - \omega_g\cos\theta\right) \end{cases} \quad (2.4.17)$$

设能量本征态矢取如下形式:

$$|\varphi\rangle = |\varphi_1\rangle|e\rangle + |\varphi_2\rangle|g\rangle$$

其中

$$|\varphi_1\rangle = \sum_{m_1\cdots m_N} c_{m_1\cdots m_N}|n_1\rangle_{A_1}\cdots|n_N\rangle_{A_N}$$

$$|\varphi_2\rangle = \sum_{m_1\cdots m_N} d_{m_1\cdots m_N}|n_1\rangle_{B_1}\cdots|m_N\rangle_{B_N}$$

下面将 $c_{m_1\cdots m_N}, d_{m_1\cdots m_N}$ 简化表示为 $c_{\{m\}}, d_{\{m\}}$,并按照前面单模讨论的办法可得 $c_{\{m\}}$ 及 $d_{\{m\}}$ 的耦合方程组如下:

$$\begin{cases} \left[\varepsilon_- + \sum_k \omega_k(m_k - \alpha_k^2)\right]c_{\{m\}} + \frac{\Delta}{2}\sum_{\{n\}} d_{\{n\}} \prod_k D_{mn}^{(k)}(2\alpha_k) = Ec_{\{m\}} \\ \left[\varepsilon_+ + \sum_k \omega_k(m_k - \alpha_k^2)\right]d_{\{m\}} + \frac{\Delta}{2}\sum_{\{n\}} c_{\{n\}} \prod_k D_{mn}^{(k)}(2\alpha_k) = Ed_{\{m\}} \end{cases} \quad (2.4.18)$$

由上式解 $E, \{c_n\}, \{d_n\}$ 即可得能谱及各定态态矢.

(2) 已有的实验结果是三模的情形,即 $N=3$ 的系统参量是

$$\omega_1/2\pi = 2.782\,\text{GHz} \qquad g_1/2\pi = 314\,\text{MHz}$$
$$\omega_2/2\pi = 5.357\,\text{GHz} \qquad g_2/2\pi = 636\,\text{MHz}$$
$$\omega_3/2\pi = 7.777\,\text{GHz} \qquad g_3/2\pi = 568\,\text{MHz}$$
$$2I_P = 630\,\text{nA} \qquad \Delta/\hbar = 2\pi \times 2.25\,\text{GHz}$$

与单模情形类似,当 $\delta\Phi_x = 0$ 时系统的定态方程为

$$H_0 = \frac{\hbar\omega_g}{2}\sigma_z + \sum_n\left[\hbar\omega_n\left(a_n^+ a_n + \frac{1}{2}\right) - \hbar g_n(a_n^+ + a_n)\sigma_x\right] \quad (2.4.19)$$

这时可定义宇称算符 $\hat{\Pi} = e^{i\pi(\sum_n a_n^+ a_n + \sigma_z/2 + 1/2)}$,也一样可证它与 H_0 对易:

$$[H_0, \hat{\Pi}] = 0$$

这时定态也可分为 $\Pi = \pm 1$ 两支,其定态态矢取如下形式:

$$|\Psi_\pm\rangle = \sum_{\{n\}=0}^{N_{tr}} f_{\langle n\rangle}[|\{n\}\rangle_A |e\rangle \mp |\{n\}\rangle_B |g\rangle] \quad (2.4.20)$$

如图 2.4.2.1 的左图中给出 $\delta\Phi_x = 0$ 处系统的能谱,并且在两支能谱处分别加上 $+$,$-$ 的右上角指标.在图 2.4.2.1 的右图中给出当宇称不同时才允许(按禁戒的选择定则)跃迁的前 10 个允许跃迁的频谱.

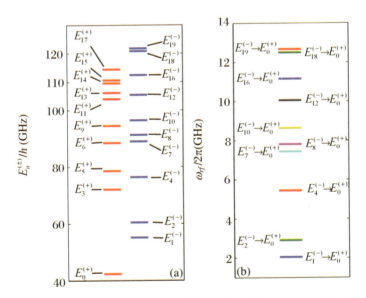

图 2.4.2.1 三模下系统在宇称点的(a)奇偶宇称能级 $E_n^\pm$ 分布和
(b)10 个 $E_n^- \to E_0^+$ 的频谱

现在再看 $\delta\Phi_x$ 从 -6 变到 6 的范围内定态解的情况,即这时要作(2.4.15)式给出的哈氏量的定态解.计算出的基态及各激发态随 $\delta\Phi_x$ 变化的能谱示于图 2.4.2.2 中.根据理论算出的能谱便可以计算出各个激发态向基态跃迁的频谱.按这样的方法算出的频谱示于图 2.4.2.3 及图 2.4.2.4 中.在图 2.4.2.3 及图 2.4.2.4 中的理论计算结果和实验结果作比较后可以看出两者完全相合.

最后再看一下图 2.4.2.5 给出的用旋波近似算出的能谱的理论结果,和用严格解算出的结果相比较可以看出两者的差别是很显著的.仔细一点讲,图 2.4.2.5 的左图给出用 RWA 和 NRWA 算出的能谱及由此算出的 B - S 频谱移动,再和上面的单模情形作比较可以看出,在多模情形下 RWA 近似的不精确性显著增大,这是可预料的结论.

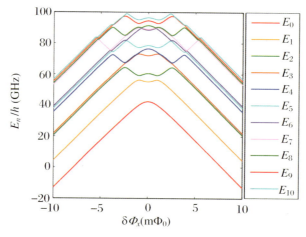

图 2.4.2.2 三模下能谱分布

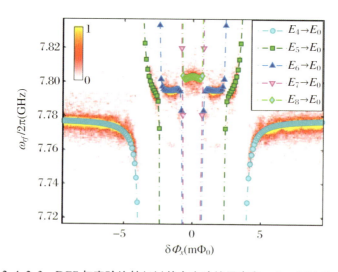

图 2.4.2.3 DCS 与实验比较(1)(其中实验结果来自 nphys1730Fig.2)

综合以上的内容可以得出如下的结论:在上述的耦合强度不是很弱而是稍强

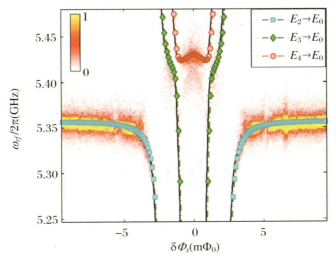

图 2.4.2.4 DCS 与实验比较(2)(其中实验结果来自 nphys1730Fig.2)

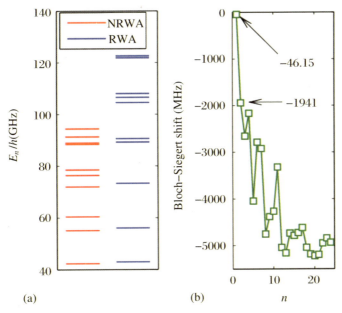

图 2.4.2.5 三模下(a)系统宇称点能级 $E_i^\pm$ 比较:左 non-RWA,右 RWA
(b)系统宇称点上不同能级跃迁($E_i \to E_0$)的 Bloch-Siegert shift

的实际情况下,旋波近似已不能应用,用相干态正交化理论方法去解包括非旋波项贡献的严格解法能够准确地给出与实验相符的结果.

2.5 J-C模型的解析解法

2.5.1 相干态正交化展开系数的递推关系

尽管用相干态正交化方法原则上已经把 J-C 模型严格解的问题解决了,即在任何精度的要求下通过选定足够大的截断阶数总可以求出所需精度的能谱和相应的态矢,不过物理量需要通过数值计算来得到而不能用解析的形式来表示.显然,在做物理量和物理过程的计算时仍有不便之处,那么能否找到 J-C 模型的解析解呢? 在近年发展的工作中,已有一些工作做到 J-C 模型低阶近似的解析表示.本节的目的是讨论无穷阶解析解的表示.

这里重复写出非 RWA 的 J-C 模型的哈氏量:

$$H = \Delta\sigma_z + \omega a^+ a + \lambda(a + a^+)\sigma_x \tag{2.5.1}$$

和前面一样地作表象变换 $\sigma_x \to \sigma_z, \sigma_z \to -\sigma_x$,新表象中哈氏量改写成

$$H = -\Delta\sigma_x + \omega a^+ a + \lambda(a + a^+)\sigma_z \tag{2.5.2}$$

由前可知在原表象中它有守恒的宇称算符:

$$\Pi = e^{i\pi\left(\frac{\sigma_z}{2} + a^+ a + \frac{1}{2}\right)} \tag{2.5.3}$$

在新表象中宇称算符的表示改换成

$$\Pi = e^{i\pi\left(-\frac{\sigma_x}{2} + a^+ a + \frac{1}{2}\right)} \tag{2.5.4}$$

注意以下的讨论都是在新表象中进行的,如前,令定态解取形式

$$|\rangle = |\uparrow\rangle|\phi_1\rangle + |\downarrow\rangle|\phi_2\rangle \tag{2.5.5}$$

代入到由(2.5.2)式表示的 H 的定态方程后,比较 $|\uparrow\rangle, |\downarrow\rangle$ 可得

$$-\Delta|\phi_2\rangle + [\omega a^+ a + \lambda(a + a^+)]|\phi_1\rangle = E|\phi_1\rangle \tag{2.5.6}$$

$$-\Delta|\phi_1\rangle + [\omega a^+ a - \lambda(a + a^+)]|\phi_2\rangle = E|\phi_2\rangle \tag{2.5.7}$$

和前面的做法略有不同的是,在这里我们不引入两个新算符 A 和 B,而只引入一个 A 算符:

$$\begin{cases} A = a + \dfrac{\lambda}{\omega} \equiv a + \alpha \\ A^+ = a^+ + \dfrac{\lambda}{\omega} \equiv a^+ + \alpha \end{cases}, \quad \alpha \equiv \dfrac{\lambda}{\omega} \tag{2.5.8}$$

以及引入 A 算符空间的"Fock 态"$\{|n\rangle_A\}$.

于是可将(2.5.6)式及(2.5.7)式改写成

$$-\Delta|\phi_2\rangle + \omega(A^+ A - \alpha^2)|\phi_1\rangle = E|\phi_1\rangle \tag{2.5.9}$$

$$-\Delta|\phi_1\rangle + [\omega(A^+ A + 3\alpha^2) - 2\lambda(A + A^+)]|\phi_2\rangle = E|\phi_2\rangle \tag{2.5.10}$$

令

$$|\phi_1\rangle = \sum_n f_n |n\rangle_A \tag{2.5.11}$$

$$|\phi_2\rangle = \sum_n g_n |n\rangle_A \tag{2.5.12}$$

把(2.5.11)式和(2.5.12)式代入(2.5.9)式及(2.5.10)式得

$$-\Delta \sum_n g_n |n\rangle_A + \sum_n \omega(n - \alpha^2) f_n |n\rangle_A = E \sum_n f_n |n\rangle_A \tag{2.5.13}$$

$$-\Delta \sum_n f_n |n\rangle_A + \sum_n \omega(n + 3\alpha^2) g_n |n\rangle_A - 2\lambda \sum_n \sqrt{n} g_n |n-1\rangle_A$$
$$- 2\lambda \sum_n \sqrt{n+1} g_n |n+1\rangle_A = E \sum_n g_n |n\rangle_A \tag{2.5.14}$$

由于 $\{|n\rangle_A\}$ 间存在正交归一关系,上二式可化简为

$$-\Delta g_n + \omega(n - \alpha^2) f_n = E f_n \tag{2.5.15}$$

$$-\Delta f_n + \omega(n + 3\alpha^2) g_n - 2\lambda\sqrt{n+1}\, g_{n+1} - 2\lambda\sqrt{n}\, g_{n-1} = E g_n \tag{2.5.16}$$

将(2.5.15)式代入(2.5.16)式便得到 g_n 的递推公式:

$$g_{n+1} = \dfrac{1}{2\lambda\sqrt{n+1}}\left[\omega(n + 3\alpha^2) - E - \dfrac{\Delta^2}{\omega(n-\alpha^2) - E}\right] g_n - \sqrt{\dfrac{n}{n+1}}\, g_{n-1} \tag{2.5.17}$$

以及

$$f_n = \dfrac{\Delta}{\omega(n - \alpha^2) - E} g_n \tag{2.5.18}$$

至此可以看出,只要能量本征值知道,就可以由(2.5.17)及(2.5.18)二式通过迭代得出能量本征态的所有展开系数的解析表示式.考虑到本征态的归一可以在所有系数求出以后再进行,因此为了把递推公式表示得更确切一点,不妨将 g_0 取为 1,则由(2.5.17)式可得

$$g_1 = \dfrac{1}{2\lambda}\left(3\omega\alpha^2 - E + \dfrac{\Delta^2}{\omega\alpha^2 + E}\right) \tag{2.5.19}$$

有了 $g_0 = 1$ 和 g_1 的表示式后,利用(2.5.17)式便可迭代出所有的系数 $g_n(n \geqslant 2)$. 现在剩下的问题是如何求出所有能谱中的能量本征值.

2.5.2 能量本征值的解析求解

在上一小节中,从定态方程出发导出了定态态矢的展开式中系数的迭代表示式.不过,表示式中仍含有未定的能量本征值,这启示我们想到是否还有什么物理条件没有用到.回顾一下本节一开始就谈到的寻求宇称及能量共同本征态的这一目标,我们就会意识到应当利用它也是宇称算符本征态的这一条件来得到待求的能谱,即

$$\hat{\Pi} | \rangle = \pm | \rangle$$

仔细一点写出这个条件的表示式为

$$e^{i\pi(-\frac{\sigma_x}{2} + a^+ a + \frac{1}{2})}(|\uparrow\rangle|\phi_1\rangle + |\downarrow\rangle|\phi_2\rangle) = \pm(|\uparrow\rangle|\phi_1\rangle + |\downarrow\rangle|\phi_2\rangle)$$

(2.5.20)

由于指数上的 $\left(-\dfrac{\sigma_x}{2} + \dfrac{1}{2}\right)$ 和 $a^+ a$ 是对易的,因此有

$$e^{i\pi\left(-\frac{\sigma_x}{2} + a^+ a + \frac{1}{2}\right)} = e^{i\pi(a^+ a)} e^{i\pi\left(-\frac{\sigma_x}{2} + \frac{1}{2}\right)}$$

首先来看 $e^{i\pi(-\frac{\sigma_x}{2} + \frac{1}{2})}$:

$$e^{i\pi(-\frac{\sigma_x}{2} + \frac{1}{2})} = \exp\left[i\pi \begin{pmatrix} \frac{1}{2} & -\frac{1}{2} \\ -\frac{1}{2} & \frac{1}{2} \end{pmatrix}\right]$$

$$= I + i\pi \begin{pmatrix} \frac{1}{2} & -\frac{1}{2} \\ -\frac{1}{2} & \frac{1}{2} \end{pmatrix} + \frac{1}{2!}(i\pi)^2 \begin{pmatrix} \frac{1}{2} & -\frac{1}{2} \\ -\frac{1}{2} & \frac{1}{2} \end{pmatrix}^2 + \frac{1}{3!}(i\pi)^3 \begin{pmatrix} \frac{1}{2} & -\frac{1}{2} \\ -\frac{1}{2} & \frac{1}{2} \end{pmatrix}^3 + \cdots$$

$$= I + i\pi \begin{pmatrix} \frac{1}{2} & -\frac{1}{2} \\ -\frac{1}{2} & \frac{1}{2} \end{pmatrix} + \frac{1}{2!}(i\pi)^2 \begin{pmatrix} \frac{1}{2} & -\frac{1}{2} \\ -\frac{1}{2} & \frac{1}{2} \end{pmatrix} + \frac{1}{3!}(i\pi)^3 \begin{pmatrix} \frac{1}{2} & -\frac{1}{2} \\ -\frac{1}{2} & \frac{1}{2} \end{pmatrix} + \cdots$$

$$= \begin{pmatrix} 1 & 0 \\ 0 & 1 \end{pmatrix} - \begin{pmatrix} \frac{1}{2} & -\frac{1}{2} \\ -\frac{1}{2} & \frac{1}{2} \end{pmatrix} + \left[1 + i\pi + \frac{1}{2!}(i\pi)^2 + \frac{1}{3!}(i\pi)^3 + \cdots\right] \begin{pmatrix} \frac{1}{2} & -\frac{1}{2} \\ -\frac{1}{2} & \frac{1}{2} \end{pmatrix}$$

$$= \begin{pmatrix} \frac{1}{2} & \frac{1}{2} \\ \frac{1}{2} & \frac{1}{2} \end{pmatrix} + e^{i\pi} \begin{pmatrix} \frac{1}{2} & -\frac{1}{2} \\ -\frac{1}{2} & \frac{1}{2} \end{pmatrix}$$

$$= \begin{pmatrix} \frac{1}{2} & \frac{1}{2} \\ \frac{1}{2} & \frac{1}{2} \end{pmatrix} - \begin{pmatrix} \frac{1}{2} & -\frac{1}{2} \\ -\frac{1}{2} & \frac{1}{2} \end{pmatrix}$$

$$= \begin{pmatrix} 0 & 1 \\ 1 & 0 \end{pmatrix}$$

将这一结果代入(2.5.20)式得

$$e^{i\pi a^+ a} \begin{pmatrix} 0 & 1 \\ 1 & 0 \end{pmatrix} (|\uparrow\rangle |\phi_1\rangle + |\downarrow\rangle |\phi_2\rangle)$$

$$= e^{i\pi a^+ a} (|\downarrow\rangle |\phi_1\rangle + |\uparrow\rangle |\phi_2\rangle)$$

$$= \pm (|\uparrow\rangle |\phi_1\rangle + |\downarrow\rangle |\phi_2\rangle)$$

比较上式两端的$|\uparrow\rangle$和$|\downarrow\rangle$得

$$e^{i\pi a^+ a} |\phi_2\rangle = \pm |\phi_1\rangle \tag{2.5.21}$$

$$e^{i\pi a^+ a} |\phi_1\rangle = \pm |\phi_2\rangle \tag{2.5.22}$$

将(2.5.21)式表出为

$$e^{i\pi a^+ a} \sum_n g_n |n\rangle_A = \pm \sum_n f_n |n\rangle_A$$

两端左乘${}_A\langle 0|$得

$$\sum_n g_n \cdot {}_A\langle 0 | e^{i\pi a^+ a} | n\rangle_A = \pm f_0$$

左端插入$\sum_m |m\rangle\langle m| = 1$得

$$\sum_{nm} g_n {}_A\langle 0 | e^{i\pi a^+ a} | m\rangle\langle m | n\rangle_A$$

$$= \sum_{nm} g_n {}_A\langle 0 | e^{im\pi} | m\rangle\langle m | n\rangle_A$$

$$= \sum_n g_n \left[\sum_m {}_A\langle 0 | 2m\rangle\langle 2m | n\rangle_A - \sum_m {}_A\langle 0 | 2m+1\rangle\langle 2m+1 | n\rangle_A \right]$$

$$= \pm f_0 \tag{2.5.23}$$

当我们将(2.5.17)式表出的$g_n(E)$代入上式时,就能求出宇称为± 1的两支能谱来,当然具体计算n与m都只能截断到有限值去求.

2.6 两个 J-C 原子的纠缠动力学

2.6.1 两个原子的纠缠

量子纠缠现象是非定域量子关联中的一个非常有意义的现象,因为除了通过这一现象去了解量子物理非定域性的这一基本问题外,它在具有重要实用价值的量子通信中也起到主要的作用.不过在这个重要的应用领域中,始终存在一个主要的和不可避免的困难,就是量子系统在随时间的演化过程中会受到外界环境的影响,因此量子系统中的纠缠程度会减弱,甚至完全消失,这种现象被称为纠缠的突然死亡(ESD),这种现象已为最近的实验所证实.

量子系统与环境耦合导致纠缠的突然死亡(ESD)已有许多工作做过研究,但都是在旋波近似(RWA)的前提下讨论的,考虑在较强耦合下的非旋波近似的严格处理还没有工作去讨论过.在本节里我们将讨论两个独立的 J-C 模型的原子间的纠缠及其 ESD,这时的外界环境是两个 J-C 原子身处腔中的光场,这一量子系统和普通的多模谐振子的热库相比简单许多.因为 J-C 模型的腔中只是一个单模光场,不过由于我们在这里可以应用相干态正交方法去严格解没有旋波近似的演化问题,因此得出的结论将是可靠和具有一定典型意义的.

在这两个 J-C 原子系统中,我们讨论的纠缠是两个原子的内部二态间的纠缠,每个原子中的二态与腔中单模光场间的耦合被看作是外界原子间的关联,原子间内部态间纠缠的 ESD 和恢复根源就是受到"外界"——腔的光场作用.

在本节里讨论中还有另一个目的,就是比较一下在本书中主要讨论的相干态正交化方法和幺正变换方法,后者在最近讨论非旋波近似研究工作中也常常用到,下面将会看到在这个具体问题中,幺正变换的结论只是相干态正交化方法的低阶近似,在一定参数范围内两者的结论相近,而在更大的范围中幺正变换得到的结果就会逐渐偏离用相干态正交化方法得出的严格结果.

2.6.2 相干态正交化解法

由于我们讨论的是两个相互间没有耦合的 J-C 模型原子,所以每个原子独立地在演化.为此我们先简短回顾一下单个 J-C 原子在前面是如何用相干态正交化

方法处理的. 原始的一个原子的 J-C 模型的哈氏量为

$$H = \frac{\Delta}{2}\sigma_z + \omega a^+ a + \lambda(a + a^+)\sigma_x \tag{2.6.1}$$

作绕 y 轴的 $\pi/4$ 的旋转,得

$$H' = VHV^+ = -\frac{\Delta}{2}\sigma_x + \omega a^+ a + \lambda(a + a^+)\sigma_z \tag{2.6.2}$$

其中

$$V = \frac{1}{\sqrt{2}}\begin{pmatrix} 1 & 1 \\ -1 & 1 \end{pmatrix} \tag{2.6.3}$$

将解表为如下形式:

$$|\varphi\rangle = \begin{pmatrix} \sum_n c_{1n}|n\rangle_A \\ \sum_n c_{2n}|n\rangle_B \end{pmatrix} = \begin{pmatrix} |\phi_1\rangle \\ |\phi_2\rangle \end{pmatrix} \tag{2.6.4}$$

其中

$$\begin{cases} |n\rangle_A = \dfrac{(A^+)^n}{\sqrt{n!}}|0\rangle_A = \dfrac{(a^+ + g/\omega)^n}{\sqrt{n!}}|0\rangle_A \\ |n\rangle_B = \dfrac{(B^+)^n}{\sqrt{n!}}|0\rangle_B = \dfrac{(a^+ - g/\omega)^n}{\sqrt{n!}}|0\rangle_B \end{cases} \tag{2.6.5}$$

如前所述,由于存在宇称的宇恒量,对应于正、负宇称的定态,c_{2n} 和 c_{1n} 有 $c_{2n} = \pm(-1)^n c_{1n}$ 的关系,可以将求解最终化为解如下的本征线性方程组:

$$\omega(m - g^2)C_m \pm \frac{\Delta}{2}\sum_n D_{mn}C_n = E^{(\pm)}C_m \tag{2.6.6}$$

其中

$$D_{mn} = e^{-2g^2}\sum_{k=0}^{\min[m,n]}(-1)^{-k}\frac{\sqrt{m!n!}(2g)^{(m+n-2k)}}{(m-k)!(n-k)!k!} \tag{2.6.7}$$

解 (2.6.6) 式便可得出 $\{E_l\}$ 及

$$|\varphi^{(l)}\rangle = \begin{pmatrix} \phi_1^{(l)} \\ \phi_2^{(l)} \end{pmatrix} \tag{2.6.8}$$

其中,上标 l 既标识不同的能级也包括正、负宇称,任何态矢都可用它们来展开

$$|\Psi\rangle = \sum_l h^{(l)}|\varphi^{(l)}\rangle \tag{2.6.9}$$

该态矢演化到 t 时刻时的态矢为

$$|\Psi(t)\rangle = \sum_l h^{(l)} e^{-iE_l t}|\varphi^{(l)}\rangle \tag{2.6.10}$$

要回到原始的表象只需对 $|\Psi\rangle$, $|\Psi(t)\rangle$ 作反变换 $V^+|\Psi\rangle$, $V^+|\Psi(t)\rangle$ 即可.

2.6.3 幺正变换解法

在考虑超出旋波近似,把非旋波项的作用也考虑进去的各种方法中,幺正变换方法是常用的一种,我们在本节里简短介绍该方法,并把它也用来讨论两个 J-C 原子的纠缠的演化问题,并与严格的相干态正交化方法作比较,以此来看出幺正变换方法的有效性和它的精确程度.

把原始表象中的哈氏量(2.6.1)式表为

$$\begin{cases} H = H_0 + H_1 \\ H_0 = \dfrac{\Delta}{2}\sigma_z + \omega a^+ a \\ H_1 = g(a^+ + a)(\sigma_+ + \sigma_-) \end{cases} \quad (2.6.11)$$

引入一个幺正变换算符 $V = \exp(S)$,

$$S = \frac{g\xi}{\omega}(a^+ - a)(\sigma_+ + \sigma_-) \quad (2.6.12)$$

对 H 作幺正变换

$$\begin{aligned} H^S &= UHU^{-1} \\ &= H_0 + H_1^S + H_2^S + O(g^3) \end{aligned} \quad (2.6.13)$$

其中

$$\begin{aligned} H_1^S &= H_1 + [S, H_0] = g\left(\frac{\Delta}{\omega}\xi - \xi + 1\right)(a^+\sigma_- + a\sigma_+) \\ &\quad + g\left(-\frac{\Delta}{\omega}\xi - \xi + 1\right)(a^+\sigma_+ + a\sigma_-) \end{aligned} \quad (2.6.14)$$

$$\begin{aligned} H_2^S &= [S, H_1] + \frac{1}{2}[S, [S, H_0]] \\ &= -\frac{g^2\Delta}{(\omega+\Delta)^2}\sigma_z - \frac{g^2(\omega+\Delta)}{(\omega+\Delta)^2} \end{aligned} \quad (2.6.15)$$

如果选择待定的参量 $\xi = \dfrac{\omega}{\Delta+\omega}$,则(2.6.14)式的右方第二项的反旋波项即可消去,于是变换以后的哈氏量成为只含旋波项的有效哈氏量:

$$H^S = \frac{\Delta_{\text{eff}}}{2}\sigma_z + \omega a^+ a + g_{\text{eff}}(a^+\sigma_- + a\sigma_+) \quad (2.6.16)$$

其中

$$\Delta_{\text{eff}} = \Delta\left(1 - \frac{2g^2}{(\Delta+\omega)^2}\right) \quad (2.6.17)$$

$$g_{\text{eff}} = g\left(\frac{2\Delta}{\omega + \Delta}\right) \tag{2.6.18}$$

得到了(2.6.16)式的哈氏量形式后,由于它只含旋波项,因此可以严格解出了.需要指出的是,从(2.6.13)式可以看出这里并不是严格变换的结果,而是只变换到二阶近似,因为如把变换的高阶都包括进来时,就不会得到如(2.6.16)式表示的只含旋波项的有效哈氏量的形式了,因此可以预想到它的精确性和可靠性是受到限制的.

2.6.4 两 J-C 原子的纠缠

对于两个独立的 J-C 原子总系统的态矢可表为两原子态矢的直积:

$$|\Psi\rangle = |\Psi_1\rangle \otimes |\Psi_2\rangle \tag{2.6.19}$$

并可按四个自旋的组合($|\uparrow\uparrow\rangle, |\uparrow\downarrow\rangle, |\downarrow\uparrow\rangle, |\downarrow\downarrow\rangle$)将其定态矢表示为

$$|\Psi^{(j)}\rangle = \begin{bmatrix} \Phi_{1,1}^{(l)} | \Phi_{2,1}^{(k)} \rangle \\ \Phi_{1,1}^{(l)} | \Phi_{2,2}^{(k)} \rangle \\ \Phi_{1,2}^{(l)} | \Phi_{2,1}^{(k)} \rangle \\ \Phi_{1,2}^{(l)} | \Phi_{2,2}^{(k)} \rangle \end{bmatrix} \tag{2.6.20}$$

初始时刻的总系统的态矢可以表示为

$$|\Psi(t=0)\rangle = \sum_j f^{(j)} |\Psi^{(j)}\rangle \tag{2.6.21}$$

演化到 t 时刻时

$$|\Psi(t)\rangle = \sum_j f^{(j)} e^{-iE_j t} |\Psi^{(j)}\rangle \tag{2.6.22}$$

由 $|\Psi(t)\rangle$ 可得出将总系统的密度矩阵对光场求迹后的约化密度矩阵:

$$\rho = Tr_{ph}(|\Psi(t)\rangle\langle\Psi(t)|) \tag{2.6.23}$$

由上述约化矩阵可求出它的四个特征值,并按其大小次序排序 $\lambda_1 \geqslant \lambda_2 \geqslant \lambda_3 \geqslant \lambda_4$. 则表征纠缠的共存性(Concurrence)可表示为

$$C(t) = \max[0, \sqrt{\lambda_1} - \sqrt{\lambda_2} - \sqrt{\lambda_3} - \sqrt{\lambda_4}] \tag{2.6.24}$$

从这一小节的叙述中知道不论是严格的相干态正交化方法,还是近似的幺正变换方法,都能求出单个 J-C 原子的能谱及定态的态矢,因此根据从(2.6.19)式~(2.6.24)式的推导过程,我们可以求出表征任意时刻两原子系统纠缠情形的共有性 $C(t)$,即系统任一时刻的纠缠程度都可以得到.

为了得到具体的随时间 t 变化的 $C(t)$,选定重要的两个关联及反关联的 Bell 态作为两原子的初始态:

$$\begin{cases} |\Psi_{\text{Bell}}^{(1)}\rangle = \begin{bmatrix} 0 \mid 00\rangle \\ \cos\alpha \mid 00\rangle \\ \sin\alpha \mid 00\rangle \\ 0 \mid 00\rangle \end{bmatrix} \\ |\Psi_{\text{Bell}}^{(2)}\rangle = \begin{bmatrix} \cos\alpha \mid 00\rangle \\ 0 \mid 00\rangle \\ 0 \mid 00\rangle \\ \sin\alpha \mid 00\rangle \end{bmatrix} \end{cases} \qquad (2.6.25)$$

如图 2.6.4.1 中所示,上排为 $|\Psi_{\text{Bell}}^{(1)}\rangle$ 随时间 t 的 $C(t)$ 变化曲线,下排为 $|\Psi_{\text{Bell}}^{(2)}\rangle$ 的 $C(t)$ 变化曲线,图中蓝线为严格的相干态正交方法算出的结果,红线为幺正变换方法算出的结果,图中从左到右的曲线清楚地告诉我们,在弱耦合 $g=0.05$ 的情况下两者是相合的,$g=0.1$ 时两者的偏差已明显出现,到 $g=0.3$ 时偏差已十分突出,这样的结果是不难理解的,因为只变换到二阶的幺正变换在较强耦合时丢掉了非旋波项的大部分贡献.

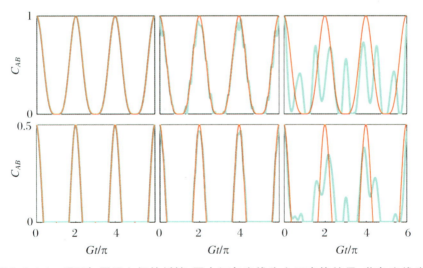

图 2.6.4.1 原子与原子之间的纠缠:图中红色实线为幺正变换结果,蓝色实线为 DCS 精确结果.上图为第一类初始 Bell 态,下图为第二类初始 Bell 态. 从左到右耦合强度分别为 $g=0.05, 0.1, 0.3$

参 考 文 献

[1] Armour A D, Blencowe M P, Schwab K C. Phys. Rev. Lett., 2002, 88:148301.
[2] Amniat-Talab M, Guérin S, Jauslin H R. J. Math. Phys., 2005, 46:042311.
[3] Ashhab S, Nori F. Phys. Rev. A, 2010, 81:042311.
[4] Einstein A, Podolsky B, Rosen N. Phys. Rev., 1935, 47:777.
[5] Bell J S. Phy., 1964, 1:195.
[6] Bellomo B, Lo Franco R, Compagno G. Phys. Rev. Lett., 2007, 99:160502.
[7] Tong Q J, An J H, Luo H G, et al. Phys. Rev. A, 2010, 81:052330.
[8] Shore B W, Knight P L. J. Mod. Opt., 1993, 40:1195.
[9] Barrett M D, et al. Nature, 2004, 429:737.
[10] Bloch F, Siegert A. Phys. Rev., 1940, 57:522.
[11] Buzek V, Orszag M, Rosko M. Phys. Rev. Lett., 2005, 94:163601.
[12] Bennett C H, DiVincenzo D P. Nature, 2000, 404:247.
[13] Monroe C, Meekhof D M, King B E, et al. Science, 1996, 272:1131.
[14] Casanova J, et al. Phys. Rev. Lett, 2010, 105:263603.
[15] Chen Q H, Zhang Y Y, Liu T, et al. Phys. Rev. A, 2008, 78:051801(R).
[16] Chen Q H, et al. Phys. Rev. A, 2010, 82:052306.
[17] Chiorescu I, et al. Nature, 2004, 431:159.
[18] Chiorescu I, et al. Science, 2003, 299:1869.
[19] Cirac J I, Zoller P. Phys. Rev. Lett., 1995, 74:4091.
[20] Crisp M D. Phys. Rev. A, 1991, 43:2430.
[21] Leibfried D, Blatt R, Monroe C, et al. Rev. Mod. Phys., 2003, 75:181.
[22] Rugar D, Budakian R, Mamin H J, et al. Nature, 2004, 430:329.
[23] Walls D F, Milburn G J. Quantum Optics. Heidelberg: Springer-Verlag, 1994.
[24] Heinzen D J, Wineland D J. Phys. Rev. A, 1990, 42:2977.
[25] Deppe F, et al. Nat. Phys., 2008, 4:686.
[26] Dicke R H. Phys. Rev., 1954, 93:99.
[27] Duan L M. Phys. Rev. Lett., 2004, 93:100502.
[28] Emary C, Bishop R F. J. Math. Phys., 2002, 43:3916.
[29] Fan Yunxia, Liu Tao, Feng Mang, et al. Commun. Theor. Phys., 2007, 47:781.

[30] Fedorov A, et al. Phys. Rev. Lett., 2010, 105:060503.
[31] Feng M. Eur. Phys. J. D., 2002, 18:371.
[32] Feng M, Zhu X, Fang X, et al. J. Phys. B: At. Mol. Opt. Phys., 1999, 32:701.
[33] Feng M. J. Phys. B, 2001, 34:451.
[34] Feranchuk I D, Komarov L I, Ulyanenkov A P. J. Phys. A: Math. Gen., 1996, 29:4035.
[35] Fink J, et al. Nature, 2008, 454:315.
[35] Forn Díaz P, et al. Phys. Rev. Lett., 2010, 105:237001.
[37] Fraleigh J B. A First Coursein Abstract Algebra. 5th ed. Boston: Addison-Wesley, 1994.
[38] Qin G, Wang K L, Li T Z, et al. Phys. Lett. A, 1998, 239:272.
[39] Garcia-Ripoll J J, Zoller P, Cirac J I. Phys. Rev. Lett., 2003, 91:157901.
[40] Gat O. Phys. Rev. A, 2008, 77:050102.
[41] Gulde S, Riebe M, Lancaster G P T, et al. Nature, 2003, 421:48.
[42] Park H, Park J, Lim A K L, et al. Nature, 2000, 407:57.
[43] Haljan P C, Brickman K A, Deslauriers L, et al. Phys. Rev. Lett., 2005, 94:153602.
[44] Hausinger J, Grifoni M. Phys. Rev. A, 2010, 82:062320.
[45] Hennessy K, et al. Nature, 2007, 445:896.
[46] Hofheinz M, et al. Nature, 2009, 459:546.
[47] Holstein T. Ann. Phys., 1959, 8:325.
[48] Hwang M J, Choi M S. Phys. Rev. A, 2010, 82:25802.
[49] Sainz I, Bjork G. Phys. Rev. A, 2007, 76:042313.
[50] Simmonds, Lang K M, Hite D A, et al. Phys. Rev. Lett., 2004, 93:077003.
[51] Irish E K. Phys. Rev. Lett., 2007, 99:173601.
[52] Irish E K, et al. Phys. Rev. B, 2005, 72:195410.
[53] Sidles J A, Garbini J L, Bruland K J, et al. Rev. Mod. Phys., 1995, 67:249.
[54] Johansson J, Saito S, Meno T, et al. Phys. Rev. Lett., 2006, 96:127006.
[55] Ye J, Vernooy D V, Kimble H J. Phys. Rev. Lett., 1999, 83:4987.
[56] Poyatos J F, Cirac J I, Zoller P. Phys. Rev. Lett., 1998, 81:1322.
[57] Eberly J H, Narozhny N B, Sanchez-Mondragon J J. Phys. Rev. Lett., 1980, 44:1323.
[58] Raimond J M, Brune M, Haroche S. Rev. Mod. Phys., 2001, 73:565.
[59] Janowicz M, Orlowski A. Rep. Math. Phys., 2004, 54:71.
[60] Jaynes E T, Cummings F W. Proc. IEEE, 1963, 51:89.
[61] Jonathan D, Plenio M B, Knight P L. Phys. Rev. A, 2000, 62:042307.
[62] Roszak K, Machnikowski P. Phys. Rev. A, 2006, 73:022313.
[63] Kus M, Lewenstein M. J. Phys. A, 1986, 19:305.
[64] Armstrong L, Feneuille S. J. Phys. B, 1973, 6:L182.
[65] Larson J. Phys. Scr., 2007, 76:146.

[66] Larson J, Moya-Cessa H. Phys. Scr., 2008, 77: 065704.
[67] Leibfried D. Rev. Mod. Phys., 2003, 75: 281.
[68] Li Z H, et al. Phys. Rev. A, 2009, 80: 023801.
[69] Liu T, Wang K L, Feng M. EPL, 2009, 86: 54003.
[70] Liu T, Feng M, Wang K L. Commun. Theor. Phys., 2007, 47: 561.
[71] Liu T, Wang K L, Feng M. J. Phys. B, 2007, 40: 1967.
[72] Lizuain I, Muga J G, Eschner J. Phys. Rev. A, 2008, 77: 053817.
[73] Almeida M P, de Melo F, Hor-Meyll M, et al. Science, 2007, 316: 579.
[74] Xu J S, Li C F, Gong M, et al. Phys. Rev. Lett., 2010, 104: 100502.
[75] Yönac M, Yu T, Eberly J H. J. Phys. B, 2006, 39: S621.
[76] Yönac M, Yu T, Eberly J H. J. Phys. B, 2007, 40: S45.
[77] Blencowe M. Phys. Rep., 2004, 395: 159.
[78] Feng M, Twamley J. Phys. Rev. A, 2004, 70: 030303(R).
[79] Feng M. Eur. Phys. J. D, 2004, 29: 189.
[80] Feng M. Eur. Phys. J. D, 2002, 18: 371.
[81] Feng M, Zhu X, Fang X, et al. Phys. B, 1999, 32: 701.
[82] Keller M, Lange B, Hayasaka K, et al. Nature, 2004, 431: 1075.
[83] Tavis M, Cummings F W. Phys. Rev., 1968, 170: 379.
[84] LaHaye M D, Buu O, Camarota B, et al. Science, 2004, 304: 74.
[85] Roukes M L. Physica B, 1999, 1: 263-264.
[86] Blencowe M P, Wybourne M N. Appl. Phys. Lett., 2000, 77: 3845.
[87] McDonnell M J, et al. Phys. Rev. Lett., 2007, 98: 063603.
[88] McKeever J, Buck J R, Boozer A D, et al. Phys. Rev. Lett., 2004, 93: 143601.
[89] Monroe C, Meekhof D M, King B E, et al. Phys. Rev. Lett., 1995, 75: 4714.
[90] Nielsen M A, Chuang I L. Quantum Computation and Quantum Information. Cambridge: Cambridge University Press, 2000.
[91] Forn-Díaz P, Lisenfeld J, Marcos D, et al. e-print arXiv, 2010, 1005: 1559.
[92] Milonni P W, Ackerhalt J R, Galbra H W. Rev. Lett., 1983, 50: 966.
[93] Phoenix S J D. J. Mod. Opt., 1989, 3: 127.
[94] Poyators J F, Cirac J I, Blatt R, et al. Phys. Rev. A, 1996, 54: 1532.
[95] Blatt R, Zoller P. Eur. J. Phys., 1988, 9: 250.
[96] Folman R, et al. Adv. At. Mol. Opt. Phys., 2002, 48: 263.
[97] Knobel R G, Cleland A W. Nature, 2003, 424: 291.
[98] Reik H G, Lais P, Stutzle M E, et al. J. Phys. A, 1987, 20: 6327.
[99] Reik H G, Doucha M. Phys. Rev. Lett., 1986, 57: 787.

[100] Riebe M,et al. Nature,2004,429:734.
[101] Stenholm S. Phys. Rep. ,1973,6:1.
[102] Zheng S B,Zhu X W,Feng M. Phys. Rev. A,2000,62:033807.
[103] Carr S M,Lawrence W E,Wybourne M N. Phys. Rev. B,2001,64:220101.
[104] Lawrence W E. Physca B,2002,316:448.
[105] Carr S M,Wybourne M N. Appl. Phys. Lett. ,2003,82:709.
[106] Chan S,Reid M D,Ficek Z. J. Phys. B,2009,42:065507.
[107] Sackett C A,et al. Nature,2000,404:256.
[108] Schuster D I,et al. Nature,2007,445:515.
[109] Swain S. J. Math. Phys. ,1973,6:1919.
[110] Yu T,Eberly J H. Phys. Rev. Lett. ,2004,93:140404.
[111] Yu T,Eberly J H. Phys. Rev. Lett. ,2006,97:140403.
[112] Turchette Q A,Wood C S,King B E,et al. Phys. Rev. Lett. ,1998,81:3631.
[113] Hensinger W K,Utami D W,Goan H S,et al. Phys. Rev. A,2005,72:041405(R).
[114] Wallraff A,et al. Nature,2004,431:162.
[115] Simmonds R W,et al. Phys. Rev. Lett. ,2005,93:077003.
[116] Wang D,Hansson T,Larson A,et al. Phys. Rev. A,2008,77:053808.
[117] Wootters W K. Phys. Rev. Lett. ,1998,80:2245.
[118] Wang H,et al. Phys. Rev. Lett. ,2008,101:240401.
[119] Werlang T,et al. Phys. Rev. A,2008,78:053805.
[120] Wu Y,Yang X. Phys. Rev. Lett. ,1997,78:3086.
[121] Yang X,Wu Y. J. Phys. A,1999,32:7375.
[122] Yu Y,et al. Science,2002,296:889.
[123] Chiorescu I,et al. Science,2003,299:1869.
[124] Zhang Yuyu,Liu Tao,Chen Qing-Hu,et al. J. Phys. :Condens. Matter,2009,21:415601.
[125] Zhang Z J,Wang K L,Qin G. Chin. Phys. ,2005,14:1317.
[126] Zaheer K,Zubairy M S. Phys. Rev. A,1998,37:1628.
[127] Zeng H,Lin F,Wang Y,et al. Phys. Rev. A,1999,59:4589.
[128] Zheng H,Zhu S Y,Zubairy M S. Phys. Rev. Lett. ,2008,101:200404.
[129] Zueco D,et al. Phys. Rev. A,2009,80:033846.

第 3 章 Dicke 模型

3.1 Dicke 模型和宇称

3.1.1 多个粒子的腔电动力学

上一章的 J-C 模型讨论的是单个二态粒子和腔的单模光场耦合问题.如果腔中不是单个粒子而是囚禁了多个粒子,那么对于这种实验上常见的情形我们自然会问,它在物理上是否就是有限个 J-C 模型系统的简单总和呢? 考虑到每一个粒子都只和光场产生作用,而它们之间并无作用,则这种想法似乎是成立的.但是如果作进一步的思考,它们之间虽无直接的相互作用,但由于它们都和同一光场耦合,通过这一共同光场的中介作用它们必将成为相干的,则这一问题就不能看作若干 J-C 模型的简单叠加,而必会产生与单个 J-C 模型总和不一样的物理效应,因此它就是一个需要另作讨论的 Dicke 模型.为此我们在这里首先举出一个重要和明显的超辐射效应作为例子来说明 Dicke 模型和 N 个单粒子 J-C 模型间的差异,这个效应告诉我们,在相同的腔环境中一个 N 粒子 Dicke 模型的辐射强度将超过 N 个单粒子在腔中的辐射总和.

如上所述,Dicke 模型指的是单模光场腔中有 N 个二态粒子的系统.这里的二态,既可以是一个自旋为 1/2 的粒子自旋向上和向下的两个状态,也可以是具有内部二能态的基态及激发态.为此我们统称它们为粒子的上态和下态.每个粒子的二态空间有相应的 Pauli 算符 S^i,i 是第 i 个粒子的标号.它们遵守角动量为 1/2 的基本对易关系.这一耦合系统的哈氏量可写成

$$H = \Delta \sum_{i=1}^{N} S_z^i + \omega a^+ a + \sum_{i=1}^{N} g(a + a^+) S_x^i \tag{3.1.1}$$

其中 Δ 是二态的能隙; ω 是单模光场的频率; a,a^+ 是单模光子的湮灭和产生算

符;这里仍取$\hbar=1$,g是耦合常数.需要阐明的是g和腔中只有一个粒子时的耦合强度λ间有$g=\lambda/\sqrt{N}$的关系,其原因是如腔中的体积为V,则只有一个粒子时粒子密度是$\rho=1/V$,有N个粒子时密度为$\rho=N/V$,由于腔和粒子系的总耦合强度$\sim\sqrt{\rho/V}$,N粒子系的总耦合强度$\sim\lambda\sqrt{N}$,再分摊到每个粒子上,因此有g与λ的上述关系.

为了下面的讨论方便,引入总角动量算符

$$J = \sum_{i=1}^{N} S^i \tag{3.1.2}$$

以及

$$J_z = \sum_{i=1}^{N} S_z^i, \quad J_\pm = \sum_{i=1}^{N} S_\pm^i \tag{3.1.3}$$

易证引入的总角动量算符满足基本对易关系:

$$\begin{cases} [J_z, J_\pm] = \pm J_\pm \\ [J_+, J_-] = 2J_z \end{cases} \tag{3.1.4}$$

引入总角动量算符后(3.1.1)式可改写为

$$H = \omega a^+ a + \Delta J_z + g(a + a^+)J_x \tag{3.1.5}$$

从形式上看Dicke模型和J-C模型的差别在于后者的角动量为1/2,前者的角动量$J>1/2$.

3.1.2 Dicke模型的宇称

类似于J-C模型,在Dicke模型里也有守恒的宇称算符$\hat{\Pi}$,它可表示为

$$\hat{\Pi} = \exp[i\pi(j + j_z + a^+ a)] \tag{3.1.6}$$

比较一下J-C模型中$\hat{\Pi}$的表示式(2.3.3)及这里的$\hat{\Pi}$表示式(3.1.6),可以看到两者的关系是常数$1/2 \to j$,$\sigma_z \to J_z$,$\sigma_x \to J_x$.因此可以同样利用玻色算符的对易关系以及角动量的基本对易关系证明$\hat{\Pi}$是守恒量,即

$$[H, \hat{\Pi}] = 0 \tag{3.1.7}$$

既然$\hat{\Pi}$与H可对易,因此一定存在能量和宇称的共同本征态.此外,有

$$\hat{\Pi}^2 = \exp[2i\pi(j + j_z + a^+ a)] = I \tag{3.1.8}$$

这是因为无论态矢具有整数角动量还是半整数角动量,$j + j_z$都取整数,同时数算符作用到任何Fock态上也取整数值,因此$\hat{\Pi}^2$对任何态矢的作用都相当于一个恒

定算符. 由此可知 $\hat{\Pi}$ 的本征值是 ± 1. 这样一来能量和宇称的共同本征态便可分为两支,一支是宇称本征值为 1 的正宇称定态,另一支是负宇称定态.

现在来看正、负宇称定态的主要不同点在哪里. 为此,先回顾一下 J-C 模型的情形. 当我们把它的定态表示成如下的形式:

$$|\rangle = \begin{pmatrix} |\varphi_\uparrow\rangle \\ |\varphi_\downarrow\rangle \end{pmatrix}$$

时,其中 $|\varphi_\uparrow\rangle$ 表示粒子在上态时相应玻色场的态矢,$|\varphi_\downarrow\rangle$ 表示粒子在下态时相应玻色场的态矢. 在 J-C 模型中已讨论过,正宇称定态矢中的 $|\varphi_\uparrow\rangle$ 只含奇数玻色子,$|\varphi_\downarrow\rangle$ 只含偶数玻色子. 负宇称定态矢中的 $|\varphi_\uparrow\rangle$ 只含偶数玻色子,$|\varphi_\downarrow\rangle$ 只含奇数玻色子. 对于 Dicke 模型,其总角动量可以是整数也可以是半整数,因此这时要对整数的 J 和半整数的 J 分别讨论. 按照 $\hat{\Pi}$ 的定义可知其态矢的构造如下:

(1) j 为整数

$$\hat{\Pi} = +1, \quad |\rangle = \begin{pmatrix} |\psi_{j,j}\rangle & \text{含偶数玻色子的粒子数态} \\ |\psi_{j,j-1}\rangle & \text{含奇数玻色子的粒子数态} \\ \vdots & \vdots \\ |\psi_{j,-j+1}\rangle & \text{含奇数玻色子的粒子数态} \\ |\psi_{j,-j}\rangle & \text{含偶数玻色子的粒子数态} \end{pmatrix} \quad (3.1.9)$$

$$\hat{\Pi} = -1, \quad |\rangle = \begin{pmatrix} |\psi_{j,j}\rangle & \text{含奇数玻色子的粒子数态} \\ |\psi_{j,j-1}\rangle & \text{含偶数玻色子的粒子数态} \\ \vdots & \vdots \\ |\psi_{j,-j+1}\rangle & \text{含偶数玻色子的粒子数态} \\ |\psi_{j,-j}\rangle & \text{含奇数玻色子的粒子数态} \end{pmatrix} \quad (3.1.10)$$

(2) j 为半整数

$$\hat{\Pi} = +1, \quad |\rangle = \begin{pmatrix} |\psi_{j,j}\rangle & \text{含奇数玻色子的粒子数态} \\ |\psi_{j,j-1}\rangle & \text{含偶数玻色子的粒子数态} \\ \vdots & \vdots \\ |\psi_{j,1/2}\rangle & \text{含奇数玻色子的粒子数态} \\ |\psi_{j,-1/2}\rangle & \text{含偶数玻色子的粒子数态} \\ \vdots & \vdots \\ |\psi_{j,-j+1}\rangle & \text{含奇数玻色子的粒子数态} \\ |\psi_{j,-j}\rangle & \text{含偶数玻色子的粒子数态} \end{pmatrix} \quad (3.1.11)$$

$$\hat{\Pi} = -1, \quad |\rangle = \begin{pmatrix} |\psi_{j,j}\rangle \\ |\psi_{j,j-1}\rangle \\ \vdots \\ |\psi_{j,1/2}\rangle \\ |\psi_{j,-1/2}\rangle \\ \vdots \\ |\psi_{j,-j+1}\rangle \\ |\psi_{j,-j}\rangle \end{pmatrix} \begin{matrix} \text{含偶数玻色子的粒子数态} \\ \text{含奇数玻色子的粒子数态} \\ \vdots \\ \text{含偶数玻色子的粒子数态} \\ \text{含奇数玻色子的粒子数态} \\ \vdots \\ \text{含偶数玻色子的粒子数态} \\ \text{含奇数玻色子的粒子数态} \end{matrix} \qquad (3.1.12)$$

3.2 Dicke 模型在热力学极限下的严格解

3.2.1 引言

在叙述 Emary 和 Brandes 有关 Dicke 模型的理论工作之前,作为准备,我们先作如下两点讨论.

(1) Dicke 模型和 J-C 模型的不同之处在于它是一个多粒子系统,它的求解自然会比 J-C 模型更复杂.除掉这里不去讨论的弱耦合情形下用旋波近似求解的办法外,要把非旋波项也考虑在内的严格求解一定比在 J-C 模型中的计算更为繁复.不过在粒子数 $N \to \infty$ 的极限情形下,这一问题反而可以用特殊的方法来解决.这就是本节要讨论的问题,有限 N 时的较为困难情形留在下节去讨论.

(2) 在上一节中引入了粒子的集体算符,其实就是这些角动量为 1/2 的粒子系的总角动量算符.对单个粒子角动量求和得到的总角动量 J 的大小有多种情形,我们是否需要对各种 J 的值都作讨论? 例如以最简单的 $N = 2$ 为例,它的总角动量有 $J = 1,0$ 两种情况,其角动量态分别是

$(J=1)$ 三态 $\quad |\uparrow\uparrow\rangle, \frac{1}{\sqrt{2}}(|\uparrow\downarrow\rangle + |\downarrow\uparrow\rangle), |\downarrow\downarrow\rangle$

$(J=0)$ 单态 $\quad \frac{1}{\sqrt{2}}(|\uparrow\downarrow\rangle - |\downarrow\uparrow\rangle)$

$N > 2$ 时总角动量大小的取值就更多了.不过当我们只关心系统居于最稳定的状态时,它应当是 J 取最大值 $N/2$ 的情形.因此在以下的讨论中只需考虑 $J = N/2$ 的情

形,这点对我们讨论热力学极限是至关重要的,因为只有这样才有 $N\to\infty$ 时 $J\to\infty$ 的情形.

在这里我们附带谈一下 Dicke 模型和 J-C 模型的另一个不同点,在 J-C 模型中算符 $\hat{\Pi}$ 和 H 对易,因此有 $\hat{\Pi}$ 和 H 的共同本征态;而在 Dicke 模型中除宇称算符 $\hat{\Pi}$ 与 H 对易外,总角动量算符 J 与 H 和 $\hat{\Pi}$ 都对易,因此系统具有 $J,\hat{\Pi},H$ 的共同本征态,而且系统的最低能态对应于 J 取最大值的 $J=N/2$.

3.2.2 热力学极限下的解析解

为了下面讨论方便,把 Dicke 模型的哈氏量改写成

$$H = \omega_0 J_z + \omega a^+ a + \frac{\lambda}{\sqrt{2J}}(a+a^+)(J_+ + J_-) \tag{3.2.1}$$

如上所述 $J=N/2$.

现在利用 Holstein-Primakov 变换将角动量用玻色算符 $b(b^+)$ 来表示:

$$\begin{cases} J_+ = b^+ \sqrt{2J - b^+ b} \\ J_- = \sqrt{2J - b^+ b}\, b \\ J_z = (b^+ b - J) \end{cases} \tag{3.2.2}$$

由于 $b(b^+)$ 是玻色算符,所以它们应满足

$$\begin{cases} [b, b^+] = 1 \\ [b, b] = [b^+, b^+] = 0 \end{cases} \tag{3.2.3}$$

利用(3.2.3)式可以证明(3.2.2)式的确满足前面叙述过的角动量的基本对易式.

将(3.2.2)式代入(3.2.1)式,H 可写成

$$H = \omega_0(b^+ b - J) + \omega a^+ a + \lambda(a + a^+)\left(b^+\sqrt{1-\frac{b^+ b}{2J}} + \sqrt{1-\frac{b^+ b}{2J}}\,b\right) \tag{3.2.4}$$

(1) 正常相

在取热力学极限 $J\to\infty$ 时,可略去式中根号下的 $\frac{b^+ b}{2J}$,哈氏量成为

$$H^{(1)} = \omega_0 b^+ b + \omega a^+ a + \lambda(a+a^+)(b^+ + b) - J\omega_0 \tag{3.2.5}$$

这样一来上式中的 $H^{(1)}$ 已成为玻色算符的双线性形式,因而是可对角化的.为了下面的讨论方便,先引入坐标及动量算符:

$$\begin{cases} x = \dfrac{1}{\sqrt{2\omega}}(a + a^+), & p_x = \mathrm{i}\sqrt{\dfrac{\omega}{2}}(a^+ - a) \\ y = \dfrac{1}{\sqrt{2\omega_0}}(b + b^+), & p_y = \mathrm{i}\sqrt{\dfrac{\omega_0}{2}}(b^+ - b) \end{cases} \quad (3.2.6)$$

将(3.2.6)式代入(3.2.5)式得

$$H^{(1)} = \frac{1}{2}\{\omega^2 x^2 + p_x^2 + \omega_0^2 y^2 + p_y^2 + 4\lambda\sqrt{\omega\omega_0}\,xy - \omega_0 - \omega\} - j\omega_0 \quad (3.2.7)$$

作坐标转动,

$$x = q_1\cos\gamma^{(1)} + q_2\sin\gamma^{(1)}, \quad y = -q_1\sin\gamma^{(1)} + q_2\cos\gamma^{(1)} \quad (3.2.8)$$

其中 $\gamma^{(1)}$ 由下式给定:

$$\tan(2\gamma^{(1)}) = \frac{4\lambda\sqrt{\omega\omega_0}}{\omega_0^2 - \omega^2} \quad (3.2.9)$$

在特殊的 $\omega = \omega_0$ 共振情形下有

$$\gamma^{(1)} = \frac{\pi}{4}$$

$$x = (q_1 + q_2)/\sqrt{2}$$

$$y = (-q_1 + q_2)/\sqrt{2}$$

经(3.2.8)式的旋转,也即将(3.2.8)式代入(3.2.7)式得

$$H^{(1)} = \frac{1}{2}\{\varepsilon_-^{(1)} q_1^2 + p_1^2 + \varepsilon_+^{(1)} q_2^2 + p_2^2 - \omega - \omega_0\} - J\omega_0 \quad (3.2.10)$$

现在重新将 $H^{(1)}$ 量子化,引入两个新的玻色模式 $c_1(c_1^+)$ 和 $c_2(c_2^+)$:

$$\begin{cases} q_1 = \dfrac{1}{\sqrt{2\varepsilon_-^{(1)}}}(c_1^+ + c_1), & p_1 = \mathrm{i}\sqrt{\dfrac{\varepsilon_-^{(1)}}{2}}(c_1^+ - c_1) \\ q_2 = \dfrac{1}{\sqrt{2\varepsilon_+^{(1)}}}(c_2^+ + c_2), & p_2 = \mathrm{i}\dfrac{1}{2}\sqrt{\dfrac{\varepsilon_+^{(1)}}{2}}(c_2^+ - c_2) \end{cases} \quad (3.2.11)$$

再代入(3.2.10)式得到最后的对角形式为

$$H^{(1)} = \varepsilon_-^{(1)} c_1^+ c_1 + \varepsilon_+^{(1)} c_2^+ c_2 + \frac{1}{2}\{\varepsilon_+^{(1)} + \varepsilon_-^{(1)} - \omega - \omega_0\} - J\omega_0 \quad (3.2.12)$$

其中

$$(\varepsilon_\pm^{(1)})^2 = \frac{1}{2}\{\omega^2 + \omega_0^2 \pm \sqrt{(\omega_0 - \omega^2)^2 + 16\lambda^2\omega\omega_0}\} \quad (3.2.13)$$

$\{c_1, c_1^+; c_2, c_2^+\}$ 与 $\{a, a^+; b, b^+\}$ 间的关系为

$$\begin{cases}
c_1^+ = \dfrac{1}{2}\left\{\dfrac{\cos\gamma^{(1)}}{\sqrt{\omega\varepsilon_-^{(1)}}}\left[(\varepsilon_-^{(1)}+\omega)a^+ + (\varepsilon_-^{(1)}-\omega)a\right] - \dfrac{\sin\gamma^{(1)}}{\sqrt{\omega_0\varepsilon_-^{(1)}}}\left[(\varepsilon_-^{(1)}+\omega_0)b^+ + (\varepsilon_-^{(1)}-\omega_0)b\right]\right\} \\
c_1 = \dfrac{1}{2}\left\{\dfrac{\cos\gamma^{(1)}}{\sqrt{\omega\varepsilon_-^{(1)}}}\left[(\varepsilon_-^{(1)}-\omega)a^+ + (\varepsilon_-^{(1)}+\omega)a\right] - \dfrac{\sin\gamma^{(1)}}{\sqrt{\omega_0\varepsilon_-^{(1)}}}\left[(\varepsilon_-^{(1)}-\omega_0)b^+ + (\varepsilon_-^{(1)}+\omega_0)b\right]\right\} \\
c_2^+ = \dfrac{1}{2}\left\{\dfrac{\sin\gamma^{(1)}}{\sqrt{\omega\varepsilon_+^{(1)}}}\left[(\varepsilon_+^{(1)}+\omega)a^+ + (\varepsilon_+^{(1)}-\omega)a\right] + \dfrac{\cos\gamma^{(1)}}{\sqrt{\omega_0\varepsilon_+^{(1)}}}\left[(\varepsilon_+^{(1)}+\omega_0)b^+ + (\varepsilon_+^{(1)}-\omega_0)b\right]\right\} \\
c_2 = \dfrac{1}{2}\left\{\dfrac{\sin\gamma^{(1)}}{\sqrt{\omega\varepsilon_+^{(1)}}}\left[(\varepsilon_+^{(1)}-\omega)a^+ + (\varepsilon_+^{(1)}+\omega)a\right] + \dfrac{\cos\gamma^{(1)}}{\sqrt{\omega_0\varepsilon_+^{(1)}}}\left[(\varepsilon_+^{(1)}-\omega_0)b^+ + (\varepsilon_+^{(1)}+\omega_0)b\right]\right\}
\end{cases}$$

(3.2.14)

现在对上面的讨论作一个小结:

(a) 由(3.2.13)式可以看出,只有在 $\omega^2+\omega_0^2\geqslant\sqrt{(\omega_0-\omega^2)^2+16\lambda^2\omega\omega_0}$,即 $\lambda\leqslant\sqrt{\omega\omega_0}/2=\lambda_c$ 时,$\varepsilon_\pm^{(1)}$ 才是实数,否则为虚数.因此,只有在 $\lambda\leqslant\lambda_c$ 时(3.2.10)式和(3.2.5)式才成立,换句话说,只有这时正常相才存在.此外,由于(3.2.5)式只有在热力学极限下才是严格成立的,因此这一结论只适用于热力学极限的情形.

(b) 在(3.2.12)式中可以不考虑常数项 $\dfrac{1}{2}(\varepsilon_+^{(1)}+\varepsilon_-^{(1)}-\omega-\omega_0)$,因为总可通过移动能量零点来消掉它,于是系统的基态能为 $E_G^{(1)}=-J\omega_0\sim 0(J)$.所有激发态的激发能(与基态能之差)$\sim\varepsilon_\pm^{(1)}\sim 0(1)$,因此有

$$\frac{\Delta E}{E_G^{(1)}} = \frac{E_{激}-E_G^{(1)}}{E_G^{(1)}} \sim 0(1/J)$$

可见在 $J\to\infty$ 的热力学极限下激发能谱是准连续的.

(c) 直接从(3.2.5)式出发并利用(3.2.4)式,和前面的证明一样可知 $[H^{(1)},\hat{\Pi}]=0$,即正常相有宇称守恒.

(d) 正常相基态的宇称为正.论证如下:首先在 $\lambda=0$ 的情形下,由(3.2.1)式知,基态的态矢为 $|0\rangle\otimes|J,-J\rangle$,故 $\Pi=e^{i0}=+1$,当 λ 不为零时,由于基态随 λ 的变化应是连续的,故它不可能变化到 $\Pi=-1$,只能保持为 $+1$.

(2) 超辐射相

经过前面的讨论已经知道只有在 $\lambda\leqslant\lambda_c$ 时系统处于正常相的论证才是有效的,在 $\lambda\geqslant\lambda_c$ 时上述讨论不再成立,这时需另觅途径去讨论.为此在(3.2.4)式里作如下的算符平移:

$$\begin{cases} a^+\to c^+ + \sqrt{\alpha}, & b^+\to d^+ - \sqrt{\beta} \\ a^+\to c^+ - \sqrt{\alpha}, & b^+\to d^+ + \sqrt{\beta} \end{cases}$$

(3.2.15)

并假定参量 α 和 $\beta\sim 0(J)$,它的意义是在 $\lambda>\lambda_c$ 的区域内让两个玻色模式都获得

一个非零的宏观平均场. 将(3.2.15)式代入(3.2.4)式,得

$$H = \omega_0\{d^+d - \sqrt{\beta}(d^+ + d) + \beta - j\} + \omega\{c^+c + \sqrt{\alpha}(c^+ + c) + \alpha\}$$
$$+ \lambda\sqrt{\frac{k}{2j}}(c^+ + c + 2\sqrt{\alpha})(d^+\sqrt{\xi} + \sqrt{\xi}d - 2\sqrt{\beta}\sqrt{\xi}) \tag{3.2.16}$$

其中

$$\sqrt{\xi} \equiv \sqrt{1 - \frac{d^+d - \sqrt{\beta}(d^+ + d)}{K}}, \quad K \equiv 2j - \beta$$

将 $\sqrt{\xi}$ 展开时,在热力学极限下,可以去掉所有分母中含 J 的高幂项,得

$$H^{(2)} = \omega c^+c + \left\{\omega_0 + \frac{2\lambda}{K}\sqrt{\frac{\alpha\beta K}{2j}}\right\}d^+d - \left\{2\lambda\sqrt{\frac{\beta K}{2j}} - \omega\sqrt{\alpha}\right\}(c^+ + c)$$
$$+ \left\{\frac{4\lambda}{K}\sqrt{\frac{\alpha K}{2j}}(j - \beta) - \omega_0\sqrt{\beta}\right\}(d^+ + d)$$
$$+ \frac{\lambda}{2K^2}\sqrt{\frac{\alpha\beta K}{2j}}(2K + \beta)(d^+ + d)^2$$
$$+ \frac{2\lambda}{K}\sqrt{\frac{K}{2j}}(j - \beta)(c^+ + c)(d^+ + d)$$
$$+ \left\{\omega_0(\beta - j) + \omega\alpha - \frac{\lambda}{K}\sqrt{\frac{\alpha\beta K}{2j}}(1 + 4K)\right\} \tag{3.2.17}$$

现在对待定的参量 α, β 加以一定的条件以确定它们. 这个条件就是要求消去 $H^{(2)}$ 中玻色场的线性项,即要求

$$2\lambda\sqrt{\frac{\beta K}{2j}} - \omega\sqrt{\alpha} = 0 \tag{3.2.18}$$

及

$$\left\{\frac{4\lambda^2}{\omega j}(j - \beta) - \omega_0\right\}\sqrt{\beta} = 0 \tag{3.2.19}$$

上述两式有两种解.

(1) 平庸解

$\sqrt{\beta} = \sqrt{\alpha} = 0$,代入(3.2.17)式后重新得到(3.2.10)式的 $H^{(1)}$.

(2) 非平庸解

$$\sqrt{\alpha} = \frac{2\lambda}{\omega}\sqrt{\frac{j}{2}(1 - \mu^2)}, \quad \sqrt{\beta} = \sqrt{j(1 - \mu)} \tag{3.2.20}$$

其中

$$\mu \equiv \frac{\omega \omega_0}{4\lambda^2} = \frac{\lambda_c^2}{\lambda^2} \tag{3.2.21}$$

代入(3.2.17)式,得

$$H^{(2)} = \omega c^+ c + \frac{\omega_0}{2\mu}(1+\mu)d^+ d + \frac{\omega_0(1-\mu)(3+\mu)}{8\mu(1+\mu)}(d^+ + d)^2$$

$$+ \mu\lambda\sqrt{\frac{2}{1+\mu}}(c^+ + c)(d^+ + d) - j\left\{\frac{2\lambda^2}{\omega} + \frac{\omega_0\omega}{8\lambda^2}\right\} - \frac{\lambda^2}{\omega}(1-\mu) \tag{3.2.22}$$

得到的 $H^{(2)}$ 已成为完全的双线性形式.和前面类似,为便于对角化也转到位置-动量表象.

$$\begin{cases} X \equiv \frac{1}{\sqrt{2\omega}}(c^+ + c), & P_X \equiv i\sqrt{\frac{\omega}{2}}(c^+ - c) \\ Y \equiv \frac{1}{\sqrt{2\tilde{\omega}}}(d^+ + d), & P_Y \equiv i\sqrt{\frac{\tilde{\omega}}{2}}(d^+ - d) \end{cases} \tag{3.2.23}$$

其中 $\tilde{\omega} = \frac{\omega_0}{2\mu}(1+\mu)$. 这时,同样也作旋转,

$$\begin{cases} X = Q_1 \cos\gamma^{(2)} + Q_2 \sin\gamma^{(2)} \\ Y = -Q_1 \sin\gamma^{(2)} + Q_2 \cos\gamma^{(2)} \end{cases} \tag{3.2.24}$$

其中

$$\tan(\gamma^{(2)}) = \frac{2\omega\omega_0\mu^2}{\omega_0^2 - \mu^2\omega^2} \tag{3.2.25}$$

在作了旋转并完成了对角化后再像(3.2.21)式那样引入两个新模式 $e_\pm^{(2)}$,这时 $H^{(2)}$ 可表示为

$$H^{(2)} = \varepsilon_-^{(2)} e_1^+ e_1 + \varepsilon_+^{(2)} e_2^+ e_2 - j\left\{\frac{2\lambda^2}{\omega} + \frac{\omega_0^2\omega}{8\lambda^2}\right\}$$

$$+ \frac{1}{2}(\varepsilon_+^{(2)} + \varepsilon_-^{(2)}) - \frac{\omega_0}{2\mu}(1+\mu) - \omega - \frac{2\lambda^2}{\omega}(1-\mu) \tag{3.2.26}$$

其中

$$2\varepsilon_\pm^{(2)} = \frac{\omega_0^2}{\mu^2} + \omega^2 \pm \sqrt{\left(\frac{\omega_0^2}{\mu^2} - \omega^2\right)^2 + 4\omega^2\omega_0^2} \tag{3.2.27}$$

可把以上的讨论作一个小结:

(a) 只要 $\frac{\omega_0^2}{\mu^2} + \omega^2 \geq \sqrt{\left(\frac{\omega_0^2}{\mu^2} - \omega^2\right)^2 + 4\omega^2\omega_0^2}$,即 $\lambda \geq \frac{\sqrt{\omega\omega_0}}{2} = \lambda_c$, $H^{(2)}$ 就是有意义的,不然的话,$\varepsilon_-^{(2)} < 0$,导致 e_2 为负频的粒子,$H^{(2)}$ 失去意义.因此结论是:只有这时 $H^{(2)}$ 才是正确描述系统处于超辐射相的哈氏量.

(b) 这时按 J 平均的基态能为

$$\frac{E_G^{(2)}}{J} = -\left\{\frac{2\lambda^2}{\omega} + \frac{\omega_0^2 \omega}{8\lambda^2}\right\}$$

(c) 在以上讨论中,只选择了(3.2.20)式的两种平移之一,如选另一种平移,重复讨论会得到一样的有效哈氏量(3.2.26)式,自然也得到一样的能谱.说明在超辐射相中定态是简并的.

(d) $H^{(2)}$ 和 $\hat{\Pi}$ 不再对易,定态态矢不再是宇称的本征态.

(3) 相变

(a) 如图 3.2.2.1 中给出 $\omega = \omega_0 = 1$ 的两支能量随 λ 的变化,ε_+ 这支称作原子支,ε_- 这支称作光学支.由于取 $\omega = \omega_0$ 的特殊情形,所以 $\lambda = 0$ 时两支重合在 $\varepsilon = 1$ 处.

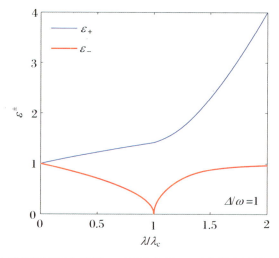

图 3.2.2.1　热力学极限下两支能量 ε_+（原子支）和 ε_-（光学支）随耦合强度 λ/λ_c 的变化

(b) 由 ε_- 的曲线变化看出这是一个二级相变,因为在 $\lambda = \lambda_c$ 处,ε_- 的曲线是连续的而只是微商不连续,当 $\lambda \to \lambda_c$ 时,有

$$\varepsilon_-(\lambda \to \lambda_c) \sim \sqrt{\frac{32\lambda_c^3 \omega^2}{16\lambda_c^4 + \omega^4}} |\lambda_c - \lambda|^{\frac{1}{2}} \tag{3.2.28}$$

定义特征长度

$$l_- = 1/\sqrt{\varepsilon_-} \tag{3.2.29}$$

可见该长度在 $\lambda \to \lambda_c$ 时 $\sim |\lambda - \lambda_c|^{-\nu}$ 的规律发散,$\nu = 1/4$,同时由(3.2.28)式看出

$\lambda \to \lambda_c$ 时, $\varepsilon_- \sim |\lambda - \lambda_c|^{z\nu}$ 的规律趋于零, 并知动力学临界指数 $z = 2$.

(c) 在相变点处,

$$H^{(1)}(\lambda_c) = H^{(2)}(\lambda_c) = \sqrt{\omega^2 + \omega_0^2} c_2^+ c_2 + \frac{1}{2}(\sqrt{\omega^2 + \omega_0^2} - \omega - \omega_0) - j\omega_0 \quad (3.2.30)$$

这时系统的哈氏量只含 $c(c^+)$, 实际上已成为一个一维的振子系统.

3.3 有限粒子数 Dicke 模型的严格求解

3.3.1 定态解问题

为了清楚地表明解与粒子数 N 的关系, 在下面的讨论中回到哈氏量依赖于 N 的形式:

$$H = \omega a^+ a + \Delta J_z + \frac{2\lambda}{\sqrt{N}}(a + a^+)J_x \quad (3.3.1)$$

如同在 J-C 模型中作过的那样, 这里也在粒子的角动量空间里作一个转动, 即作一个 $U = e^{i\pi J_y/4}$ 的幺正变换, 把 H 变换到 H':

$$H' = UHU^{-1} = \omega a^+ a - \Delta J_x + \frac{2\lambda}{\sqrt{N}}(a + a^+)J_z \quad (3.3.2)$$

并将解的态矢表示为

$$|\rangle = \sum_{k=0}^{N} |j, k\rangle |\varphi_k\rangle \quad (3.3.3)$$

上式中 $j = N/2$ 是总角动量的大小, $|j, k\rangle$ 是粒子角动量的 z 分量取不同值时的态矢部分. 注意这里 k 取 $0, 1, \cdots, N$ 对应于习惯表示的 $j_z = -j, -j+1, \cdots, j+N$, $|\varphi_k\rangle$ 是相应于粒子态矢为 $|j, k\rangle$ 时玻色场的态矢. 利用各种 $j\left(\frac{N}{2}\right)$ 的 J_x, J_z 矩阵表示(参见附录), 可将(3.3.2)式的定态方程写成

$$\omega a^+ a |\varphi_k\rangle |j, k\rangle - \Delta \rho_+ |\varphi_k\rangle |j, k+1\rangle - \Delta \rho_- |\varphi_k\rangle |j, k-1\rangle$$
$$+ \frac{2\lambda}{\sqrt{N}}(a + a^+)\rho_0 |\varphi_k\rangle |j, k\rangle \equiv E |\varphi_k\rangle |j, k\rangle \quad (3.3.4)$$

其中

$$\begin{cases} \rho_+ = \dfrac{1}{2}\sqrt{(N-k)(k+1)} \\ \rho_- = \dfrac{1}{2}\sqrt{(N-k+1)k} \\ \rho_0 = \dfrac{N}{2}-k \end{cases} \tag{3.3.5}$$

引入算符$\{A_k(A_k^+)\}$：

$$A_k = a + g_k, \quad A_k^+ = a^+ + g_k \tag{3.3.6}$$

其中$g_k = 2\lambda\rho_0/(\omega\sqrt{N})$，(3.3.4)式改写成

$$\omega(A_l^+ A_l - g_l^2)|\varphi_l\rangle|j,l\rangle - \Delta\rho_+|\varphi_l\rangle|j,l+1\rangle - \Delta\rho_-|\varphi_l\rangle|j,l-1\rangle$$
$$= E|\varphi_l\rangle|j,l\rangle \tag{3.3.7}$$

上式左乘$\langle j,k|$得

$$\omega(A_k^+ A_k - g_k^2)|\varphi_k\rangle - \Delta\rho_+|\varphi_{k-1}\rangle - \Delta\rho_-|\varphi_{k+1}\rangle = E|\varphi_k\rangle \tag{3.3.8}$$

类似于在J-C模型的做法，令$|\varphi_l\rangle$取如下形式：

$$|\varphi_l\rangle = \sum_{m=0}^{N_p} c_{lm}|m\rangle_{A_l} \tag{3.3.9}$$

其中

$$|m\rangle_{A_l} = \frac{(A_l^+)^m}{\sqrt{m!}}e^{-g_l a^+ - g_l^2/2}|0\rangle \tag{3.3.10}$$

将(3.3.9)式的$|\varphi_k\rangle$代入(3.3.8)式，并左乘以${}_{A_k}\langle n|$得到

$$-\frac{\Delta}{2}\sqrt{(N-k+1)k}\sum_{m=0}^{N_p} c_{k-1,m}\,{}_{A_k}\langle n|m\rangle_{A_{k+1}}$$
$$-\frac{\Delta}{2}\sqrt{(N-k)(k+1)}\sum_{m=0}^{N_p} c_{k+1,m}\,{}_{A_k}\langle n|m\rangle_{A_{k+1}} + \omega(n-g_k^2)c_{k,n} = Ec_{k,n}$$
$$\tag{3.3.11}$$

在上式中已利用(3.3.5)式将ρ_+,ρ_-明显表示出. 如引入$D_{n,m}$如下：

$$D_{n,m} = e^{-G^2/2}\sum_{r=0}^{\min[n,m]}\frac{(-1)^r\sqrt{n!m!}\,G^{n+m-2r}}{(n-r)!(m-r)!r!} \tag{3.3.12}$$

其中$G = 2\lambda/(\omega\sqrt{N})$，则可证矩阵元${}_{A_k}\langle n|m\rangle_{A_{k-1}}$及${}_{A_k}\langle n|m\rangle_{A_{k+1}}$与$D_{n,m}$有如下的关系：

$$\begin{cases} {}_{A_k}\langle n|m\rangle_{A_{k-1}} = (-1)^n D_{n,m} \\ {}_{A_k}\langle n|m\rangle_{A_{k+1}} = (-1)^m D_{n,m} \end{cases} \tag{3.3.13}$$

应用上述关系最终将(3.3.11)式写成

$$-\frac{\Delta}{2}\sqrt{(N-k+1)k}\sum_{m=0}^{N_p}(-1)^n c_{k-1,m}D_{n,m}$$

$$-\frac{\Delta}{2}\sqrt{(N-k)(k+1)}\sum_{m=0}^{N_p}(-1)^n c_{k+1,m}D_{n,m} + \omega(n-g_k^2)c_{k,n} = Ec_{k,n}$$

$$(k=0,1,\cdots,N, \quad n=0,\cdots,N_p) \tag{3.3.14}$$

至此,上式已化成为一组关于系数集$\{c_{k,n}\}$的本征值线性方程组.对于它的求解问题可借成熟的数值方法进行计算.为了说明这一方法的优越性,可用描述计算后得到结果的图 3.3.1.1 来阐明.

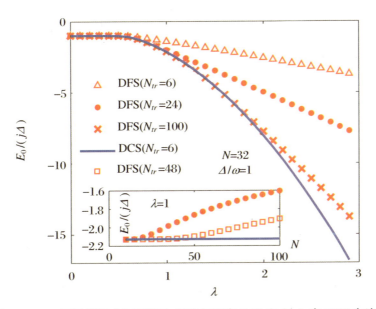

图 3.3.1.1　不同截断玻色子数下,平移相干态 DCS 和 Fock 态 DFC 方法计算的基态能量 $E_0/(j\Delta)$ 关于原子与腔场耦合强度 λ 变化曲线(内插图为 $\lambda=1$ 时基态能量随原子数 N 的变化)

图中实线是用 $N_p=6$ 的相干态展开方法计算的基态能量在取定 $\Delta=\omega=1$ 时随 λ 的变化曲线,"△""·""×"表示用 Fock 态展开到 $n=6,24,100$ 计算的结果.图中明显看出在弱耦合的情形下这几种办法计算的结果彼此相合,但随着 λ 的增大,用 Fock 态甚至展开到 $n=100$ 时也会偏出于 $N_p=6$ 相干态的精确结果.图中的小图表明用 Fock 态展开算出的随粒子数 N 变化的基态能量(用"·"和"□"表示)和用相干态展开算出的结果(用实线表示)的比较:后者优于前者,在 N 大时越来越显著.

计算出基态的 J_x 期待值即得出系统的 Berry 相因子,在图 3.3.1.2 中给出 Berry 相因子和系统中粒子数 N 间取对数值后的标度关系.图中的符号 D 的定义是 $D = \Delta/\omega$.

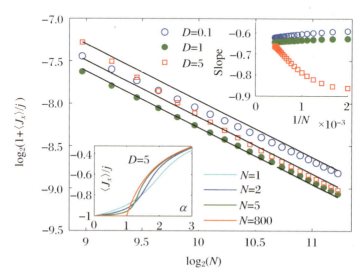

图 3.3.1.2　不同失谐参数 $D = 0.1, 1, 5$ 下,在临界点基态 $\log_2(1+\langle J_x\rangle/j)$ 与 $\log_2 N$ 的函数曲线[内插图(上)为对应曲线的标度率,即斜率 Slope;内插图(下)是 $\langle J_x\rangle/j$ 关于 $\alpha = 4\lambda^2/(\Delta\omega)$ 的相变行为]

基态光子数的期待值按粒子数平均随 N 变化取对数值后的标度关系示于图 3.3.1.3 中,其他有意义的物理量如保真度、纠缠度等的计算结果不再一一列出.

3.3.2　求解宇称和能量的共同本征态

我们注意到在上面的 Dicke 模型有限粒子数相干态展开方法求解的讨论中并没有考虑到宇称的因素.那么自然会问,在这里为什么不像在 J-C 模型里作过的那样去求能量和宇称的共同本征态? 对于这一问题回答如下.

先回顾一下 J-C 模型的情形.在那里变换到新表象后,引入了 A, B 两种新的玻色场.玻色场的态矢按 A, B 的"Fock"态展开后出现两套未知量.利用要求定态解的宇称一定的条件得到了这两组未知量间的关系,从而使待求的未知量减少一半.

现在在 Dicke 模型的情形下如上面的讨论所示,变换到新表象后引入的已不是 J-C 模型中的一对 A,B 场,而是若干个 $\{A_i\}$ 的玻色场. 这时加上宇称一定的条件后,玻色态矢按这些 A_i "Fock" 态展开的系数自然也会有一定的关系,但不一定会有 J-C 模型中那样简洁的关系. 为此,在 Dicke 模型中可能需采取另一种途径去考虑能量和宇称的共同本征态问题.

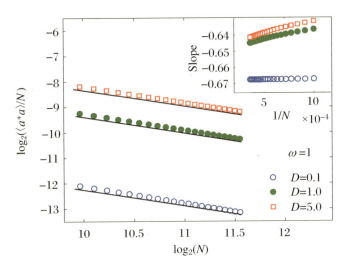

图 3.3.1.3 不同失谐参数 $D = 0.1, 1, 5$ 下,在临界点每个原子的平均光子数 $\langle a^+ a \rangle / N$ 关于原子数 N 的 log-log 对数变化曲线(内插图是对应曲线的标度率)

重新回到哈氏量的(3.1.5)式的表示:
$$H = \omega a^+ a + \Delta J_z + g(a + a^+)J_x \tag{3.3.15}$$
从前面的讨论中已经知道这一哈氏量描述的是 N 个二态粒子与单模玻色场作用的耦合系统. 对每一个单独的二态粒子来讲,除掉粒子之间的相干特性外,都像 J-C 模型那样是一个二态粒子与单模玻色场的耦合. 因此自然想到也可沿用 J-C 模型中同样的平移算符 A 与 B:
$$\begin{cases} A = a + \alpha, & A^+ = a^+ + \alpha \\ B = a - \alpha, & B^+ = a^+ - \alpha \end{cases} \tag{3.3.16}$$
以及

$$\begin{cases} |n\rangle_A = \dfrac{1}{\sqrt{n!}}(A^+)^n |0\rangle_A \\ |n\rangle_B = \dfrac{1}{\sqrt{n!}}(B^+)^n |0\rangle_B \end{cases} \tag{3.3.17}$$

$$\alpha = \dfrac{g}{\omega}$$

$$\begin{cases} |0\rangle_A = \exp\left[-\alpha a^+ - \dfrac{\alpha^2}{2}\right]|0\rangle \\ |0\rangle_B = \exp\left[\alpha a^+ - \dfrac{\alpha^2}{2}\right]|0\rangle \end{cases} \tag{3.3.18}$$

再结合式(3.1.9)~(3.1.12)的粒子系角动量态在确定宇称条件下玻色子数的奇、偶分布考虑,可将定态写成下面的形式:

$$|\rangle = \sum_m |jm\rangle|\varphi_{jm}\rangle \tag{3.3.19}$$

其中玻色态矢 $|\varphi_{jm}\rangle$ 的展开式如下:

$$|\varphi_{jm}\rangle = \sum_m f_n^{(m)}[|n\rangle_A \pm (-1)^{n+j+m}|n\rangle_B] \tag{3.3.20}$$

上式中括号内的 +,- 号对应于正、负宇称的情形.

将(3.3.15)式及(3.3.19)式代入定态方程,以正宇称为例得到如下的本征方程:

$$\sum_{mn} m\Delta |jm\rangle f_n^{(m)}[|n\rangle_A + (-1)^{n+j+m}|n\rangle_B]$$

$$+ \sum_{mn}[(n+\alpha^2)f_n^{(m)} - \sqrt{n+1}\omega\alpha f_{n+1}^{(m)} - \sqrt{n}\omega\alpha f_{n-1}^{(m)}][|n\rangle_A + (-1)^{n+j+m}|n\rangle_B]$$

$$+ \sum_{mn}\left\{\dfrac{1}{2}\sqrt{j(j+1)-m(m-1)}[g\sqrt{n+1}f_{n+1}^{(m-1)} + g\sqrt{n}f_{n-1}^{(m-1)} - 2g\alpha f_n^{(m-1)}]\right.$$

$$\left.+ \dfrac{1}{2}\sqrt{j(j+1)-m(m+1)}[g\sqrt{n+1}f_{n+1}^{(m+1)} + g\sqrt{n}f_{n-1}^{(m+1)} - 2g\alpha f_n^{(m+1)}]\right\}$$

$$\cdot [|n\rangle_A + (-1)^{n+j+m}|n\rangle_B]$$

$$= E\sum_{mn}f_n^{(m)}|jm\rangle[|n\rangle_A + (-1)^{n+j+m}|n\rangle_B] \tag{3.3.21}$$

将上式左乘 $\langle jm|_A\langle n_1|$,利用 $\{|jm\rangle\}$ 的相互正交性以及不同 $|n\rangle_A$ 间的正交性,同时考虑到 $|n\rangle_A$ 和 $|n'\rangle_B$ 间的非正交性后得

$$m_1\Delta f_{n_1}^{(m_1)} + \sum_n (-1)^{n+j+m_1} m_1\Delta(-1)^n D(n_1,m)f_n^{(m_1)}$$

$$+ (n_1+\alpha^2)\omega f_{n_1}^{(m_1)} - \sqrt{n_1+1}\omega\alpha f_{n_1+1}^{(m_1)} - \sqrt{n_1}\omega\alpha f_{n_1-1}^{(m_1)}$$

$$+ \sum_m [(n+\alpha^2)\omega f_n^{(m_1)} - \sqrt{n+1}\,\omega\alpha f_{n+1}^{(m_1)} - \sqrt{n}\,\omega\alpha f_{n-1}^{(m_1)}](-1)^{n+j+m}(-1)^n D(n,m)$$

$$+ \frac{1}{2}\sqrt{j(j+1)-m_1(m_1-1)}[g\sqrt{n_1+1}f_{n_1+1}^{(m_1-1)} + g\sqrt{n_1}f_{n_1-1}^{(m_1-1)} - 2g\alpha f_{n_1}^{(m_1-1)}]$$

$$+ \frac{1}{2}\sqrt{j(j+1)-m_1(m_1+1)}[g\sqrt{n_1+1}f_{n+1}^{(m_1+1)} + g\sqrt{n_1}f_{n_1-1}^{(m_1+1)} - 2g\alpha f_{n_1}^{(m_1+1)}]$$

$$+ \sum_n (-1)^{n+j+m_1}(-1)^n D(n_1,n)\Big\{\frac{1}{2}\sqrt{j(j+1)-m(m-1)}$$

$$\cdot [g\sqrt{n+1}f_{n_1+1}^{(m_1-1)} + g\sqrt{n}f_{n-1}^{(m_1-1)} - 2g\alpha f_n^{(m_1-1)}]$$

$$+ \frac{1}{2}\sqrt{j(j+1)-m(m+1)}[g\sqrt{n+1}f_{n+1}^{(m_1+1)} + g\sqrt{n}f_{n-1}^{(m_1+1)} - 2g\alpha f_n^{(m_1+1)}]\Big\}$$

$$= E[f_{n_1}^{m_1} + \sum_n (-1)^{n_1+j+m_1}(-1)^n D(n,m)f_n^{m_1}] \tag{3.3.22}$$

其中的记号 $D(n_1,n) \equiv D_{n_1,n}(2\alpha)$，函数 $D_{n_1,n}(x)$ 由(2.3.28)式给出，宇称为负的解可类似得到.

将这里宇称一定的定态解法和3.3.1小节经表象变换后求定态解的解法比较一下，知道本小节里的方法似乎更直接和简单一些，并且解的宇称也是预先就确定的. 于是我们会问，用3.3.1小节的求解方法得到的定态解如何确定其宇称呢? 这个问题是不难解答的. 因为在3.3.1小节里已给出了定态解的态矢，任何算符，包括宇称算符在内都可在求出的 $|\Psi\rangle$ 中求其期待值. 只不过不要忘记在3.3.1小节的解的过程一开始作了表象变换，求出的 $|\Psi\rangle$ 是新表象中的态矢，所以 $\overline{\Pi}$ 不应是 $\langle\Psi|\Pi|\Psi\rangle$ 而应当先将宇称算符变换到新表象中得

$$\hat{\Pi}' = U\hat{\Pi}U^{-1} = U e^{i\pi\left(a^+a+J_z+\frac{N}{2}\right)} U^{-1}$$
$$= e^{i\pi J_y/4} e^{i\pi\left(a^+a+J_z+\frac{N}{2}\right)} e^{-i\pi J_y/2} = e^{i\pi\left(a^+a-J_z+\frac{N}{2}\right)} \tag{3.3.23}$$

后再计算

$$\overline{\Pi} = \langle\Psi|\hat{\Pi}'|\Psi\rangle \tag{3.3.24}$$

3.3.3 宇称的对称破缺

(1) 在3.3.2小节的末尾我们比较了3.3.1小节和3.3.2小节Dicke模型求解的两种方法. 这里可能会留下一点疑问，既然第二种方法一开始就确定了宇称，那么为什么还要讨论第一种方法呢? 答案是第一种方法的必要性和Dicke模型中具有宇称的对称破缺有密切的联系. 所谓的对称破缺，指的是在Dicke模型中有的参数范围内，系统具有能量最低的基态，不是宇称的本征态. 换句话说，在这样的参

数范围内宇称本征态的最低能态不是系统的最低能态.因此不采取上面的第一种求解方法则在该参数范围内便无法求出系统的基态,同时也就无法在系统的参数变化时求出从对称不破缺到对称破缺的临界参数值来.

现在讨论当用第一种方法求出定态解后,如何去确定该态的宇称期待值 $\langle \Psi | \hat{\Pi} | \Psi \rangle$,计算如下:

$$\hat{\Pi} | \Psi \rangle = U e^{i\pi \left(a^+ a + J_z + \frac{N}{2} \right)} U^{-1} \sum_r | j_r \rangle | \varphi_r \rangle \quad (3.3.25)$$

因为第一种方法是在新表象中算出的,所以 $\hat{\Pi}$ 应是原始的宇称算符作幺正变换后的算符.在上式中插入

$$\sum_{n,k} (| n \rangle \langle n |)(| jk \rangle \langle jk |) = I \quad (3.3.26)$$

有

$$\begin{aligned}
\hat{\Pi} | \Psi \rangle &= U \sum_{n,k} e^{i\pi a^+ a} | n \rangle \langle n | e^{i\pi(J_z + \frac{N}{2})} | jk \rangle \langle jk | U^{-1} \sum_r | jr \rangle | \varphi_r \rangle \\
&= U \sum_{n,k} (-1)^n | n \rangle \langle n | (-1)^k | jk \rangle \langle jk | \sum_r U^{-1} | jr \rangle | \varphi_r \rangle \\
&= U \sum_{n,k,r} (-1)^{n+k} | n \rangle \langle n | \varphi_r \rangle | jk \rangle \langle jk | U^{-1} | jr \rangle
\end{aligned}$$

由上式得

$$\begin{aligned}
\langle \Psi | \hat{\Pi} | \Psi \rangle &= \sum_s \langle \varphi_s | \langle js | U \sum_{n,k,r} (-1)^{n+k} | n \rangle \langle n | \varphi_r \rangle \cdot | jk \rangle \langle jk | U^{-1} | jr \rangle \\
&= \sum_{s,n,k,r} (-1)^{n+k} \langle js | U | jk \rangle \langle \varphi_s | n \rangle \langle n | \varphi_r \rangle \langle jk | U^{-1} | jr \rangle
\end{aligned}$$

$$(3.3.27)$$

引入

$$\begin{aligned}
d_{nk} &\equiv \sum_r \langle n | \varphi_r \rangle \langle jk | U^{-1} | jr \rangle \\
&= \sum_r \langle n | \varphi_r \rangle \langle jk | U^{\mathrm{T}} | jr \rangle
\end{aligned} \quad (3.3.28)$$

其中用到幺正算符 U 的 $U^{-1} = U^{\mathrm{T}}$ 性质,于是(3.3.27)式可表为

$$\langle \Psi | \hat{\Pi} | \Psi \rangle = \sum_{n,k} (-1)^{n+k} d_{nk}^{\mathrm{T}} d_{nk} \quad (3.3.29)$$

由于在解求出后,矩阵元 $\langle n | \varphi_r \rangle$,$\langle jk | U^{\mathrm{T}} | jr \rangle$ 都是可以算出的,因此 d_{nk} 及宇称的期待值可以算出.

(2) 下面用一个例子来表明 Dicke 模型宇称对称性的破缺.如图 3.3.3.1 中取的系统参数为

横轴为 λ/λ_c,其中 λ_c 指的是热力学极限下的临界耦合常数;纵轴是有限系统的粒子数 N.

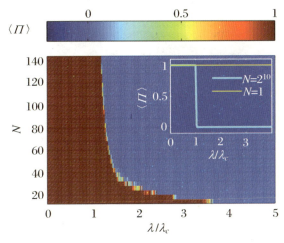

图 3.3.3.1 Dicke 模型的相变示意图

图 3.3.3.1 清楚地显示在 λ 很小时,系统的宇称对称性存在,基态的宇称为正.但在 λ 大于一定值后,系统的基态已不再是宇称态的本征态,这时系统基态的宇称期待值为零,它是正负宇称的混合态.

其次,系统基态的宇称 n 从 +1 到 0 的破缺随 N 而变化,从图中可以看出 N 越小,破缺时的 λ/λ_c 值越大,随着 N 的增大,破缺时的 λ/λ_c 值逐渐逼近于 1,图中右上角的小图可以清楚地看到在 $N=2^{10}$ 时,λ/λ_c 已精确地等于 1 了.

在图 3.3.3.2 中表示的是 $N=64$(左图)和 $N=128$(右图)的基态到激发态的宇称随 λ 的变化情形,其中 k 代表系统激发态的指标.

为了更进一步表明对称性的破缺与量子涨落的关系,图 3.3.3.3 给出系统基态 x 方向角动量的均方差(主图)和宇称(插图)随耦合强度的变化.计算结果表明:宇称的自发破缺与量子涨落的奇异性同步.在 $\lambda<\lambda_c$ 区域里有各向同性的对称性使它的期待值为零,过临界耦合常数后对称性破缺,系统角动量趋向有序化.由于 Dicke 模型严格可解,因此可以方便地计算该模型的若干重要物理性质例如 Berry 相、保真度、Wigner 函数等.计算结果表明它们的对称破缺情况是一致的.作为一个实例我们给出系统基态 Wigner 函数随耦合强度变化的俯视图(参见图 3.附.1)和主视图(参见图 3.附.2).可以看到 Wigner 函数在相空间的分岔点 $W_\Pi(\lambda_c, N)$

与宇称破缺点 $W_{II}(\lambda_{II},N)$ 之间有一个弛豫.计算表明这个弛豫在 $N\to\infty$ 时消失：$\lambda_c,\infty = \lambda_{II},\infty$.有关 W_{II} 的介绍见本章附录.

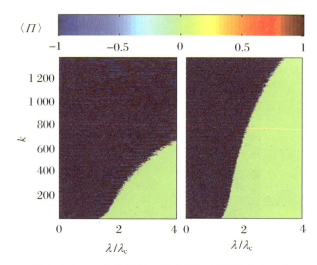

图 3.3.3.2　宇称随耦合强度及不同激发态的变化

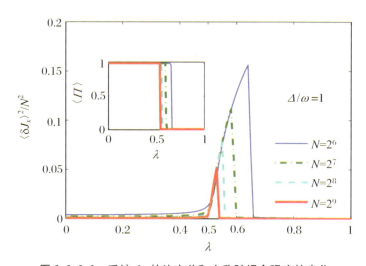

图 3.3.3.3　系统 J_x 的均方差和宇称随耦合强度的变化

从以上的讨论中可以清楚地看出,如果我们只注意求宇称与能量的共同本征态,则将漏掉重要的临界值以后宇称对称破缺系统的基态解,也得不到具有重要意义的对称性破缺的物理规律.

3.4 Dicke 模型中量子相变的 no-go 定理

在本章前面的讨论中，叙述了由 Dicke 模型描述的系统，在热力学极限下从正常相到超辐射相的量子相变，及相应地在有限粒子数情形下产生对称的自发破缺的情形. 然而就在热力学极限下证明从正常相到超辐射相的量子相变存在的工作发表后不久，便有另一篇工作发表出来对此提出了质疑，此后还有一些类似的工作相继出现.

这些工作的论点是，从 Dicke 模型的哈氏量出发得到量子相变的推理过程是没有什么问题的，Dicke 模型的哈氏量包含了如下的近似，即在它的哈氏量中只包含了形如 φA 的原子与光场电偶极矩的相互作用项，而忽略了形如 A^2 的光场自身的相互作用项. 这种近似在一般情形下，由于 A^2 项的作用常是可以忽略的高阶效应，便使得这样的近似是可行的，但是对于描述二能态原子与单模光场耦合系统的 Dicke 模型来讲，这两项的振幅之间存在着一定的关系. 如果把 A^2 项加进哈氏量中，则由于这一确定关系的限制使得量子相变不能发生，换句话说，不是原来忽略了 A^2 项的 Dicke 模型及其导出的量子相变理论出了问题，而是原来的模型在物理上是不完整的，当模型在物理上恢复完整后量子相变就不再发生了. 这就是所谓的 Dicke 模型量子相变 no-go 定理的大致含意，下面将对这一问题作较为仔细地讨论.

3.4.1 Dicke 模型的完整哈氏量

我们首先考虑 N 个全同的孤立的无相互作用的原子系统的哈氏量：

$$H = \sum_{j=1}^{N} H_j = \sum_{j=1}^{N} \left[\sum_{j=1}^{v} \frac{p_{ij}^2}{2m_{ij}} \right] + U_j \tag{3.4.1}$$

其中 H_j 是第 j 个原子的单原子哈氏量. 因为讨论的是全同的原子，所以每个原子中所含的电子数 v 是一样的. 式中的下标 ij 表示的是第 i 个原子中的第 j 个电子. 实际上由于是全同的，这时有 $m_{ij} = m$，$g_{ij} = -e$，以后就都取成 $m_{ij} \to m$，$g_{ij} \to g$.

其次再考虑原子中电子与单模光场的作用. 这时利用最小作用原理将(3.4.1)式中的 p_{ij} 换成 $p_{ij} - gA(r_{ij})$，并将 $A(r_{ij})$ 换成 $A_0(a + a^+)$，其中 a, a^+ 就是单模光场的湮灭及产生算符. 这里采取了认为光场在一个原子范围内几乎不变的近似，于是便得到了电子与光场的相互作用及场的自身作用两部分：

$$H_{\text{int}} = -\sum_{j=1}^{N}\sum_{i=1}^{v}\frac{g}{m}\boldsymbol{p}_{ij}\cdot\boldsymbol{A}_0(a^+ + a) \tag{3.4.2}$$

及

$$H_{A^2} = \sum_{j=1}^{N}\sum_{i=1}^{v}\frac{g^2}{2m}\boldsymbol{A}_0^2(a^+ + a)^2 \tag{3.4.3}$$

由于我们考虑的是具有二能态$|g\rangle$和$|e\rangle$的原子，因此有

$$|e\rangle\langle e| + |g\rangle\langle g| = 1$$

的完备关系. 利用这一关系和基本的对易关系

$$\mathrm{i}\hbar\frac{\boldsymbol{p}_{ij}}{m} = [\boldsymbol{r}_{ij}, H_j]$$

可以将(3.4.2)式的H_{int}改写成

$$H_{\text{int}} = -\mathrm{i}\omega_{eg}\boldsymbol{d}\cdot\boldsymbol{A}_0(a^+ + a)\sum_{j=1}^{N}|e\rangle\langle g|_j + h\cdot c \tag{3.4.4}$$

其中

$$\omega_{eg} = \omega_e - \omega_g, \quad \boldsymbol{d} = \sum_j\langle e|\sum_i^v q\boldsymbol{r}_{ij}|g\rangle$$

证明如下：

$$H_{\text{int}} = -\sum_{j=1}^{N}\sum_{i=1}^{v}\frac{q}{m}\boldsymbol{p}_{ij}\cdot\boldsymbol{A}_0(a^+ + a)$$

$$= \frac{\mathrm{i}}{\hbar}\sum_{j=1}^{N}\sum_{i=1}^{v}q[\boldsymbol{r}_{ij}, H_j]\cdot\boldsymbol{A}_0(a^+ + a)$$

$$= \frac{\mathrm{i}}{\hbar}\sum_{j=1}^{N}\sum_{i=1}^{v}q[\boldsymbol{r}_{ij}H_j - H_j\boldsymbol{r}_{ij}]\cdot\boldsymbol{A}_0(a^+ + a)$$

$$= \Big\{\frac{\mathrm{i}}{\hbar}\sum_{j=1}^{N}(|e\rangle\langle e| + |g\rangle\langle g|)\sum_{i=1}^{v}q\boldsymbol{r}_{ij}(|e\rangle\langle e| + |g\rangle\langle g|)H_j$$

$$-\frac{\mathrm{i}}{\hbar}\sum_{j=1}^{N}H_j(|e\rangle\langle e| + |g\rangle\langle g|)\sum_{i=1}^{v}q\boldsymbol{r}_{ij}(|e\rangle\langle e| + |g\rangle\langle g|)\Big\}\cdot\boldsymbol{A}_0(a^+ + a)$$

$$= \frac{\mathrm{i}}{\hbar}\sum_{j=1}^{N}\Big\{|e\rangle\langle g|H_j\langle e|\sum_{i=1}^{v}q\boldsymbol{r}_{ij}|g\rangle + |g\rangle\langle e|H_j\langle g|\sum_{i=1}^{v}q\boldsymbol{r}_{ij}|e\rangle$$

$$- H_j|e\rangle\langle g|\langle e|\sum_{i=1}^{v}q\boldsymbol{r}_{ij}|g\rangle - H_j|g\rangle\langle e|\langle g|\sum_{i=1}^{v}q\boldsymbol{r}_{ij}|e\rangle\Big\}\cdot\boldsymbol{A}_0(a^+ + a)$$

$$= \frac{\mathrm{i}}{\hbar} \sum_{j=1}^{N} \{ w_g \hbar \mid e \rangle \langle g \mid \boldsymbol{d}_j + \omega_e \hbar \mid g \rangle \langle e \mid \boldsymbol{d}_j^*$$
$$- \omega_e \hbar \mid e \rangle \langle g \mid \boldsymbol{d}_j - \omega_g \hbar \mid g \rangle \langle \mid \boldsymbol{d}_j^* \} \cdot \boldsymbol{A}_0 (a^+ + a)$$

上式与(3.4.4)式相等.

在上面的证明中用了记号 $\boldsymbol{d}_j = \langle e \mid \sum_{i=1}^{v} q\boldsymbol{r}_{ij} \mid g \rangle$,还用到 $\langle e \mid \sum_{i=1}^{v} q\boldsymbol{r}_{ij} \mid e \rangle = \langle g \mid \sum_{i=1}^{v} q\boldsymbol{r}_{ij} \mid g \rangle = 0$ 的电偶极作用的选择定则.

此外,在 $N \to \infty$ 的热力学极限下,可以在 Holstem-Primakov 变换的基础上引入玻色算符 b^+,

$$b^+ = \frac{1}{\sqrt{N}} \sum_{j=1}^{N} (\mid e \rangle \langle g \mid)_j \tag{3.4.5}$$

至此可以将以上的几个部分的哈氏量都用玻色型的湮灭及产生算符表示出来:

$$H_{\text{int}} = \mathrm{i} \hbar \Omega_0 (a^+ + a) b^+ + h \cdot c \tag{3.4.6}$$

式中

$$\Omega_0 = \sum_{j=1}^{v} \sqrt{N} \frac{\omega_{eg}}{\hbar} \boldsymbol{d}_j \cdot \boldsymbol{A}_0 \tag{3.4.7}$$

$$H_{A^2} = \hbar D (a^+ + a)^2 \tag{3.4.8}$$

其中

$$D = \sum_{i=1}^{v} \frac{q^2}{2m\hbar} N A_0^2 \tag{3.4.9}$$

$$H_{\text{at}} = \sum_j \hbar \omega_{eg} (\mid e \rangle \langle e \mid)_j = \hbar \omega_{eg} b^+ b \tag{3.4.10}$$

$$H_{\text{cav}} = \hbar \omega_{\text{cav}} a^+ a \tag{3.4.11}$$

于是总的系统的哈氏量为

$$H = H_{\text{at}} + H_{\text{cav}} + H_{\text{int}} + H_{A^2} \tag{3.4.12}$$

3.4.2 TRK 求和定则

前面已经讲过,对于多个二能级原子与单模光场的耦合系统来讲,不仅不能像一般情形那样相对于 $\boldsymbol{\phi} \cdot \boldsymbol{A}$ 的相互作用可将 $\boldsymbol{A}^2$ 项忽略不计,相反由于两者的强度之间存在一定的关系,即所谓的 TRK 求和定则的存在便有了 Dicke 模型量子相变不会发生的 no-go 定理. 我们在这一小节中讨论的就是这一内容.

(1) 作为以下讨论的准备,我们利用 Cauchy-Schwarty 不等式写出 Ω_0 应满足

的不等式:

$$\Omega_0^2 = \frac{\omega_{eg}^2}{\hbar^2} N \mid \boldsymbol{d}_{eg} \cdot \boldsymbol{A}_0 \mid^2 \leqslant \frac{\omega_{eg}^2}{\hbar^2} N \mid \boldsymbol{d}_{eg} \mid^2 \cdot \mid \boldsymbol{A}_0 \mid^2 \tag{3.4.13}$$

其中记

$$\boldsymbol{d}_{eg} = \sum_j \boldsymbol{d}_j \tag{3.4.14}$$

(2) 用符号 $|\sigma\rangle_j$ 表示原子取二能态 $|e\rangle_j$ 或 $|g\rangle_j$,因此有

$$U_j \mid \sigma\rangle_j = \omega_\sigma \hbar \mid \sigma\rangle_j$$

其中 U_j 是 $H_j = \sum_i^\nu \frac{p_{ij}^2}{m} + U_j$ 中的第二项.

由于我们考虑的是全同原子,所以为简单计,以下都略去下标 j. 现在仍然从基本的关系式 $\mathrm{i}\hbar \frac{\boldsymbol{p}_i}{m}[\boldsymbol{r},H]$ 出发来导出以下的表示式:

$$\langle \sigma \mid \sum_{i=1}^\nu \frac{q}{m} \boldsymbol{p}_i \mid \sigma' \rangle = -\frac{\mathrm{i}}{\hbar} \langle \sigma \mid q[\boldsymbol{r}_i,H] \mid \sigma' \rangle$$

$$= -\frac{\mathrm{i}}{\hbar} \langle \sigma \mid \Big(\sum_i^\nu q\boldsymbol{r}_i H - H \sum_i^\nu q\boldsymbol{r}_i \Big) \mid \sigma' \rangle \tag{3.4.15}$$

再把 $H = \sum_h^\nu \frac{\boldsymbol{p}_i^2}{2m} + U$ 代入(3.4.15)式右方并注意到 $\boldsymbol{p}_i = \mathrm{i}\hbar \frac{\partial}{\partial \boldsymbol{r}_i}$ 便可得出

$$\langle \sigma \mid \sum_i^\nu \frac{q}{m} \boldsymbol{p}_i \mid \sigma' \rangle$$

$$= -\mathrm{i}(\omega_{\sigma'} - \omega_\sigma) \langle \sigma \mid \sum_i q\boldsymbol{r}_i \mid \sigma' \rangle$$

$$- \mathrm{i} \sum_i^\nu \frac{1}{2m} \int_V \psi_\sigma^*(\boldsymbol{r}_1,\cdots,\boldsymbol{r}_\nu) \frac{\partial^2}{\partial^2 \boldsymbol{r}_i} \Big(\sum_i q\boldsymbol{r}_i \psi_{\sigma'}(\boldsymbol{r}_1,\cdots,\boldsymbol{r}_\nu) \Big) \mathrm{d}^\nu \boldsymbol{r}$$

$$+ \mathrm{i} \sum_i^\nu \frac{1}{2m} \int_V \Big(\sum_i q\boldsymbol{r}_i \psi_{\sigma'}(\boldsymbol{r}_1,\cdots,\boldsymbol{r}_\nu) \Big) \frac{\partial^2}{\partial^2 \boldsymbol{r}_i} \psi_\sigma^*(\boldsymbol{r}_1,\cdots,\boldsymbol{r}_\nu) \mathrm{d}^\nu \boldsymbol{r} \tag{3.4.16}$$

我们现在来观察上式右方的最后两个积分式.其中的一个总可以通过分部积分化成和另一个积分完全相同的形式,这是因为作两次分部积分时,每一次分部积分后的第一项在取 V 的边缘值(无穷远处)时因原子波函数为零而为零,所以通过两次分部积分后和另一积分的形式完全相同,但由于符号相反从而这两个积分相消.因此最后的结果是

$$\langle \sigma \mid \sum_i^\nu \frac{q}{m} \boldsymbol{p}_i \mid \sigma' \rangle = -\mathrm{i}(\omega_{\sigma'} - \omega_\sigma) \langle \sigma \mid \sum_i^\nu q\boldsymbol{r}_i \mid \sigma' \rangle \tag{3.4.17}$$

(3) 在导出 no-go 定理前还需要导出另一个关系式. 我们从原子的坐标及动量的基本对易式出发, 即从 $[r_i\dot{u}, p_j\dot{u}^*] = i\hbar\delta_{ij}$ 出发, 注意其中的下标 i,j 指的是原子的标号, $\dot{u}$ 是指某一给定方向的单位矢量. 由 r_i, p_j 的基本对易关系可以导出以下的关系:

$$-\frac{i}{2\hbar}\langle g|[\sum_i qr_i\dot{u}, \sum_j \frac{q}{m}p_j\dot{u}^*]|g\rangle = -\frac{i}{2\hbar}\langle g|\sum_{ij}\frac{q^2}{m}i\hbar\delta_{ij}|g\rangle$$

$$= \sum_i^v \frac{q^2}{2m}\langle g|g\rangle = \sum_i^v \frac{q^2}{2m} \quad (3.4.18)$$

在 (3.4.18) 式的左方中插入 $\sum_\sigma |\sigma\rangle\langle\sigma| = 1$, 并利用 (3.4.17) 式有

$$\sum_i^v \frac{q^2}{2m} = -\frac{i}{2\hbar}\langle g|\sum_i qr_i\dot{u}\sum_\sigma|\sigma\rangle\langle\sigma|\sum_j \frac{q}{m}p_j\dot{u}^*|g\rangle$$

$$+ \frac{i}{2\hbar}\langle g|\sum_j \frac{q}{m}p_j\dot{u}^*\sum_\sigma|\sigma\rangle\langle\sigma|\sum_i qr_i\dot{u}|g\rangle$$

$$= \frac{1}{\hbar}\sum_\sigma(\omega_e - \omega_g)|\langle g|\sum_i^v qr_i\dot{u}|\sigma\rangle|^2$$

$$= \frac{1}{\hbar}(\omega_e - \omega_g)|\langle g|\sum_i^v qr_i|e\rangle|^2$$

$$= \frac{1}{\hbar}\omega_{eg}|d_{eg}|^2$$

有了以上的准备以后, 我们结合 D 的表示式 (3.4.9)、不等式 (3.4.13) 以及 (3.4.18) 式便可以得出相互作用项的振幅 Ω_0 及光场自作用项的振幅 D 间存在如下的不等式关系:

$$D \geqslant \frac{\Omega_0^2}{\omega_{eg}} \quad (3.4.19)$$

这个不等式就是多个二能级原子系与单模光场的电偶极矩作用的耦合系统的 TRK 求和定则.

3.4.3 真实二能级多原子与单模光场耦合系统的 no-go 定理

经过了以上的讨论后, 我们回到完整的二能级多原子系与单模光场耦合系统的求解问题上来. 由完整的哈氏量 (3.4.12) 式以及相应的 (3.4.6)、(3.4.8)、(3.4.10)、(3.4.11) 和 (3.4.12) 等式看出系统的哈氏量全由玻色算符 a,b 的二次式组成, 所以可通过玻戈留波夫变换使之对角化, 即可以通过引入如下的矩阵:

$$M = \begin{bmatrix} \omega_{cav} + 2D & -i\Omega_0 & -2D & -i\Omega_0 \\ i\Omega_0 & \omega_{eg} & -i\Omega_0 & 0 \\ 2D & -i\Omega_0 & -(\omega_{cav}+2D) & -i\Omega_0 \\ -i\Omega_0 & 0 & i\Omega_0 & -\omega_{eg} \end{bmatrix} \quad (3.4.20)$$

这一矩阵正是 H 用 (a,b,a^+,b^+) 表示的二次式的系数矩阵,并由下式求出它的本征矢 $[u]$:

$$M \begin{bmatrix} u_i^1 \\ u_i^2 \\ v_i^1 \\ v_i^2 \end{bmatrix} = \omega_i \begin{bmatrix} u_i^1 \\ u_i^2 \\ v_i^1 \\ v_i^2 \end{bmatrix}, \quad i = +, - \quad (3.4.21)$$

在此基础上引入新的玻色算符:

$$A = u_+^1 a + u_+^2 b + v_+^1 a^+ + v_+^2 b^+ \quad (3.4.22)$$
$$B = u_-^1 a + u_-^2 b + v_-^1 a^+ + v_-^2 b^+ \quad (3.4.23)$$

则(3.4.12)式就可用 A,B 表示成对角化的形式了:

$$H = \hbar\omega + A^+ A + \hbar\omega - B^+ B + E_G \quad (3.4.24)$$

现在我们按以下的步骤来讨论如何得出 no-go 定理.

(1) 根据 M 矩阵(3.4.20)式可得出其行列式为

$$\text{Det}(M) = \omega_{eg}\omega_{cav}[\omega_{eg}(4D+\omega_{cav}) - 4\Omega_0^2] \quad (3.4.25)$$

当 $\text{Det}(M)=0$ 时激发的能隙为零,这时系统出现量子相变.

(2) 对于不考虑电场自作用项的非完整 Dicke 模型来讲,即 $D=0$,于是由(3.4.25)式便知使得(3.4.25)式为零的量子相变的临界 Ω_c^{Dicke} 为

$$\Omega_c^{\text{Dicke}} = \sqrt{\omega_{eg}\omega_{cav}}/2 \quad (3.4.26)$$

这个结果和 3.2.2 小节得到的结果一致,仅仅是两处相应的物理量写法不同而已.

(3) 现在转到本小节要讨论的主要点 no-go 定理上. 当我们考虑完整的哈氏量,即 $D\neq 0$ 时由(3.4.25)式看出要使 $\text{Det}(M)$ 为零而发生量子相变则必须满足

$$\Omega_0^2 > \omega_{eg}D \quad (3.4.27)$$

但是在上面我们已证明真实的二能级原子系与单模光场的耦合系统其 D 与 Ω_0 满足的是(3.4.19)的不等式,它与(3.4.27)的不等式是矛盾的,这就说明这一物理系统的量子相变不可能发生. 即所谓的 Dicke 模型量子相变的 no-go 定理.

3.4.4 电路 QED 中不存在 no-go 定理

我们自然会问上述的 no-go 定理对电路 QED 中的人造原子系和共振器中的

单模场耦合系统是否也适用？提出这个问题的理由是因为在电路 QED 中有形式上和(3.4.12)式 Dicke 模型的完整哈氏量一样的哈氏量.答案是尽管电路 QED 的哈氏量和腔 QED 的哈氏量形式一样,但导致两者相互作用项 $\bar{\Omega}_0$ 和场自作用项 $\bar{D}$ 的物理实质是不相同的.在电路 QED 中 $\bar{\Omega}_0$ 和 $\bar{D}$ 之间不存在像(3.4.19)式那样的不等式,因而它并不排斥产生量子相变必要条件的(3.4.27)式,所以在电路 QED 中不存在 no-go 定理.

具体一点讲,电路 QED 的哈氏量类似地可表示为

$$\bar{H} = \hbar\omega_r a^+ a + \hbar\omega_J b^+ b + \bar{\Omega}_0(a + a^+)(b + b^+)\bar{D}(a + a^+)^2 \quad (3.4.28)$$

因此它和腔 QED 一样也可引入类似的对角化矩阵：

$$\bar{M} = \begin{bmatrix} M_r + 2\bar{D} & -\mathrm{i}\bar{\Omega}_0 & -2\bar{D} & -\mathrm{i}\bar{\Omega}_0 \\ \mathrm{i}\bar{\Omega}_0 & \omega_J & -\mathrm{i}\bar{\Omega}_0 & 0 \\ 2\bar{D} & -\mathrm{i}\bar{\Omega}_0 & -(\omega_r + 2\bar{D}) & -\mathrm{i}\bar{\Omega}_0 \\ -\mathrm{i}\bar{\Omega}_0 & 0 & \mathrm{i}\bar{\Omega}_0 & -\omega_J \end{bmatrix} \quad (3.4.29)$$

其行列式为

$$\mathrm{Det}(\bar{M}) = \omega_J \omega_r [\omega_J(4\bar{D} + \omega_r) - 4\bar{\Omega}_0^2] \quad (3.4.30)$$

因此同样要求在 $\mathrm{Det}(\bar{M}) = 0$ 时才会有量子相变,即量子相变产生的必要条件是

$$\bar{\Omega}_0^2 > \omega_J \bar{D} \quad (3.4.31)$$

由于在电路 QED 中参量 $\bar{\Omega}_0$ 与 $\bar{D}$ 间没有任何确定的限制关系,实验中可以实现满足(3.4.31)式的参量,所以电路 QED 中不存在 no-go 定理.

3.5 具有原子间直接作用的 Dicke 模型的另一种量子相变

在本章前几节中讨论了如下一些内容:从略去场自作用项的多个二态原子与单模场原始耦合系统非 RWA 近似的严格解开始,讨论了这一系统从正常相到超辐射相的量子相变,接着讨论了包括进场的自作用后由于真实原子的电偶极跃迁具有 TRK 求和定则,因而可证该量子相变是不可能产生的,即所谓的 no-go 定理.

不过这一定理对电路 QED 中的 Dicke 模型不起作用,原因是导致形式上一致的系统哈氏量的物理机制不同,在电路 QED 里没有相应的求和定则.

本节要讨论的是,如果我们把上面讨论的 Dicke 模型作进一步推广,推广后的 Dicke 模型不仅包含场的自身作用,同时还考虑到原子与原子偶极矩间的直接作用.这样的系统和量子点及玻色-爱因斯坦凝聚等真实系统很接近,因而这样的模型是有意义的.在下面的讨论中我们将看到在推广的 Dicke 模型中还存在另一种量子相变,它和前面讨论的那种量子相变不同.第一,后一种量子相变不受 TRK 求和定则的限制,也即没有 no-go 定理,并和哈氏量是否包含场的自作用项无关.第二,两种量子相变的物理实质不同,前面讨论的量子相变是宇称对称性的破缺,而本节讨论的量子相变是原子自旋取向一致性对称的破缺.这种对称性破缺与铁磁到磁性消失的相变类似但又不完全一样,因为这种取向的一致性并不总是完全的破缺,它依系统参量的不同,在某些参量范围内只有对称性的部分破缺而保留一定程度对称性的可能性.

3.5.1 推广的 Dicke 模型

在 N 个二能态原子与单模光场的耦合系统里如还存在原子与原子间的直接耦合作用,则其哈氏量可表示如下:

$$H = \omega a^+ a + \frac{\Delta}{2}\sum_{i=1}^{N}\sigma_z^i + \frac{\lambda}{\sqrt{N}}(a^+ + a)\sum_{i=1}^{N}\sigma_x^i + \frac{\Omega}{2N}\sum_{i\neq j}^{N}(\sigma_x^i\sigma_x^j + \sigma_y^i\sigma_y^j) \quad (3.5.1)$$

上式中除了后面的由 Pauli 矩阵表示的原子间偶极作用的最后一项外,其他的项和前面讲的模型哈氏量一致.这里没有将场的自作用项包括进来是基于以下两点考虑的,一是这里不再考虑前面讨论的那种从正常相到超辐射相的量子相变,而讨论的是自旋取向一致性的对称性破缺相变,和场的自作用项没有实质的联系;二是为简便计不考虑自作用项可使讨论的过程简化一些.

按前面讨论过的办法引入集体自旋算符 $S_k = \sum_{i=1}^{N}\frac{\sigma_k^i}{2}(k = x, y, z)$,上标 i 是原子标号,并有 $S_\pm = S_x \pm iS_y$.于是可将(3.5.1)式改写成

$$H = \omega a^+ a + \Delta S_z + \frac{2\lambda}{\sqrt{N}}(a^+ + a)S_x + \frac{2\Omega}{N}(\mathbf{S}^2 - S_z^2) \quad (3.5.2)$$

在上式中我们省略了一个常数项.

类似于前面的做法,在集体自旋算符空间中绕 y 轴作 $\frac{\pi}{2}$ 的旋转,有 $S_x \rightarrow S_z$,$S_z \rightarrow -S_x$.变换后的哈氏量改写成

$$H' = \omega a^+ a - \frac{\Delta}{2}(S_+ + S_-) + \frac{2\lambda}{\sqrt{N}}(a^+ + a)S_z + \frac{2\Omega}{N}(\boldsymbol{S}^2 - S_x^2) \qquad (3.5.3)$$

为书写简单计,在以下的讨论中 H 不再加撇号. 不过我们要记住现在是在新表象中讨论. 在前面的讨论中已谈到过 $\boldsymbol{S}$ 是一个满足角动量基本对易关系的角动量算符,此外因为有 $[H, \boldsymbol{S}^2] = 0$,所以 $\boldsymbol{S}^2 = j(j+1)$ 是守恒量. N 个二能态原子,也可以考虑为 N 个自旋为 $\frac{1}{2}$ 的粒子系统,当它们成为一个有相互作用的系统时,则自旋耦合起来的总角动量在稳定态中并不一定是 $j = \frac{N}{2}$,它完全有可能是 j 取 $\frac{N}{2}$,$\frac{N}{2} - 1, \cdots$ 的各种值. 不过在前面讨论没有原子与原子的偶极作用时,我们已看到系统最稳定的态是 $j = \frac{N}{2}$ 状态,那么要问在考虑进原子间的偶极作用后根据上面的分析这种情况还会维持不变吗？或换句话说,原来那种自旋都取一致方向的对称性会不会就要产生破缺？这是我们现在要讨论的主要目标. 和前面做过的一样,讨论的 Hilbert 空间由态矢集 $\left\{|j, m\rangle, j = \frac{N}{2}, \frac{N}{2} - 1, \cdots; m = -j, -j+1, \cdots, j-1, j\right\}$ 构成. 重复 3.3.1 节的做法,引入

$$A_m = a + g_m, \quad g_m = \frac{2\lambda m}{\sqrt{N}\omega} \qquad (3.5.4)$$

以及

$$|l\rangle_{A_m} = \frac{(A_m^+)^l}{\sqrt{l!}} e^{-g_m a^+ - \frac{g_m^2}{2}} |0\rangle \qquad (3.5.5)$$

令解取形式

$$|\rangle = \sum_{m=0}^{N} |j, m\rangle |\varphi_m\rangle \qquad (3.5.6)$$

将(3.5.6)式代入(3.5.3)式表示的哈氏量的定态方程中可得

$$\begin{aligned}
& -\Delta j_m^- |\varphi_m\rangle |j, m-1\rangle - \Delta j_m^+ |\varphi_m\rangle |j, m+1\rangle \\
& - \frac{2\Omega}{N} j_m^- j_{m-1}^- |\varphi_m\rangle |jm-2\rangle - \frac{2\Omega}{N} j_m^+ j_{m+1}^+ |\varphi_m\rangle |j, m+2\rangle \\
& + \omega(A_m^+ A_m - g_m^2) |\varphi_m\rangle |j, m\rangle \\
& + \frac{2}{\Omega} N [j(j+1) - (j_{m-1}^+ j_m^- + j_{m+1}^- j_m^+)] |\varphi_m\rangle |j, m\rangle \\
& = E |\varphi_m\rangle |j, m\rangle \qquad (3.5.7)
\end{aligned}$$

其中

$$j_m^\pm = \frac{1}{2}\sqrt{j(j+1) - m(m\pm 1)}$$

将上式两边左乘以 $\langle j,n|$ 得

$$-\Delta j_n^- |\varphi_{n-1}\rangle - \Delta j_n^+ |\varphi_{n+1}\rangle - \frac{2\Omega}{N}j_n^- j_{n-1}^- |\varphi_{n-2}\rangle - \frac{2\Omega}{N}j_n^+ j_{n+1}^+ |\varphi_{n+2}\rangle$$

$$+ \omega(A_n^+ A_n - g_n^2)|\varphi_n\rangle + \frac{2\Omega}{N}[j(j+1) - (j_{n-1}^+ j_n^- + j_{n+1}^- j_n^+)]|\varphi_n\rangle$$

$$= E|\varphi_n\rangle \quad (n = -j, -j+1, \cdots, j) \tag{3.5.8}$$

如前令 $|\varphi_n\rangle$ 取如下形式：

$$|\varphi_n\rangle = \sum_{k=0}^{Ntr} C_{nk}(A_n^+)^k |0\rangle_{A_n}$$

$$= \sum_{k=0}^{Ntr} C_{nk}\frac{1}{\sqrt{R!}}(a^+ + g_n)^k e^{-g_n a^+ - g_n^2/2}|0\rangle \tag{3.5.9}$$

其中 Ntr 是 $A_n(A_n^+)$ 的 Fock 空间的截断阶数. 将(3.5.8)式左乘以 ${}_{A_n}\langle l|$ 得

$$\left\{\omega(l - g_n^2) + \frac{2\Omega}{N}[j(j+1) - (j_{n-1}^+ j_n^- + j_{n+1}^- j_n^+)]\right\}C_{nl}$$

$$- \Delta\sum_{k=0}^{Ntr}(j_n^- {}_{A_n}\langle l|k\rangle_{A_{n-1}}C_{n-1,k} + j_n^+ {}_{A_n}\langle l|k\rangle_{A_{n+1}}C_{n+1,k})$$

$$- \frac{2\Omega}{N}\sum_{k=0}^{Ntr}(j_n^- j_{n-1}^- {}_{A_n}\langle l|k\rangle_{A_{n-2}}C_{n-2,k} + j_n^+ j_{n+1}^+ {}_{A_n}\langle l|k\rangle_{A_{n+2}}C_{n+2,k})$$

$$= EC_{n,l} \tag{3.5.10}$$

其中

$$\begin{cases} {}_{A_n}\langle l|k\rangle_{A_{n-1}} = (-1)^l D_{l,k}(G), & {}_{A_n}\langle l|k\rangle_{A_{n+1}} = (-1)^k D_{l,k}(G) \\ {}_{A_n}\langle l|k\rangle_{A_{n-2}} = (-1)^l D_{l,k}(2G), & {}_{A_n}\langle l|k\rangle_{A_{n+2}} = (-1)^k D_{l,k}(2G) \end{cases}$$

$$\tag{3.5.11}$$

其中

$$D_{l,k} = e^{G^2/2}\sum_{r=0}^{\min[l,k]}\frac{(-1)^{-r}\sqrt{l!k!}G^{l+k-2r}}{(l-r)!(k-r)!r!}, \quad G = \frac{2\lambda}{\sqrt{N}\omega} \tag{3.5.12}$$

尽管原则上解(3.5.10)式应有 $Ntr \to \infty$，但在一定精度要求下，Ntr 仍可取为一个有限的大数.

3.5.2 计算的实例和量子相变

现在以 $N=4$ 作为实例进行计算，为了简单计，取参量 $\omega = \Delta$，以及 $\omega = 1$. 为了

得到我们讨论的主要目标,分别计算在不同 λ 和 Ω 值的情况下 j 取不同值时的基态能量,从而定出在一定参量值时 j 取什么样的值基态能量最低.

在图 3.5.2.1 中可以看出,在弱的原子-原子偶极相互作用常数 Ω 的情况下,最低能量态的 $j = j_{\max} = 4/2 = 2$.这正是 $\Omega = 0$ 时原始 Dicke 模型得到的结果,但当 Ω 增大时情况便发生了变化.

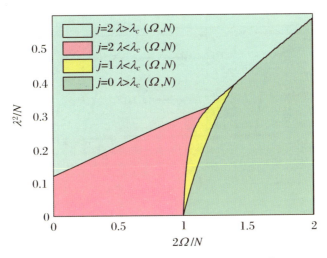

图 3.5.2.1 有限尺度下涉及原子与原之间耦合的 $2\Omega/N - \lambda^2 N\lambda$ 相图(这里 $N = 4$)

这时产生了 $j = 2$(最大值)到 $j = 1$,然后到 $j = 0$ 的量子相变.在图 3.5.2.1 中绘出了它的相图,相图划分为四个区域:(a) 图的左上部分,对应于 $j = 2$ 的相区.(b) 右下部分为三区,最左的 $\lambda < \lambda_c$,$2\Omega/N < 1$ 的区域最低能态仍取 $j = 2$,中间一个小区域对应于 $j = 1$,最右边的区域最低能态取 $j = 0$.从图看出由 $j = 2$ 的自旋完全一致取向状态的对称性,并不是一下就完全破缺到自旋取向彻底无序的 $j = 0$ 状态,而是中间还有一个自旋取向部分有序的 $j = 1$ 的参数域.

为了说明图 3.5.2.1 是如何绘制出来,我们用图 3.5.2.2 来表示,图中最左边的三个纵向的小图对应于取确定的 $\Omega = 2.2$;中间一列的三个小图对应于 $\Omega = 2.5$;最右一列三个小图对应于 $\Omega = 3.0$;中间一行的三个小图表明系统取什么样的总角动量值时基态中一个粒子的平均能量更低,因此在最下面一行的三个小图表明在什么样的 λ 值时系统的总角动量取值,最上面一行的三个小图是描绘 $\frac{\partial^2 E}{\partial \lambda^2}$ 值随 λ 变化的曲线,和下面两图相对应可清楚地看出系统发生总角动量取值变化时的量子相变点的 λ_c.

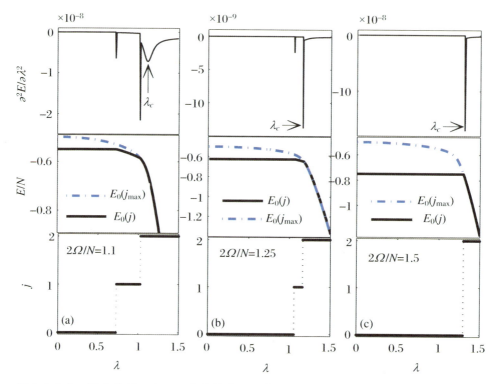

图 3.5.2.2 基态能量 E/N,二阶导数 $\partial^2 E/\partial\lambda^2$ 和总角动量 j 关于耦合强度 λ 的曲线: (a) $\Omega=2.2$,(b) $\Omega=2.5$,(c) $\Omega=3.0$.这里 $N=4$.注意点划线是总角动量 $j=j_{max}=N/2$ 的最低能量,它明显高于图中实线代表的真正的基态能量

附录 Dicke 模型的宇称破缺与 Wigner 函数

Ⅰ. Winger 函数的定义

$$W(\alpha) = \frac{2}{\pi} \sum_{n=0}^{\infty} (-1)^n D(\alpha) \mid n \rangle\langle n \mid D^*(\alpha) \tag{1}$$

这里

$$D(\alpha) = e^{(\alpha a^+ - \alpha^* a)}, \quad D^*(\alpha) = e^{(\alpha^* a - \alpha a^+)}, \quad D(\alpha)D^*(\alpha) = 1 \tag{2}$$

引入平移算符 $B^+ = a^+ - \alpha^*$，$B = a - \alpha$，这里引入的平移量 α 一般为复数，α^* 是它的复共轭. 因此 W 函数又可表示为

$$\dot{W}(\alpha) = \frac{2}{\pi} \sum_{n=0}^{\infty} (-1)^n |n\rangle_{-\alpha^*,-\alpha} \langle n| = \frac{2}{\pi} e^{i\pi B^+ B} \tag{3}$$

将 $W(\alpha)$ 乘 $\frac{\pi}{2}$，重新定义：

$$\hat{W}_\Pi(\alpha) \equiv \frac{\pi}{2} \dot{W}(\alpha) = e^{i\pi B^+ B} \tag{4}$$

式(3)中改记 $|m\rangle_B$ 为 $|m\rangle_{-\alpha}$，显然

$$\dot{W}_\Pi |m\rangle_B = \sum_{n=0}^{\infty} (-1)^n |n\rangle_{-\alpha^*,-\alpha} \langle n\|m\rangle_{-\alpha} = (-1)^m |m\rangle_B$$

从这里可以看出 Winger 函数本质上是复平移算符 B 的 Fock 空间的宇称算符.

Ⅱ. Dicke 模型定态的 Winger 函数

设波函数具有如下形式：

$$|\Psi_A\rangle = \sum_{k,m=0}^{N,N_{tr}} c_{k,m} |m\rangle_{\alpha_k} |k\rangle \tag{5}$$

这里

$$A_k = a + \alpha_k, \quad \alpha_k \equiv 2\lambda(N/2-k)/\sqrt{N} = G(N/2-k) \tag{6}$$

按前面单模情形定义 W 算符的办法定义相应的多模的 W 算符为

$$\dot{W}(\alpha) = \sum_{n=0}^{\infty} (-1)^n |n\rangle_{-\alpha^*,-\alpha} \langle n|$$

所以我们有

$$\begin{aligned}
W_\Pi(\alpha) &= \langle \Psi | \hat{W}_\Pi(\alpha) | \Psi \rangle \\
&= \sum_{k,r,s} c_{k,r} c_{k,s} \sum_n (-1)^n{}_{\alpha_k}\langle r|n\rangle_{-\alpha^*,-\alpha}\langle n|s\rangle_{\alpha_k} \\
&= \sum_{k,r,s} c_{k,r} c_{k,s} D_{rs}^{(k)}
\end{aligned} \tag{7}$$

其中

$$\begin{cases} D_{rs}^{(k)} = \sum_n (-1)^s D_{r,n}(\alpha_k, -\alpha^*) D_{n,s}(-\alpha, \alpha_k) \\ {}_\alpha\langle m|n\rangle_\beta = (-1)^n D_{mn}(\alpha,\beta) \end{cases} \tag{8}$$

$$\begin{cases} D_{mn}(\alpha,\beta) \equiv e^{-(|\alpha|^2+|\beta|^2-2\alpha^*\beta^*)/2} \sum_{i=0}^{\min[m,n]} \frac{(-1)^i \sqrt{m!n!}(\alpha-\beta^*)^{m-i}(\alpha^*-\beta)^{n-i}}{(m-i)(n-i)!i!} \\ D_{mn}(\alpha^*,\alpha) = \delta_{mn} \end{cases}$$

$$\tag{9}$$

Ⅲ. 讨论

(1) 定性分析 Wigner 函数

注意到(7)式中 $D_{rs}^{(k)} = \sum_n (-1)^s D_{r,n}(\alpha_k, -\alpha^*) D_{n,s}(-\alpha, \alpha_k)$,并由(9)式知道:当 $\alpha_k = -\alpha^*$ 时,$D_{r,n}(\alpha_k, -\alpha^*) = \delta_{r,n}$;$\alpha_k = -\alpha$ 时,$D_{n,s}(-\alpha, \alpha_k) = \delta_{n,s}$,即 $\alpha_k = -\alpha^*$ 或 $\alpha_k = -\alpha$,$D_{rs}^{(k)}$ 的绝对值最大.同时因为 $\alpha_k \equiv 2\lambda(N/2-k)/\sqrt{N}$ 为实数,因此就 Dicke 模型定态而言,它的 Wigner 函数的极值必然在 Re(α)轴上.

但并不是所有的 $\alpha_k \equiv 2\lambda(N/2-k)/\sqrt{N} = -\alpha^*$ 都能取得最大值.因为就一个确定的定态来说,波函数的系数 $c_{k,m}$ 大小的分布还与角动量指标 k 相关,所以 Wigner 函数 $W_\Pi(\alpha) = \sum_{k,r,s} c_{k,r} c_{k,s} D_{rs}^{(k)}$ 取极值的必要条件是 $\alpha_k = -\alpha^*$ 或 $\alpha_k = -\alpha$,充分条件是 $|c_{k,r}|$ 最大.

(2) 定量计算 Wigner 函数

对于 Dicke 模型基态波函数,随着耦合强度 λ 的增大,$|c_{k,r}|$ 的最大值分布开始在角动量 $j = 0$ 处,接近有限 N 的 $\lambda_c(N)$ 时,开始向 $j = \pm 1$ 转移,此时 $W_\Pi(\alpha)$ 峰一分为二,继续增大 λ,双峰间距增大,这时宇称尚未破缺.但继续增大 λ 会发现在 $\lambda_{c,\Pi}(N)$ 处,$W_\Pi(\alpha)$ 的双峰突然变为单峰,此处正是宇称破缺处.再增大 λ,单峰的极限位置在 $\alpha = N/2$ 或者在 $\alpha = -N/2$ 处.

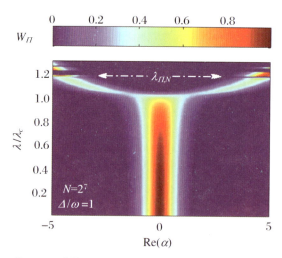

图 3.附.1 系统基态 Wigner 函数在相空间随耦合强度的变化

$\lambda_{\Pi,N}$ 为有限 N 下 Wigner 函数的对称破缺点

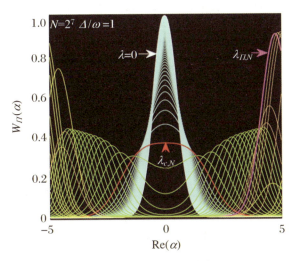

图 3.附.2　图 3.附.1 主视图

$\lambda_{c,N}$ 和 $\lambda_{\Pi,N}$ 分别为有限 N 下 Wigner 函数的分岔点和对称破缺点。随耦合强度的增大 Wigner 函数曲线依次为：$\lambda=0$，白色单峰对称曲线；$0<\lambda<\lambda_{c,N}$，蓝色单峰对称曲线；$\lambda=\lambda_{c,N}$，红色单峰对称曲线；$\lambda_{c,N}<\lambda<\lambda_{\Pi,N}$，绿色双峰对称曲线；$\lambda=\lambda_{\Pi,N}$，紫红色单峰非对称曲线；$\lambda>\lambda_{\Pi,N}$，黄色单峰非对称曲线

参 考 文 献

[1] Carollo A C M,Pachos J K. Phys. Rev. Lett. ,2005,95:157203.
[2] Zhu S L. ibid. ,2006,96:077206.
[3] Carollo A,Guridi I F,Santos M F,et al. Phys. Rev. Lett. ,2004,92:020402.
[4] Joshi A,Puri R R,Lawande S V. Phys. Rev. A,1991,44:2135.
[5] Zheng S B,Guo G C. Phys. Rev. Lett. ,2000,85:2392.
[6] Brennen G K,Deutsch I H,Jessen P S. Phys. Rev. A,2000,61:062309.
[7] Blais A,Huang R S,Wallraff A,et al. ibid. ,2004,69:062320.
[8] Brooke P G,Marzlin K P,Cresser J D,et al. ibid. ,2008,77:033844.
[9] Osterloh A,Amico L,Falci G,et al. Nature,2002,416:608.
[10] Greentree A D,Tahan C,Cole J H,et al. ibid. ,2006,2:856.

[11] Zagoskin A M,Ashhab S,Johansson J R,et al. Phys. Rev. Lett.,2006,97:077001.
[12] Amico L,et al. Nucl. Phys. B,2007,787:283.
[13] Peropadre B,Forn-Díaz P,Solano E,et al. Phys. Rev. Lett.,2010,105:023601.
[14] Vasilic B,Barbara P,Shitov S V,et al. Phys. Rev. B,2002,65:180503.
[15] Smith B J,Mahou P,Cohen O,et al. Opt. Exp.,2009,17:23589.
[16] Bourassa J,et al. Phys. Rev. A,2009,80:032109.
[17] Emary C,Brandes T. Phys. Rev. E,2003,67:066203.
[18] Emary C,Brandes T. Phys. Rev. Lett.,2003,90:044101.
[19] Chen Q H,Liu T,Zhang Y Y,et al. Europhys. Lett.,2011,96:14003.
[20] Angelakis D G,Santos M F,Bose S. Phys. Rev. A,2007,76:031805.
[21] Angelakis D G,Santos M F,Yannopapas V,et al. Phys. Lett. A,2007,362:377.
[22] Schneble D,et al. Science,2003,300:475.
[23] Tolkunov D,Solenov D. Phys. Rev. B,2007,75:024402.
[24] Devoret M,et al. Ann. Phys.,2007,16:767.
[25] Dimer F,Estienne B,Parkins A S,et al. Phys. Rev. A,2007,75:013804.
[26] Plastina F,Liberti G,Carollo A. Europhysiol. Lett.,2006,76:182.
[27] Fragner A,et al. Science,2008,322:1357.
[28] Chen G,Li J Q,Liang J Q. Phys. Rev. A,2006,74:054101.
[29] Chagas E A,Furuya K. Phys. Lett. A,2008,372:5564.
[30] Liberti G,Plastina F,Piperno F. Phys. Rev. A,2006,74:022324.
[31] Tian G S,Tang L H,Chen Q H. Europhys. Lett.,2000,50:361.
[32] Tian G S,Tang L H,Chen Q H. Phys. Rev. B,2001,63:054511.
[33] Kwok H M,Ning W Q,Gu S J,et al. Phys. Rev. E,2008,78:032103.
[34] Zhou H Q,Orus R,Vidal G. Phys. Rev. Lett.,2008,100:080601.
[35] Zhou H Q,Barjaktarevic J P. J. Phys. A:Math. Theor.,2008,41:412001.
[36] Zhou H Q,Zhao J H,Li B. e-print arXiv,2007,4:2940.
[37] Quan H T,Song Z,Liu X F,et al. Phys. Rev. Lett.,2006,96:140604.
[38] Hofheinz M,et al. Nature,2009,459:546.
[39] Lipkin J,Meshkov N,Glick A J. Nucl. Phys.,1965,62:188.
[40] Ma J,Xu L,Xiong H N,et al. Phys. Rev. E,2008,78:051126.
[41] Reslen J,Quiroga L,Johnson N F. Europhys. Lett.,2005,69:8.
[42] Schwinger J,Biedenharn L C,Vandam H. Quantum Theory of AngularMomentum. New York:Academic,1965.
[43] Vidal J,Dusuel S. Europhysiol. Lett.,2006,74:817.
[44] Sakurai J J. Modern Quantum Mechanics. Reading,MA:Addison-Wesley,1994.
[45] You J Q,Nori F. Phys. Today,2005,58:42.

[46] Hepp K, Lieb E. Ann. Phys., 1973, 76: 360.

[47] Hepp K, Lieb E. Phys. Rev. A, 1973, 8: 2517.

[48] Wang K L, Liu T, Feng M. Eur. Phys. J. B, 2006, 54: 283.

[49] Rzazewski K, Wódkiewicz K. Phys. Rev. A, 1976, 13: 1967.

[50] Rzazewski K, Wódkiewicz K. Phys. Rev. A, 1991, 43: 593.

[51] Rzazewski K, Wódkiewicz K. Phys. Rev. Lett., 2006, 96: 089301.

[52] Rzazewski K, Wódkiewicz K, Zakowicz W. Phys. Rev. Lett., 1975, 35: 432.

[53] Sun K W, Zhang Y Y, Chen Q H. Phys. Rev. B, 2009, 79: 104429.

[54] Campos Venuti L, Cozzini M, Buonsante P, et al. Phys. Rev. B, 2008, 78: 115410.

[55] Liu T, Wang K L, Feng M. Europhys. Lett., 2009, 86: 54003.

[56] Liu T, Zhang Y Y, Chen Q H, et al. Phys. Rev. A, 2009, 80: 023810.

[57] Liu Y X, et al. Phys. Rev. Lett., 2005, 95: 087001.

[58] Cozzini M, Ionicioiu R, Zanardi P. Phys. Rev. B, 2007, 76: 104420.

[59] Hartmann M J, et al. Nat. Phys., 2006, 2: 849.

[60] Chiorescu, et al. ibid., 2003, 299: 1869.

[61] Scheibner M, et al. Nat. Phys., 2007, 3: 106.

[62] Yang M F. Phys. Rev. B, 2007, 76: 180403.

[63] Lambert N, Emary C, Brandes T. Phys. Rev. A, 2005, 71: 053804.

[64] Lambert N, Emary C, Brandes T. Phys. Rev. Lett., 2004, 92: 073602.

[65] Barbara P, Cawthorne A B, Shitov S V, et al. Phys. Rev. Lett., 1999, 82: 1963.

[66] Zanardi P, Paunković. Phys. Rev. E, 2006, 74: 031123.

[67] Zanardi P, Giorda P, Cozzini M. Phys. Rev. Lett., 2007, 99: 100603.

[68] Chen Q H, Li L, Liu T, et al. e-print arXiv, 2010, 7: 1747.

[69] Qing-Hu Chen, Liu Tao, Zhang Yuyu, et al. Phys. Rev. A, 2010, 82: 053841.

[70] Rongsheng Han, Zijing Lin, Kelin Wang. Phys. Rev. B, 2002, 65: 174303.

[71] Chen S, Wang L, Hao Y J, et al. Phys. Rev. A, 2008, 77: 032111.

[72] Dusuel S, Vidal J. Phys. Rev. Lett., 2004, 93: 237204.

[73] Dusuel S, Vidal J. Phys. Rev. B, 2005, 71: 224420.

[74] Gu S J. e-print. arXiv, 2008, 11: 3127.

[75] Gu S J, Kwok H M, Ning W Q, et al. Phys. Rev. B, 2008, 77: 245109.

[76] Gu S J, Lin H Q, Li Y Q. ibid., 2003, 68: 042330.

[77] Sachdev S. Quantum Phase Transitions. Cambridge: Cambridge University Press, 2000.

[78] Zhu S J. Phys. Rev. Lett., 2006, 96: 077206.

[79] Osborne T J, Nielsen M A. Phys. Rev. A, 2002, 66: 032110.

[80] Al Saidi W A, Stroud D. Phys. Rev. B, 2002, 65: 224512.

[81] Ballesteros A,Civitarese O,Herranz F J,et al. ibid. ,2003,68:214519.
[82] Kobayashi K,Stroud D. e-print arXiv,2008,6:3550v1.
[83] You W L,Li Y W,Gu S J. Phys. Rev. E,2007,76:022101.
[84] Scheibner M,Yakes M,Bracker A S,et al. Nat. Phys. ,2008,4:291-295.
[85] Wang X,Mølmer K. Eur. Phys. J. D,2002,18:385.
[86] Zhang Yu Yu,Liu Tao,Chen Qing Hu,et al. Optics Communications,2010,283:3459.

第 4 章　有限分立模式的自旋-玻色模型

4.1　激光调控的阱中的粒子群

为了说明这一模型的意义,本节将介绍一个典型的重要例子,它是囚禁在阱中的粒子在适当的激光调控下表现出来的物理行为. 这种系统可以用自旋-玻色模型给出的规律来描绘,由此可以看出这种模型的实际应用价值.

4.1.1　如何在阱中实现自旋-玻色耦合

如图 4.1.1.1 在阱中囚禁一列离子,每一个离子都具有能量差为 ω_0 的两个超精细的能级. 这些离子集体振动的各种正常模式构成了哈氏量为 $H_\mathrm{B} = \sum_n \omega_n \left(a_n^+ a_n + \dfrac{1}{2} \right)$ 的声子库. 现在我们把注意力集中到其中一个被称为中心离子的身上,它的两个超精细能级分别记为 $|+1\rangle$ 和 $|-1\rangle$,它们是自旋算符 σ_z 的本征值为 $+1$ 和 -1 的本征态. 中心离子对它平衡位置的偏离位移 z 按各振动模式来展开可表为

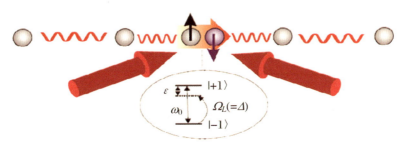

图 4.1.1.1　阱中自旋-玻色耦合的实现

$$z = \sum_n M_n \frac{1}{\sqrt{2m\omega_n}}(a_n + a_n^+) \quad (4.1.1)$$

M_n 为不同振动模式的相对振幅,m 为离子的质量.

在中心离子上加上两支激光,其中的第一支与离子的内部态耦合,它的频率为 ω_L,它的 Rabi 频率为 Ω_L.它们形成中心离子的能量偏离 $\varepsilon = \omega_0 - \omega_L$ 和隧穿振幅 $\Delta = \Omega_L$.而第二支激光,是一支波矢为 k,相位为 Φ 的非共振驻波,它为离子产生一个与内部状态相关的偶极势 $V(z) = V_0 \cos^2(kz + \Phi)\sigma_z$.在 Lamb-Dicke 域内 ($kz \ll 1$),作近似得

$$H_s = V_0[\cos^2\Phi - kz\sin 2\Phi - (kz)^2\cos 2\Phi]\sigma_z \quad (4.1.2)$$

如取 $\Phi = \frac{\pi}{4}$,则 $H_s = V_0\left[\frac{1}{2} - kz\right]\sigma_z$.

将 H_B 和 H_s 合起来,并考虑到第一支激光贡献一个 $\Omega_L \frac{\sigma_z}{2}$ 的能量项及隧穿项,就得到这一系统的哈氏量 H 为

$$\begin{aligned} H &= H_B + H_s - \Omega_L \frac{\sigma_z}{2} \\ &= \frac{\varepsilon}{2}\sigma_z + \frac{\Delta}{2}\sigma_x + \sum_n \omega_n(a_n^+ a_n + \frac{1}{2}) + \frac{\sigma_z}{2}\sum_n(\lambda_n a_n^+ + \lambda_n^* a_n) \end{aligned} \quad (4.1.3)$$

其中

$$\begin{cases} \varepsilon = \omega_0 - \omega_L + V_0 \\ \lambda_n = -2kV_0 M_n \frac{1}{\sqrt{2m\omega_n}} \end{cases}$$

在得到(4.1.3)式时利用了(4.1.1)式和(4.1.2)式.

于是我们看到囚禁一列离子在阱中,它们形成一个一维的库仑晶体.当我们用两支激光对其中一个粒子作用时,就形成了由(4.1.3)式哈氏量描绘的分立、有限的自旋-玻色模型.

4.1.2 模型具有复苏现象

有限分立自旋-玻色模型和连续模的自旋-玻色模型不只有模式是分立的还是连续变化的这一个差异,它还有一个主要的不同点是前者代表的耗散机制声子库的自由度数是有限的,而后者的声子库自由度数是无限的.那么这两者的物理规律会有什么显著不同的表现呢?

假定系统在初始时刻处在 $|+1\rangle$ 的状态,这也是许多工作在讨论自旋的耗散时常采用的初始态.D. Porras 等人计算了在这样的初始态情形下系统按(4.1.3)式

哈氏量的演化和 $t>0$ 后系统的 $\langle\sigma_z\rangle(t)$，即 t 时刻系统的自旋在 z 方向上的投影的期待值。由于本章的后面还要讨论如何去求解这个模型，因此在这里不去描述他们作近似计算的具体过程，而只将在取一定的参数情形下计算出的 $\langle\sigma_z(\Phi)\rangle(t)$ 的示意图列出。

在图 4.1.2.1 中从 $0-t_1$ 这个时段来看，系统的 $\langle\sigma_z\rangle$ 值当然应从 1 出发，因系统初始时居于 $|+1\rangle$ 态，随着时间的推移 $|-1\rangle$ 态占的比例加大，达到负值最大后又回头，以后上下振荡的振幅逐步减少，到达 $\langle\sigma_z\rangle=0$。这段 $\langle\sigma_z\rangle$ 的变化行为和连续模的自旋-玻色系统的结果相似。从图中的第二时段中可以看到，出现了一些时间区段是系统保持 $\langle\sigma_z\rangle=0$ 的状态，它和连续模的情形也是一致的。但在这个时段之后两个模型的表现就不同了，因为连续模的系统从 t_1 开始后始终保持 $\langle\sigma_z\rangle=0$，而有限分立模却会出现 $\langle\sigma_z\rangle$ 重新随时间振荡的行为，只是和开始的那一段比较振幅小一些而已。这就是有限分立模型的振荡复苏现象，它也是有限模与连续模的一个特征性的差异，其根源可以从有限模"热库"的有限自由度去考虑。因为它不像连续模由于具有无限自由度而使耗散只能是单向的进行那样，在有限模的情形下由于自由度的有限能量就会在一个特定的时段内出现一段"反向的耗散"。当然从长时间看仍可以说耗散还是总体单方向的，这个显著的振荡复苏特点在后面的理论计算中自然应当得到特别的关注，并可把它作为计算正确与否的一个判据。

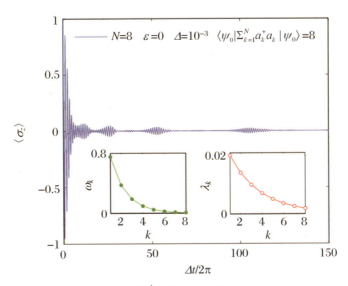

图 4.1.2.1　有限分离模的复苏现象，初态在 $|+\rangle$ 态

4.2 有限分立模 S-B 模型的宇称与求解

这种系统的哈氏量为

$$H = -\frac{\Delta}{2}(|\uparrow\rangle\langle\downarrow| + |\downarrow\rangle\langle\uparrow|) + \sum_i^M \omega_i a_i^+ a_i$$
$$+ \sum_i^M \lambda_i (a_i + a_i^+)(|\uparrow\rangle\langle\uparrow| - |\downarrow\rangle\langle\downarrow|) \tag{4.2.1}$$

为了讨论系统的宇称对称性和态矢的性质,这里也将原始的 $|\uparrow\rangle$, $|\downarrow\rangle$ 的自旋向上态及自旋向下态变换到新态 $|e\rangle$, $|g\rangle$ 中,这个变换是绕 $\frac{\sigma_y}{2}$ 作 $\frac{\pi}{2}$ 的旋转,其结果是

$$\sigma_x \to \sigma_z, \qquad \sigma_z \to -\sigma_x \tag{4.2.2}$$

$$\begin{cases} |e\rangle = \frac{1}{\sqrt{2}}(|\downarrow\rangle + |\uparrow\rangle) \\ |g\rangle = \frac{1}{\sqrt{2}}(-|\uparrow\rangle + |\downarrow\rangle) \end{cases} \tag{4.2.3}$$

及

$$\begin{cases} |\uparrow\rangle = \frac{1}{\sqrt{2}}(-|g\rangle + |e\rangle) \\ |\downarrow\rangle = \frac{1}{\sqrt{2}}(|g\rangle + |e\rangle) \end{cases} \tag{4.2.4}$$

变换后系统的哈氏量为

$$H = \frac{\Delta}{2}(|e\rangle\langle e| - |g\rangle\langle g|) + \sum_i \omega_i a_i^+ a_i$$
$$+ \sum_i \lambda_i (|e\rangle\langle g| + |g\rangle\langle e|)(a_i + a_i^+) \tag{4.2.5}$$

4.2.1 宇称及宇称守恒

在 $|e\rangle$, $|g\rangle$ 空间里定义算符 $\hat{N}$:

$$\hat{N} = \sum_i a_i^+ a_i + \frac{1}{2}(-|e\rangle\langle e| + |g\rangle\langle g|) + \frac{1}{2} \tag{4.2.6}$$

及宇称算符
$$\hat{\Pi} = e^{i\pi\hat{N}} \tag{4.2.7}$$

从系统的哈氏量可以看出多模之间是相互独立的.因此可以用在 J-C 模型中用过的类似办法证明由(4.1.6)式、(4.1.17)式定义的宇称算符与(4.1.5)式的哈氏量是对易的

$$[\hat{H}, \hat{\Pi}] = 0 \tag{4.2.8}$$

同样可知它的本征值为 ±1,对应于系统的正、负宇称态.

如记
$$\hat{n}_i = a_i^+ a_i$$

为 i 模的数算符并定义总玻色子数算符:
$$\hat{n} = \sum_i \hat{n}_i = \sum_i a_i^+ a_i \tag{4.2.9}$$

记解取如下的形式:
$$|\rangle = |e\rangle|\Phi_e\rangle + |g\rangle|\Phi_g\rangle \tag{4.2.10}$$

则对应于 $\Pi = -1$ 的解应有

$$\begin{cases} |\Phi_e\rangle & \text{只含奇数的玻色子粒子数态} \\ |\Phi_g\rangle & \text{只含偶数的玻色子粒子数态} \end{cases}$$

对应于 $\Pi = +1$ 的解应有

$$\begin{cases} |\Phi_e\rangle & \text{只含偶数的玻色子粒子数态} \\ |\Phi_g\rangle & \text{只含奇数的玻色子粒子数态} \end{cases}$$

从 $\{|\uparrow\rangle, |\downarrow\rangle\}$ 的表象的哈氏量(4.2.1)式看出,如同在 J-C 模型中那样引入

$$\begin{cases} A_i = a_i + \dfrac{\lambda_i}{\omega_i}, \quad A_i^+ = a_i^+ + \dfrac{\lambda_i}{\omega_i} \\ B_i = a_i - \dfrac{\lambda_i}{\omega_i}, \quad B_i^+ = a_i^+ - \dfrac{\lambda_i}{\omega_i} \end{cases} \tag{4.2.11}$$

记 $\dfrac{\lambda_i}{\omega_i} \equiv \alpha_i$,以及

$$\begin{cases} |0\rangle_A = \exp\left[-\sum_i \alpha_i a_i^+ - \dfrac{1}{2}\sum_i \alpha_i^2\right] |0\rangle \\ |0\rangle_B = \exp\left[\sum_i \alpha_i a_i^+ - \dfrac{1}{2}\sum_i \alpha_i^2\right] |0\rangle \end{cases} \tag{4.2.12}$$

$$\begin{cases} |\{n_k\}\rangle_A = \prod_k \dfrac{1}{\sqrt{n_k!}} (A_k^+)^{n_k} |0\rangle_A \\ |\{n_k\}\rangle_B = \prod_k \dfrac{1}{\sqrt{n_k!}} (B_k^+)^{n_k} |0\rangle_B \end{cases} \tag{4.2.13}$$

类似于 J-C 模型的做法可将(4.1.1)式改写成

$$H = -\frac{\Delta}{2}(|\uparrow\rangle\langle\downarrow| + |\downarrow\rangle\langle\uparrow|) + \sum_i \omega_i(A_i^+ A_i - \alpha_i^2)|\uparrow\rangle\langle\uparrow|$$
$$+ \sum_i \omega_i(B_i^+ B_i - \alpha_i^2)|\downarrow\rangle\langle\downarrow| \tag{4.2.14}$$

因此自然设解的形式为

$$|\rangle = |\uparrow\rangle \sum_{\{n_k\}} c_{n_1\cdots n_N} \prod_k |n_k\rangle_{A_k} + |\downarrow\rangle \sum_{\{n_k\}} d_{n_1\cdots n_N} \prod_k |n_k\rangle_{B_k} \tag{4.2.15}$$

如在 J-C 模型中讨论过的那样,我们也要问当要求解是能量和宇称的共同本征态时,其中的 $c_{n_1\cdots n_N}$ 与 $d_{n_1\cdots n_N}$ 有何关系?

为此先从 $N=2,3$ 的具体例子开始讨论.

(1) $N=2$,以 $\Pi=-1$ 为例

从前面的讨论知对于 $\Pi=-1$ 的态在 $|e\rangle,|g\rangle$ 表象中态矢 $|\Phi_e\rangle$ 应只含有奇数的总玻色子数粒子数态,而 $|\Phi_g\rangle$ 应只含偶数的总玻色子数粒子数态.

为了达到上述要求,我们仍在 $|\uparrow\rangle,|\downarrow\rangle$ 的表象中讨论.在 $N=2$ 的情形下定态解(4.2.15)式成为

$$|\rangle = |\uparrow\rangle \sum_{n_1 n_2} c_{n_1 n_2} |n_1\rangle_{A_1} |n_2\rangle_{A_2} + |\downarrow\rangle \sum_{n_1 n_2} d_{n_1 n_2} |n_1\rangle_{B_1} |n_2\rangle_{B_2} \tag{4.2.16}$$

现在我们要问系数集 $\{c_{n_1 n_2}\}$ 和系数集 $\{d_{n_1 n_2}\}$ 间有什么样的关系时该定态解就会同时是 $\Pi=-1$ 宇称算符的本征态矢?换句话说,当这一态矢变换到 $|e\rangle,|g\rangle$ 的表象中时其中的 $|\Phi_e\rangle$ 就会只含奇数的总玻色子粒子数态和 $|\Phi_g\rangle$ 就只含偶数的总玻色子粒子数态.

类比于 J-C 模型中单模玻色子的系数集 $\{c_n\}$ 和 $\{d_n\}$ 间存在的关系,自然可想到这时应该有这样的关系:

$$d_{n_1 n_2} = -(-1)^{n_1+n_2} c_{n_1 n_2} \tag{4.2.17}$$

根据上述设想的系数集间的关系,于是 $\Pi=-1$ 的宇称及能量的共同本征态可表示为

$$|-\rangle = |\uparrow\rangle \sum_{n_1 n_2} c_{n_1 n_2} |n_1\rangle_{A_1} |n_2\rangle_{A_2}$$
$$+ |\downarrow\rangle \sum_{n_1 n_2} (-1)^{n_1+n_2} c_{n_1 n_2} |n_1\rangle_{B_1} |n_2\rangle_{B_2} \tag{4.2.18}$$

下面我们来证明(4.2.17)式设想的系数集间关系和态矢的表示式(4.2.18)的正确性.应用表象变换公式:

$$|\uparrow\rangle = \frac{1}{\sqrt{2}}(-|g\rangle + |e\rangle)$$

$$|\downarrow\rangle = \frac{1}{\sqrt{2}}(|g\rangle + |e\rangle)$$

代入(4.2.18)式中得

$$\begin{aligned}|-\rangle &= \frac{1}{\sqrt{2}}|g\rangle \sum_{n_1 n_2} c_{n_1 n_2}[-|n_1\rangle_{A_1}|n_2\rangle_{A_2} - (-1)^{n_1+n_2}|n_1\rangle_{B_1}|n_2\rangle_{B_2}] \\
&\quad + \frac{1}{\sqrt{2}}|e\rangle \sum_{n_1 n_2} c_{n_1 n_2}[-(-1)^{n_1+n_2}|n_1\rangle_{B_1}|n_2\rangle_{B_2} - |n_1\rangle_{A_1}|n_2\rangle_{A_2}] \\
&= -\frac{1}{\sqrt{2}}|g\rangle \frac{1}{2}\sum_{n_1 n_2} c_{n_1 n_2}[(|n_1\rangle_{A_1} + (-1)^{n_1}|n_1\rangle_{B_1})(|n_2\rangle_{A_2} + (-1)^{n_2}|n_2\rangle_{B_2}) \\
&\quad + (|n_1\rangle_{A_1} - (-1)^{n_1}|n_1\rangle_{B_1})(|n_2\rangle_{A_2} - (-1)^{n_2}|n_2\rangle_{B_2})] \\
&\quad - \frac{1}{\sqrt{2}}|e\rangle \frac{1}{2}\sum_{n_1 n_2} c_{n_1 n_2}[(|n_1\rangle_{A_1} + (-1)^{n_1}|n_1\rangle_{B_1})(|n_2\rangle_{A_2} + (-1)^{n_2}|n_2\rangle_{B_2}) \\
&\quad + (|n_1\rangle_{A_1} - (-1)^{n_1}|n_1\rangle_{B_1})(|n_2\rangle_{A_2} - (-1)^{n_2}|n_2\rangle_{B_2})]\end{aligned}$$

上式即(4.2.18)式的右边,可见,与粒子态矢$|g\rangle$对应的$|\Phi_g\rangle$由两项构成.第一项中含第一模的偶数玻色子数态和第二模的偶数玻色子数态,第二项中含第一模的奇数玻色子态和第二模的奇数玻色子态,不论是第一项还是第二项中含的包括第一模和第二模的总玻色子数态都是偶数的总玻色子数态.类似地可知与粒子态$|e\rangle$对应的总玻色子数态是奇数的粒子数态.这样我们就证明了(4.2.17)式给出的系数集间的关系是正确的.

按照上述的考虑,可以类似证明$\Pi = +1$的宇称及能量共同本征态的系数集间的关系为

$$d_{n_1 n_2} = -(-1)^{n_1+n_2} c_{n_1 n_2} \tag{4.2.19}$$

(2) $N=3, \Pi=-1$

在$N=3$的情形下,(4.2.15)式成为

$$\begin{aligned}|\rangle &= |\uparrow\rangle \sum_{n_1 n_2 n_3} c_{n_1 n_2 n_3}|n_1\rangle_{A_1}|n_2\rangle_{A_2}|n_3\rangle_{A_3} \\
&\quad + |\downarrow\rangle \sum_{n_1 n_2 n_3} d_{n_1 n_2 n_3}|n_1\rangle_{B_1}|n_2\rangle_{B_2}|n_3\rangle_{B_3}\end{aligned} \tag{4.2.20}$$

仿照$N=2$的讨论,对于$\Pi=-1$的宇称及能量的共同本征态有

$$d_{n_1 n_2 n_3} = -(-1)^{n_1+n_2+n_3} c_{n_1 n_2 n_3} \tag{4.2.21}$$

和

$$|-\rangle = |\uparrow\rangle \sum_{n_1 n_2 n_3} c_{n_1 n_2 n_3} |n_1\rangle_{A_1} |n_2\rangle_{A_2} |n_3\rangle_{A_3}$$

$$- |\downarrow\rangle \sum_{n_1 n_2 n_3} (-1)^{n_1+n_2+n_3} c_{n_1 n_2 n_3} |n_1\rangle_{B_1} |n_2\rangle_{B_2} |n_3\rangle_{B_3}$$

$$= -\frac{1}{\sqrt{2}} |g\rangle \frac{1}{4} \sum_{n_1 n_2 n_3} \big[(|n_1\rangle_{A_1} + (-1)^{n_1} |n_1\rangle_{B_1})(|n_1\rangle_{A_2} + (-1)^{n_2} |n_2\rangle_{B_2})$$

$$\cdot (|n_3\rangle_{A_3} + (-1)^{n_3} |n_3\rangle_{B_3}) + (|n_1\rangle_{A_1} + (-1)^{n_1} |n_1\rangle_{B_1})$$

$$\cdot (n_2\rangle_{A_2} - (-1)^{n_2} |n_2\rangle_{B_2})(|n_3\rangle_{A_3} - (-1)^{n_3} |n_3\rangle_{B_3})$$

$$+ (|n_1\rangle_{A_1} - (-1)^{n_1} |n_1\rangle_{B_1})(|n_2\rangle_{A_2} + (-1)^{n_2} |n_2\rangle_{B_2})$$

$$\cdot (|n_3\rangle_{A_3} - (-1)^{n_3} |n_3\rangle_{B_3}) + (|n_1\rangle_{A_1} - (-1)^{n_1} |n_1\rangle_{B_1})$$

$$\cdot (|n_2\rangle_{A_2} - (-1)^{n_2} |n_2\rangle_{B_2})(|n_3\rangle_{A_3} + (-1)^{n_3} |n_3\rangle_{B_3})\big]$$

$$-\frac{1}{\sqrt{2}} |e\rangle \frac{1}{4} \sum_{n_1 n_2 n_3} \big[(|n_1\rangle_{A_1} - (-1)^{n_1} |n_1\rangle_{B_1})(|n_2\rangle_{A_2} - (-1)^{n_2} |n_2\rangle_{B_2})$$

$$\cdot (|n_3\rangle_{A_3} - (-1)^{n_3} |n_3\rangle_{B_3}) + (|n_1\rangle_{A_1} + (-1)^{n_1} |n_1\rangle_{B_1})(|n_2\rangle_{A_2}$$

$$+ (-1)^{n_2} |n_2\rangle_{B_2})(|n_3\rangle_{A_3} - (-1)^{n_3} |n_3\rangle_{B_3})$$

$$+ (|n_1\rangle_{A_1} + (-1)^{n_1} |n_1\rangle_{B_1})(|n_2\rangle_{A_2} - (-1)^{n_2} |n_2\rangle_{B_2})$$

$$\cdot (|n_3\rangle_{A_3} + (-1)^{n_3} |n_3\rangle_{B_3}) + (|n_1\rangle_{A_1} - (-1)^{n_1} |n_1\rangle_{B_1})(|n_2\rangle_{A_2}$$

$$+ (-1)^{n_2} |n_2\rangle_{B_2})(|n_3\rangle_{A_3} + (-1)^{n_3} |n_3\rangle_{B_3})\big] \tag{4.2.22}$$

这里不再写出相应的 $|+\rangle$ 的表示式. (4.2.21)式的正确性也可从(4.2.22)式右方对应于 $|g\rangle$ 的玻色子态矢含偶数的总玻色子粒子数态及对应于 $|e\rangle$ 的玻色子态矢含奇数的总玻色子粒子数态得到证明.

由 $N=2,3$ 的讨论很容易推广到任意 N 的情形：

$$d_{n_1 \cdots n_N} = \pm (-1)^{n_1+\cdots+n_N} c_{n_1 \cdots n_N} \tag{4.2.23}$$

4.2.2 求解

上一小节中的讨论内容大体如下，从模型的哈氏量(4.2.1)式看出它和作了表象变化后的J-C模型的哈氏量相似，不同的仅是单模与多模的区别.因此仿照J-C模型中的做法，作玻色场的算符变换，引入 $\{A_i\}$, $\{B_i\}$ 两组新的算符.将(4.2.1)式改写成(4.2.14)式的形式.根据在J-C模型中对解的形式选取的考虑，在现在的模型中取解为(4.2.15)式的形式.现在将(4.2.14)式及(4.2.15)式代入定态方程得

$$\sum_{\{n_k\}}\sum_{k=1}^{M}\omega_k(n_k-\alpha_k^2)c_{n_1\cdots n_N}\prod_k|n_k\rangle_{A_k}|\uparrow\rangle$$

$$+\sum_{\{n_k\}}\sum_{k=1}^{M}\omega_k(n_k-\alpha_k^2)d_{n_1\cdots n_N}\prod_k|n_k\rangle_{B_k}|\downarrow\rangle$$

$$-\frac{\Delta}{2}\sum_{\{n_k\}}c_{n_1\cdots n_N}\prod_k|n_k\rangle_{A_k}|\downarrow\rangle-\frac{\Delta}{2}\sum_{\{n_k\}}d_{n_1\cdots n_N}\prod_k|n_k\rangle_{B_k}|\uparrow\rangle$$

$$=E(\sum_{\{n_k\}}c_{n_1\cdots n_N}\prod_k|n_k\rangle_{A_k}|\uparrow\rangle+\sum_{\{n_k\}}d_{n_1\cdots n_N}\prod_k|n_k\rangle_{B_k}|\downarrow\rangle)$$

(4.2.24)

分别左乘$|\uparrow\rangle$和$|\downarrow\rangle$得

$$\sum_{\{n_k\}}\sum_{k=1}^{M}\omega_k(n_k-\alpha_k^2)c_{n_1\cdots n_N}\prod_k|n_k\rangle_{A_k}-\frac{\Delta}{2}\sum_{\{n_k\}}d_{n_1\cdots n_N}\prod_k|n_k\rangle_{B_k}$$

$$=E\sum_{\{n_k\}}c_{n_1\cdots n_N}\prod_k|n_k\rangle_{A_k}$$

(4.2.25)

$$\sum_{\{n_k\}}\sum_{k=1}^{M}\omega_k(n_k-\alpha_k^2)d_{n_1\cdots n_N}\prod_k|n_k\rangle_{B_k}-\frac{\Delta}{2}\sum_{\{n_k\}}c_{n_1\cdots n_N}\prod_k|n_k\rangle_{A_k}$$

$$=E\sum_{\{n_k\}}d_{n_1\cdots n_N}\prod_k|n_k\rangle_{B_k}$$

(4.2.26)

(4.2.25)式左乘$\prod_{\{m_k\}}{}_{A_k}\langle m_k|$以及(4.2.26)式左乘$\prod_{\{m_k\}}{}_{B_k}\langle m_k|$,利用$\{|n_k\rangle_{A_k}\}$间的正交归一关系以及在(2.3.27)式中已有的$\{|n_k\rangle_{A_k}\}$及$\{|n_k\rangle_{B_k}\}$间的关系

$$D_{mn}(2\alpha_k)\equiv(-1)^{n_k}\langle m_k|n_k\rangle_{B_k}$$
$$\equiv(-1)^{m_k}\langle m_k|n_k\rangle_{A_k}$$

其中

$$D_{mn}(x)=\mathrm{e}^{-\frac{x^2}{2}}\sum_{i=0}^{\min[m,n]}\frac{(-1)^i\sqrt{m!n!}x^{m+n-2i}}{(m-i)!(n-i)!i!}$$

可得

$$\sum_{k=1}^{M}\omega_k(m_k-\alpha_k^2)c_{m_1\cdots m_N}-\frac{\Delta}{2}\sum_{\{n_k\}}d_{n_1\cdots n_N}\prod_k(-1)^{n_k}D_{m_k,n_k}(2\alpha_k)$$

$$=Ec_{m_1\cdots m_N}$$

(4.2.27)

$$\sum_{k=1}^{M} \omega_k (m_k - \alpha_k^2) d_{m_1 \cdots m_N} - \frac{\Delta}{2} \sum_{\langle n_k \rangle} c_{n_1 \cdots n_N} \prod_k (-1)^{m_k} D_{m_k, n_k}(2\alpha_k)$$
$$= E d_{m_1 \cdots m_N} \tag{4.2.28}$$

至此,可以利用(4.2.27)和(4.2.28)两式联立解出 $c_{m_1 \cdots m_N}$, $d_{m_1 \cdots m_N}$ 和 E,不过从前一小节的讨论知道,在求宇称和能量本征态时还应当考虑 c,d 间的关系式(4.2.23),利用这一关系可以将求解化为只求 c 或 d. 以求 c 为例,对于 $\Pi = +1$ 那支的方程如下:

$$\sum_{k=1}^{M} \omega_k (m_k - \alpha_k^2) c^{(+)}_{m_1 \cdots m_N} - \frac{\Delta}{2} \sum_{\langle n_k \rangle} c^{(+)}_{n_1 \cdots n_N} \prod_k D_{m_k, n_k}(2\alpha_k)$$
$$= E c^{(+)}_{m_1 \cdots m_N} \tag{4.2.29}$$

对于 $\Pi = -1$ 那支的方程如下:

$$\sum_{k=1}^{M} \omega_k (m_k - \alpha_k^2) c^{(-)}_{m_1 \cdots m_N} + \frac{\Delta}{2} \sum_{\langle n_k \rangle} c^{(-)}_{n_1 \cdots n_N} \prod_k D_{m_k, n_k}(2\alpha_k)$$
$$= E c^{(-)}_{m_1 \cdots m_N} \tag{4.2.30}$$

4.3 宇称对称性是否会破缺——兼论几种模型的对称破缺

上一小节中在得到宇称与能量共同本征态解的系数间的关系式(4.1.28)以后,也许会产生这样的疑问,如果我们始终按照(4.1.28)式系数间的关系去求解,则因这样的解一定是宇称取确定的正、负本征态,那么会不会像 Dicke 模型那样漏掉了重要的对称破缺解呢? 答案是 Spin-Boson(S-B)模型和 Dicke 模型不一样,按照理论的分析在 S-B 模型中没有对称破缺的情形发生. 关于这一点还可以讨论得稍微广泛一点,即将 J-C 模型也包括在内来讨论,有限多模的 S-B 模型及 J-C 模型没有宇称的破缺,而 Dicke 模型有宇称的破缺. 这样结论的得来可以分析如下.

量子力学理论告诉我们,对于一个物理系统要完全确定它的一个状态需要有一个完全的量子数集合. 例如,看一个有两个角动量的系统,这个系统可以用

$\{J_1, J_{1z}; J_2, J_{2z}\}$ 的非耦合表象来确定系统的态. 其中 J_1, J_2 是两个确定的角动量大小,J_{1z}, J_{2z} 是这两个角动量在 z 方向上的投影. 另一方面,也可用耦合表象的完全量子数结合 $\{J(J_1, J_2), J_z\}$ 来确定系统的态,其中 J 是由 J_1, J_2 合成的总角动量,J 可取 $|J_1 - J_2|, |J_1 - J_2| + 1, \cdots, J_1 + J_2$,而每个合成总角动量又有 $2j + 1$ 个在 z 方向的投影,由这两个完全量子数的集合确定这个系统的态在物理上是等价的,因为它们的自由度数都是 $(2J_1 + 1)(2J_2 + 1)$.

现在我们从上述的一个系统用完全量子数集合来确定态的分析方法来看 Dicke 模型和 S-B 模型在宇称的对称性破缺这个问题上有何不同.

首先看 S-B 模型,如它具有 M 个玻色子模,在具体求解时,对每一玻色模都取玻色子的确定粒子数的空间 $0, 1, 2, \cdots, N_P$ 展开,因此玻色子部分量子数的自由度数为 N_P^M(取确定的 N_P 截断来讨论并不失普遍性,因为按需要 N_P 可取任意的整数). 粒子部分以其自旋的 z 方向投影作为量子数,它的自由度是 2,因此总自由度数是 $2N_P^M$. 如果我们不用粒子的自旋投影而用宇称来构成完全量子数集合也是可以的,因为这时总自由度仍然是 $2N_P^M$. 这就是说用能量和宇称的共同本征态来定系统的能谱,则这个能谱就是完全的. 这时两支宇称一定的能谱的最低态中更低的一个能态就是 S-B 模型系统的基态,且它具有确定的宇称值. 换句话说系统的宇称对称性不会被破缺.

反观 Dicke 模型,它是单模玻色场的情形,这一部分的自由度是 N_P. 粒子系的自旋在 z 方向上的投影为 $(2J + 1)$,因此总的自由度是 $(2J + 1)N_P$. 如果我们去求宇称和能量的共同本征态,其玻色场部分的自由度仍为 N_P,再加上宇称的两个自由度,这就相当于用 $2N_P$ 个自由度的量子数集合去确定系统的能态. 显然 $2N_P$ 小于完全量子数集合的自由度 $(2J + 1)N_P$. 因此一般来讲这样求出的能谱是不完全的,或者说得更确切一点,该系统的能量本征态一般不能由求出的宇称及能量的共同本征集完全覆盖. 特别是在上述两支宇称确定的能态中的最低能态能量值之下,系统完全可能有更低的而不是宇称本征态的能量本征态. 当系统在某些参数范围内出现这种情况时,系统的基态就不再是宇称确定的状态,这时系统的宇称对称就产生了破缺,在 $N \to \infty$ 时就是量子相变的发生.

参 考 文 献

[1] Bray A J,Moore M A. Phys. Rev. Lett.,1982,49:1545.
[2] Leggett A J,et al. Rev. Mod. Phys.,1987,59:1.
[3] Peres A. Am. J. Phys.,1980,48:931.
[4] Dubin D H E,O'Neil T M. Rev. Mod. Phys.,1999,71:87.
[5] Leibfried D,et al. Rev. Mod. Phys.,2003,75:281.
[6] Meekhof D M,Monroe C,King B E,et al. Phys. Rev. Lett.,1996,76:1796.
[7] Porras D,Cirac J I. Phys. Rev. Lett.,2004,92:207901.
[8] Porras D,Cirac J I. Phys. Rev. Lett.,2004,93:263602.
[9] Porras D,Marquardt F,von Delft J,et al. Phys. Rev. A,2008,78:010101(R).
[10] Porras D,Cirac J I,Kilina S,et al. Phys. Rev. Lett.,2006,96:250501.
[11] Morigi G,Fishman S. J. Phys. B,2006,39:S221.
[12] Dekker H. Phys. Rev. A,1987,35:1436.
[13] Barjaktarevic J P,Milburn G J,McKenzie R H. Phys. Rev. A,2005,71:012335.
[14] Pentillä J S,Parks U,Hakonen P J,et al. Phys. Rev. Lett.,1999,82:1004.
[15] Wilkie J. Phys. Rev. E,2003,68:027701.
[16] Bulla R,Tong N H,Vojta M. Phys. Rev. Lett.,2003,91:170601.
[17] Egger R,Mak C H. Phys. Rev. B,1994,50:15210.
[18] Hayashi T,Fujisawa T,Cheong H D,et al. Phys. Rev. Lett.,2003,91:226804.
[19] Weiss U. Quantum Dissipative Systems. Singapore:World Scientific,1999.
[20] Thimm W B,Kroha J,von Delft J. Phys. Rev. Lett.,1999,82:2143.
[21] Itano W M,et al. Science,1998,279:686.
[22] Mitchell T B,et al. ibid.,1998,282:1290.
[23] Makhlin Y,Shnirman A. Phys. Rev. Lett.,2004,92:178301.
[24] Nakamura Y,Pashkin Y A,Yamamoto T,et al. Phys. Rev. Lett.,2002,88:047901.
[25] Zhang Y Y,Chen Q H,Wang K L. Phys. Rev. B,2010,81:121105.

第 5 章 Holstein 模型

5.1 Holstein 模型的复杂性

电子或空穴到了晶体介质中以后,和周围格点的分子作用使晶格产生畸变,同时格点处分子内部的集体振动形成所谓的定域声子系.这时电子或空穴与晶格的相互作用可以用电子或空穴与定域声子的作用来描绘,作用的结果是等效于对电子或空穴形成一个势阱,使电子或空穴在晶格中不像 Bloch 波那样弥散在全晶格的空间中,而形成一个概率振幅集中在少数几个格点上的分布,叫作自陷态.电子或空穴与定域声子的耦合系统叫极化子.近年来人们对这种被称为极化子的耦合系统产生了浓厚的兴趣,例如巨磁阻问题、高温超导问题、高聚物材料和生命科学中的 DNA 问题都和它有密切的关系.

描述晶体中定域声子和晶格中电子或空穴作用的理论模型叫作 Holstein 模型.在该模型提出初期考虑的是弱的电-声作用,解它时用的是 Migdal 近似.这种近似将声子与电子(空穴)作用的效应代之以重整后的有效质量,但是对于较强的耦合而形成的极化子,Migdal 近似就失效了.特别是上面提到的巨磁、高温超导等几个目前的热点问题都不属于弱耦合的范围,因此人们必须寻求新的理论方法来解这一模型.以后的 Lang-Firsov 变换方法在几个方面改进了 Migdal 方法,但在定量计算上仍不理想,因此后来有人又提出了改善的 Lang-Firsov 方法,被称为 MLF 方法,并得到了一些较好的结果.总之,对于 Holstein 模型大家比较信赖的还是纯数值的计算方法.

综上所述,人们不禁要问对于 Holstein 模型,理论上处理起来为什么会如此困难而仍吸引了不少的研究工作试图去改善这一问题的处理? 为了回答这一问题,先把 Holstein 模型的哈氏量写出

$$H = \omega \sum_i a_i^+ a_i - t \sum_i (c_i^+ c_{i+1} + c_{i+1}^+ c_i) + g \sum_i c_i^+ c_i (a_i + a_i^+) \quad (5.1.1)$$

其中 $c_i(c_i^+)$ 是第 i 个格点上电子的湮灭(产生)算符；$a_i(a_i^+)$ 是第 i 个格点上的定域声子的湮灭(产生)算符；ω 是定域声子的频率($\hbar=1$)；第二项是电子的跳跃能，t 是跳跃积分；最后一项是电子与定域声子的相互作用能，g 是电-声作用的耦合常数.

现在根据 Holstein 模型的哈氏量来具体分析这一模型的复杂性. 回忆一下前几章讨论的各个模型，在第 2 章里讨论的是 J-C 模型，它是一个二能态的原子与一个单模光场的耦合系，具有两个粒子自由度和一个单模玻色子的无限粒子数态的自由度；第 3 章讨论的 Dicke 模型是多个二态原子和单模光场的相互作用系统，它比 J-C 模型多了 $2(N-1)$ 个粒子自由度，所以 Dicke 模型比起 J-C 模型增加了复杂性；而第 4 章中讨论的 Spin-Boson 模型的粒子自由度虽然仍是两个，但它包含的玻色场已不是单模，而是多模的情形，甚至也包括无穷的连续模情形，所以它从另一方面较之 J-C 模型增加了复杂性. 本章要讨论的 Holstein 模型是电子在多格点的晶体中与定域声子的相互作用，因此电子可以位于 N 个格点中的任一格点，其自由度为 N，每一格点处的定域声子是一个模式，也就是有 N 模玻色子的情形，因此可见 Holstein 模型的复杂性较前面讨论的几种模型都高，这就是处理该模型的困难所在.

5.2 Holstein 模型的变分求解

前面已谈过，由于 Holstein 模型的复杂性，它的求解是困难的，特别是电声作用较强时无法用微扰的方法去处理，这时常会借助变分法来解. 本节用相干态形式作为系统的尝试态矢给出变分方法的两个例子.

5.2.1 干 DNA 中的 Holstein 极化子模型的电荷转移

在生命科学中 DNA 的生化和生物过程是一个重要的研究领域，DNA 中的电荷转移更是其中一个很有意义的问题，它与功能性的介观电子器件的潜在应用和长期辐射损伤效果有关. 最近的实验和理论探讨提出在 DNA 中的电荷转移是一种极化子的效应，理论上用 Holstein 模型来描绘. 不过我们在这里只重点显示如何求解这一多体问题，而不涉及更多的有关生命科学的内容. 最近 Alexandre 等人对 Holstein 模型作了数值计算，他们的结果是在较强的电声作用下取有限格点算出极化子的分布,为了保障计算结果的可靠性,他们在原来的有限格点上再增加晶格的格点数重新计算,直到算出的结果不再改变为止.因为 DNA 中的单元数很大,用 Holstein 模型去描绘,从原则上讲其格点数 N 应取作一个很大的数,然而实际的计算结果是 Alexandre 等人用有限的几十个格点数算出的极化子的结果,就已经不再随格点数增多而变化,这种饱和现象说明我们不需要真的在很大格点数的晶格中去计算,而只用有限的几十个格点数算出的结果已是可靠和接近实际的.他们的工作意义在于提出了用不多有限格点的情形作为大数格点 Holstein 模型的好近似的途径.可惜的是当耦合不是很强时,他们的结果并没有达到饱和.因此我们在本小节讨论的目的是想用新的变分法在同样的参量下来重新计算,看能否在不太强耦合的情形下就能得到饱和的结果.

由(5.1.1)式看出 $[b^+ b, H] \neq 0$,即声子数不守恒.正如前面多次提到过的,这点会导致态矢中出现各种声子数的情形,因此用变分法求解这一问题时自然采用将变分的态矢取作相干态的形式

$$|\rangle = \sum_i \phi_i c_i^+ \exp\left\{\sum_j \alpha_j a_j^+ - \frac{1}{2}\alpha_j^2\right\}|0\rangle \tag{5.2.1}$$

其中 ϕ_i 是载流子在第 i 个格点上的概率振幅;α_j 是声子的平移振幅;$|0\rangle$ 是无声子和无载流子的真空态;$\{\phi_i\}\{\alpha_j\}$ 是待定的参量.

利用(5.1.1)式和(5.2.1)式计算能量的期待值如下:

$$E = \frac{\langle|H|\rangle}{\langle|\rangle} = \frac{1}{\sum_i \phi_i^2}\left\{-t\sum_i(\phi_i\phi_{i+1} + \phi_i\phi_{i-1}) + 2g\sum_i \alpha_i \phi_i^2\right\} + \omega\sum_i \alpha_i^2 \tag{5.2.2}$$

为了用变分法求出待定的参量,将能量期待值先对 α_k 变分 $\frac{\partial E}{\partial \alpha_k} = 0$ 得

$$\alpha_k = -\frac{g}{\omega \sum_i \phi_i^2}\phi_k^2 \tag{5.2.3}$$

将(5.2.3)式代入(5.2.2)式便得到 E 用 $\{\phi_i\}$ 表示的公式:

$$E = \left[-t\sum_i(\phi_i\phi_{i+1} + \phi_i\phi_{i-1}) - \frac{g^2}{\omega}\frac{\sum_i \phi_i^4}{\sum_i \phi_i^2}\right]\left(\sum_i \phi_i^2\right)^{-1} \tag{5.2.4}$$

定义 $\varepsilon = \frac{E}{t}$,$B = g^2/t\omega$,可将上式改写成

$$\varepsilon = \frac{E}{t} = \left[-\sum_i (\phi_i \phi_{i+1} + \phi_i \phi_{i-1}) - B \frac{\sum_i \phi_i^4}{\sum_i \phi_i^2} \right] \left(\sum_i \phi_i^2 \right)^{-1} \quad (5.2.5)$$

从变分原理来看,应当像对$\{\alpha_k\}$作变分那样,作$\frac{\partial E}{\partial \phi_k} = 0$ 或 $\frac{\partial \varepsilon}{\partial \phi_k} = 0$ 导出一组$\{\phi_k\}$的方程组去解出它们来.但从(5.2.4)式或(5.2.5)式可以看出这一定是一个高度非线性的方程组,解析求解几乎是完全不可能的,所以只能依靠数值计算的办法去处理.我们可以用退火模拟方法解出$\{\phi_k\}$和$E(\varepsilon)$,这是因为这种推广的 Monte Carlo 方法对于解多体系统的基态是很有效的.

在图(5.2.1.1)中给出了用现在的变分法解得出的基态能量和 Alexandre 等人得到的结果的比较,有以下几点值得指出:

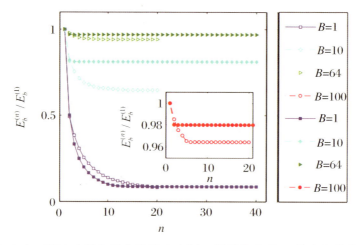

图 5.2.1.1 DNA 中极化子束缚能 $E_b^{(n)}/E_b^{(1)}$ 随格点数 n 的变化曲线(图中 □◇△和○为相干态变分法结果,■◆▲和●是 Alexandre 的结果)

(1) 从图中明显看出用目前变分法计算得到的基态值比 Alexandre 等人得到的基态值都要低.

(2) Alexandre 等人计算的参量 $B=1$ 的曲线由于计算量的限制只能计算到 $N=20$ 左右,从他们的曲线看,实际上还没有达到和格点数无关的曲线趋于水平的饱和情形.而从现在的变分计算结果看,在 $N=20$ 之前我们的计算结果已达到趋于水平线的饱和情形了.

(3) 由于计算方法的改进,现在的变分计算可以计算到 $N=40$ 或更多的格点体系.不过由于所有曲线都早已达到水平直线,再多计算下去已无意义.

5.2.2 变分求解 Holstein 模型中考虑进双声子作用的问题

通常 Holstein 模型的哈氏量中只考虑了电子与晶格粒子的相互作用势在平衡位置处展开到二阶的位移项,量子化后表现出来就是电子与声子的湮灭及产生算符的线性项的作用.但是在电-声作用较强时这种展开至二级项做法的近似性是不够的,特别当三阶项已有足够强的影响时需要认真地考虑加进了该项后量子化模型的哈氏量增加了双声子作用项.本小节将用变分的方法来讨论增加了这一项后的影响,这时哈氏量可表示为

$$H = -t\sum_i (c_i^+ c_{i+1} + c_i^+ c_{i-1}) + \omega \sum_i q_i^+ q_i + g\sum_i c_i^+ c_i (q_i + q_i^+) + g_2 \sum_i c_i^+ c_i (q_i q_i + q_i^+ q_i^+) \tag{5.2.6}$$

上式中各个算符的意义如前所述.与(5.1.1)式比较可以看出,上式只多出了最后的双声子作用项.

这里仍用变分法求解,基于上一小节的论证,这里仍将变分的定态波函数玻色子部分取为合理的相干态形式:

$$|\varphi\rangle = \sum_i \psi_i c_i^+ e^{\sum_i (\alpha_i a_i^+ - \frac{1}{2}\alpha_i^2)} |0\rangle \tag{5.2.7}$$

将(5.2.6)式中的 H 在 $|\varphi\rangle$ 中取期待值,得到能量的期待值 E 为

$$E = \frac{1}{\sum_l \psi_l^2} \left[-t\sum_i (\psi_i \psi_{i+1} + \psi_i \psi_{i-1}) + 2g\sum_i \alpha_i \psi_i^2 \right.$$

$$\left. + 2g_2 \sum_i \alpha_i^2 \psi_i^2 \right] + \omega \sum_i \alpha_i^2 \tag{5.2.8}$$

将 E 对 α_k 变分

$$\frac{\partial E}{\partial \alpha_k} \frac{2g\psi_k^2}{\sum_l \psi_l^2} + \frac{4g_2 \alpha_k \psi_k^2}{\sum_l \psi_l^2} + 2\omega \alpha_k = 0 \tag{5.2.9}$$

得

$$\alpha_k = -\frac{g\psi_k^2}{\omega \sum_l \psi_l^2 + 2g_2 \psi_k^2} \tag{5.2.10}$$

再将 E 对 ψ_k 变分 $\frac{\partial E}{\partial \psi_k} = 0$ 得

$$[-t(\psi_{k+1} + \psi_{k-1}) + 2g\alpha_k \psi_k + 2g_2 \alpha_k^2 \psi_k]\sum_i \psi_i^2$$

$$+ \left[t\sum_i (\psi_i \psi_{i+1} + \psi_i \psi_{i-1}) - 2g\sum_i \alpha_i \psi_i^2 - 2g\sum_i \alpha_i^2 \psi_i^2 \right]\psi_k = 0 \tag{5.2.11}$$

将(5.2.10)式代入上式并消去 α_k 后得到最后的 $\{\psi_i\}$ 满足的方程

$$[-t(\psi_{k+1}+\psi_{k-1})]\sum_l\psi_l^2 - \frac{2g^2}{\omega\sum_l\psi_l^2+2g_2\psi_k^2}\psi_k^3 + \frac{2g^2g_2}{\left(\omega\sum_l\psi_l^2+2g_2+\psi_k^2\right)^2}\psi_k^5$$

$$+\left[t\sum_i(\psi_i\psi_{i+1}+\psi_i\psi_{i-1})+\sum_i\frac{2g^2}{\omega\sum_l\psi_l^2+2g_2\psi_i^2}\psi_i^4\right.$$

$$\left.-\sum_i\frac{2g^2g_2}{\left(\omega\sum_l\psi_l^2+2g_2\psi_i^2\right)^2}\psi_i^6\right]\psi_k = 0 \tag{5.2.12}$$

对于上面的方程我们讨论一个 ψ_i 在分子链上有意义的缓慢变化的情形,因为在缓慢变化中 ψ_i 随格点变化很小,这时可以采取连续近似,即我们可以作如下的代换:

$$\psi_{k+1}+\psi_{k-1} = (\psi_{k-1}-\psi_k)-(\psi_k-\psi_{k-1})+2\psi_k$$

$$\Rightarrow \frac{\mathrm{d}^2\psi}{\mathrm{d}x^2}+2\psi \tag{5.2.13}$$

为了书写简便引入

$$B = \frac{g^2}{\omega t}, \quad B_2 = \frac{2g_2}{\omega} \tag{5.2.14}$$

利用(5.2.13)式的连续近似的代换,可将(5.2.12)式改写成如下的微分积分方程:

$$\frac{\mathrm{d}^2\psi}{\mathrm{d}x^2}+\frac{2B}{1+B_2\psi^2}\psi^3-\frac{BB_2}{(1+B_2\psi^2)^2}\psi^2$$

$$-\psi\left[\int_{-\infty}^{\infty}\psi\left(\frac{\mathrm{d}^2\psi}{\mathrm{d}x^2}+\frac{2B}{1+B_2\psi^2}\psi^3-\frac{BB_2}{(1+B_2\psi^2)^2}\psi^5\right)\mathrm{d}x\right] = 0 \tag{5.2.15}$$

在上式中还用到归一条件

$$\int_{-\infty}^{\infty}\psi^2\mathrm{d}x = 1 \tag{5.2.16}$$

为解(5.2.15)式,假定有

$$\frac{\mathrm{d}^2\psi}{\mathrm{d}x^2}+\frac{2B}{1+B_2\psi^2}\psi^3-\frac{BB_2}{(1+B_2\psi^2)^2}\psi^5 = c'\psi \tag{5.2.17}$$

则(5.2.15)式成为

$$\frac{\mathrm{d}^2\psi}{\mathrm{d}x^2}+\frac{2B}{1+B_2\psi^2}\psi^3-\frac{BB_2}{(1+B_2\psi^2)^2}\psi^5-\psi\int c'\psi^2\mathrm{d}x = 0 \tag{5.2.18}$$

由于有归一条件(5.2.16)式,上式又回到(5.2.17)式.这就说明(5.2.17)式的假定是正确的,这样一来求解(5.2.15)式就换为求解(5.2.17)式.

(1) 求解 $B\neq 0, B_2=0$ 的情形

这种情形回到了没有双声子作用的原始的 Holstein 模型,这时(5.2.17)式简化为

$$\frac{\mathrm{d}^2 \psi}{\mathrm{d} x^2} + 2B\psi^3 = c\psi \tag{5.2.19}$$

这是标准的非线性薛定谔方程,有严格解:

$$\psi = A \operatorname{sech} \mu x \tag{5.2.20}$$

其中

$$\mu = \frac{B}{2}, \quad A = \frac{\sqrt{B}}{2} \tag{5.2.21}$$

由(5.2.8)式及(5.2.10)式采取连续近似,可得基态能量为

$$\begin{aligned}
E &= -t\int_{-\infty}^{\infty} \psi\left(\frac{\mathrm{d}^2 \psi}{\mathrm{d} x^2} + 2\psi\right)\mathrm{d}x - \frac{g^2}{\omega}\int_{-\infty}^{\infty} \psi^4 \mathrm{d}x \\
&= -t\frac{B^3}{16}\int_{-\infty}^{\infty}\left(\operatorname{sech}^2 \frac{B}{2} - 2\operatorname{sech}^4 \frac{B}{2}x\right)\mathrm{d}x - 2t - \frac{B^2 g^2}{16\omega}\int_{-\infty}^{\infty}\operatorname{sech}^2 \frac{B}{2}x\mathrm{d}x \\
&= -2t - \frac{B^2}{12}
\end{aligned} \tag{5.2.22}$$

为求基态中的晶格位移 u_i,我们知道晶格位移算符 $\dot{u}_i$ 为

$$\dot{u}_i = \frac{1}{\sqrt{2M\omega}}(a_i + a_i^+) \tag{5.2.23}$$

故

$$\begin{aligned}
u_i &= \langle \varphi | \dot{u}_i | \varphi \rangle \\
&= \langle 0 | \mathrm{e}^{\sum_l\left(\alpha_l a_l - \frac{a_l^2}{2}\right)} \sum_{i1} \psi_{i1} c_{i1}\left(\frac{1}{\sqrt{2M\omega}}(a_i + a_i^+)\right) \\
&\quad \cdot \sum_{i_2} \psi_{i2} c_{i2}^+ \mathrm{e}^{\sum_l\left(\alpha_l a^+ - \frac{a_l^2}{2}\right)} | 0 \rangle / \sum_l \psi_l^2 \\
&= \sqrt{\frac{2}{M\omega}}\alpha_i = \sqrt{\frac{2}{M\omega}}\frac{gB}{4\omega}\operatorname{sech}^2 \frac{B}{2}x
\end{aligned} \tag{5.2.24}$$

上式中的最后一个等式用到(5.2.10)式的 α_i 表示式及(5.2.20)式中的 ψ 表示式. 从(5.2.22)式和(5.2.24)式可看出,现在得到的结果和 Holstein 的原始文献中得到的 $\dot{u}_i, E$ 结果相同. 在 Holstein 原始文献里,他是用了一些合理的物理近似得到的. 用了变分的方法和对态矢作了相干态形式的假定后,在这里得到相同结果的过

程中物理的图像更加清晰.

(2) 求解有双声子作用的 $B\neq 0, B_2\neq 0$ 的情形

在这种情况下由(5.2.17)式已无法得到精确的解析解,为此先把(5.2.17)式改写成

$$(1 + B_2\psi^2)^2 \frac{d^2\psi}{dx^2} - c'\psi + 2(B - B_2 c')\psi^3 + B_2(B - B_2 c')\psi^5 = 0 \quad (5.2.25)$$

然后再应用函数级数展开方法来求解,即令

$$\psi = \sum_k b_k \operatorname{sech}^k(\mu x) \quad (5.2.26)$$

将(5.2.26)式解的形式代入(5.2.25)式,首先考察 $\operatorname{sech}(\mu x)$ 项的系数可得

$$b_1(\mu^2 - c') = 0 \quad (5.2.27)$$

即

$$c' = \mu^2 \quad (5.2.28)$$

其次为了求出高阶系数 b_k 的递推公式,按函数级数展开方法的做法引入如下一些辅助函数:

$$F_1^k = \sum_{i+j+l=k} l^2 b_i b_j b_l \quad (5.2.29)$$

$$F_2^k = \sum_{i+j+l=k-2} l(l+1) b_i b_j b_l \quad (5.2.30)$$

$$F_3^k = \sum_{i+j+l=k} b_i b_j b_k \quad (5.2.31)$$

$$F_4^k = \sum_{i+j+m+n+l=k} l^2 b_i b_j b_m b_n b_l \quad (5.2.32)$$

$$F_5^k = \sum_{i+j+m+n+l=k-2} l(l+1) b_i b_j b_m b_n b_l \quad (5.2.33)$$

$$F_6^k = \sum_{i+j+m+n+l=k} b_i b_j b_m b_n b_l \quad (5.2.34)$$

$$F_7^k = \sum_{i+j=k} b_i b_j \quad (5.2.35)$$

通过考察 $\operatorname{sech}^k \mu x$ 项的系数可得到用这些辅助函数表示的系数的递推关系:

$$(K^2 - 1)b_k - (k-1)(k-2)b_{k-2} + 2B_2(F_1^k - F_2^k) + B_2^2(F_4^k - F_5^k)$$
$$+ 2\left(\frac{B}{\mu^2} - B_2\right)F_3^k + B_2\left(\frac{B}{\mu^2} - B_2\right)F_6^k = 0 \quad (5.2.36)$$

不过要通过递推关系把所有的系数求出时还需要先确定 b_1 和 μ 的值,因此还需要加上两个约束条件.这两个约束条件是:

(a) 波函数的归一化条件;

(b) 系数序列必须是收敛的,即 $\lim_{k\to\infty} b_k = 0$. 具体计算时在一定的精度要求下改为取 $b_N = 0, N \gg 1$.

具体计算采用模拟退火方法,求出 $\{b_k\}$,得出波函数 ψ 后代入以下的公式便可求出基态能量

$$E' = -2t - \mu^2 t + Bt \int \frac{\psi^4}{(1+B_2\psi^2)^2} dx \tag{5.2.37}$$

和晶格位移

$$u_i = \sqrt{\frac{2}{M\omega}} \alpha_i = -\sqrt{\frac{2}{M\omega}} \frac{g\psi_i^2}{\omega(1+B_2\psi_i^2)} \tag{5.2.38}$$

表 5.2.2.1 中列出参量比 $B_2/B = 0.1$ 时不同 B 的基态能量($t=1, B_2=0$ 时的 E 和 $B_2 \neq 0$ 时的 E').

表 5.2.2.1 $B_2/B = 0.1$ 时 B 的基态能量

	$B = 0.25$	$B = 1.0$	$B = 2.0$	$B = 3.0$
E	-2.00520833	-2.08333333	-2.33333333	-2.75000000
E'	-2.00519534	-2.08019182	-2.08019182	-2.57121327
$(E'-E)/E$	$-6.49807793\times 10^{-6}$	$-1.507934402\times 10^{-3}$	$-1.84968557\times 10^{-2}$	$-6.501334545\times 10^{-2}$

由表可以看出,$B<1$ 时 E 与 E' 几乎相等,双声子的修正可以忽略;$B>1$ 时双声子的作用是可观察的.

5.3 两格点 Holstein 模型的严格解

如前所述,Holstein 模型描述的是一个多分量多模的耦合系统,因此它具有较大的复杂性. 不仅严格的解析解很难得到,甚至纯粹的数值计算也会因为格点数多时自由度数增加很快而计算能力达不到,因此常借助变分法去近似求解. 为此上节举出了两个这样的例子,不过从另一个角度考虑少数格点的 Holstein 模型研究仍然具有一定的价值,其理由如下:第一,通过严格解少数格点的 Holstein 模型可以对一些普遍的性质得到较为透彻的了解;其次,它会得到多格点的系统在强电声和短程作用下的类似性质. 因为多格点系统中极化子的定域性使它只在少数格点上

才有显著的概率分布.这时它的物理行为与少数格点系统相近.基于这些考虑,研究少数格点系统的 Holstein 模型的工作也是大家所关注的.下面我们讨论最简单的两格点 Holstein 模型.

5.3.1 用相干态展开方法求解两格点 Holstein 模型

两格点 Holstein 模型的哈氏量表示为

$$\begin{aligned}H = &\varepsilon(|1\rangle\langle 1|+|2\rangle\langle 2|) - t(|2\rangle\langle 1|+|1\rangle\langle 2|) \\ &+ \omega(b_1^+ b_1 + b_2^+ b_2) + g_1|1\rangle\langle 1|(b_1 + b_1^+) + g_1|2\rangle\langle 2|(b_2 + b_2^+)\end{aligned} \quad (5.3.1)$$

其中 $|1\rangle$,$|2\rangle$ 分别表示电子居于格点 1、格点 2 时的态矢;ε 是电子定域于格点 1 或格点 2 处的能量值;t 表示电子在格点 1,2 间的跳跃积分;$b_1(b_1^+)$,$b_2(b_2^+)$ 是格点 1、格点 2 的定域声子的湮灭、产生算符;ω 是定域声子的频率.

对两个声子算符作如下的算符变换:

$$a = (b_1 + b_2)/\sqrt{2}, \quad d = (b_1 - b_2)/\sqrt{2} \quad (5.3.2)$$

代入(5.3.1)式后 H 可改写为

$$H = H_a + H_d \quad (5.3.3)$$

其中

$$H_a = \omega(a^+ + g)(a + g) - g^2/\omega \quad (5.3.4)$$

$$\begin{aligned}H_d = &\varepsilon(|1\rangle\langle 1|+|2\rangle\langle 2|) - t(|2\rangle\langle 1|+|1\rangle\langle 2|) \\ &+ \omega d^+ d + g(|1\rangle\langle 1|-|2\rangle\langle 2|)(d + d^+)\end{aligned} \quad (5.3.5)$$

其中 $g = \dfrac{g_1}{\sqrt{2}}$.

从(5.3.4)式看出系统哈氏量的 H_a 这一部分只是该系统一个整体的振动,和电子的自由度无关,所以我们只需要讨论电子与 $d(d^+)$ 玻色子相互作用的 H_d 这一部分.为了讨论的简便取 $\omega=1$,于是问题归结为求解如下的哈氏量的问题:

$$\begin{aligned}H = &\varepsilon(|1\rangle\langle 1|+|2\rangle\langle 2|) - t(|2\rangle\langle 1|+|1\rangle\langle 2|) \\ &+ d^+ d + g(|1\rangle\langle 1|-|2\rangle\langle 2|)(d + d^+)\end{aligned} \quad (5.3.6)$$

以下用相干态展开方法来求解.令解取如下的形式:

$$|\rangle = \left[\sum_{i=0}^{\infty}\rho_{1i}(d^+)^i\right]|A_1\rangle|1\rangle + \left[\sum_{i=0}^{\infty}\rho_{2i}(d^+)^i\right]|A_2\rangle|2\rangle \quad (5.3.7)$$

由于解的态矢 $|\rangle$ 可暂不归一,所以可取 $\rho_{10}=1$,$\rho_{20}=f$,其中 ρ_{1i},$\rho_{2i}(i>1)$ 是要求的待定的参量;态矢 $|A_i\rangle(i=1,2)$ 是相干态的形式

$$|A_i\rangle = \mathrm{e}^{\alpha_i d^+}|0\rangle, \quad i=1,2 \tag{5.3.8}$$

$|0\rangle$是真空态. $|A_1\rangle$与$|A_2\rangle$间有如下的简单的关系:

$$\begin{cases} |A_1\rangle = \mathrm{e}^{(\alpha_1-\alpha_2)d^+}|A_2\rangle \\ |A_2\rangle = \mathrm{e}^{(\alpha_2-\alpha_1)d^+}|A_1\rangle \end{cases} \tag{5.3.9}$$

将(5.3.6)式、(5.3.7)式代入定态方程$H|\rangle=E|\rangle$中,可得

$$\begin{aligned}
E'&\left[\sum_{i=0}^{\infty}\rho_{1i}(d^+)^i|A_1\rangle|1\rangle + \sum_{i=0}^{\infty}\rho_{2i}(d^+)^i|A_2\rangle|2\rangle\right] \\
&= -t\left[\sum_{i,j=0}^{\infty}\rho_{1i}\frac{(\alpha_1-\alpha_2)^j}{j!}(d^+)^{i+j}|A_2\rangle|2\rangle \right. \\
&\quad\left. + \sum_{i,j=0}^{\infty}\rho_{2i}\frac{(\alpha_2-\alpha_1)^j}{j!}(d^+)^{i+j}|A_1\rangle|1\rangle\right] \\
&\quad + g\left\{\sum_{i=0}^{\infty}\rho_{1i}[(d^+)^{i+1}+i(d^+)^{i-1}+\alpha_1(d^+)^i]|A_1\rangle|1\rangle\right. \\
&\quad\left. - \sum_{i=0}^{\infty}\rho_{2i}[(d^+)^{i+1}+i(d^+)^{i-1}+\alpha_2(d^+)^i]|A_2\rangle|2\rangle\right\} \\
&\quad + \sum_{i=0}^{\infty}\rho_{1i}[i(d^+)^i+\alpha_1(d^+)^{i+1}]|A_1\rangle|1\rangle \\
&\quad + \sum_{i=0}^{\infty}\rho_{2i}[i(d^+)^i+\alpha_2(d^+)^{i+1}]|A_2\rangle|2\rangle
\end{aligned} \tag{5.3.10}$$

其中$E' = E - \varepsilon$.

为了能得到这一系统基态的解析解形式,我们在仔细考察(5.3.5)式给出的哈氏量的形式后,不难发现它具有如下的对称性,即它在变换

$$|1\rangle \leftrightarrow |2\rangle, \quad d^+(d) \leftrightarrow -d^+(-d)$$

下不变. 而这一不变性意味着如参量集$(E', f, \alpha_1, \alpha_2, \rho_{1i}, \rho_{2i})$是定态解的话,则另一参量集$(E', 1/f, -\alpha_2, -\alpha_1, (-1)^i\rho_{2i}/f, (-1)^i\rho_{1i}/f)$也是系统的定态解. 换句话说,系统的普遍定态解一般是简并的.

但是如果我们考虑的是系统的基态解,则它应当是非简并的,因此就要求在这一特殊的定态解中待定参量集还应满足以下的要求:

$$f = 1/f, \quad \alpha_1 = -\alpha_2, \quad \rho_{1i} = (-1)^i\rho_{2i}/f \tag{5.3.11}$$

由(5.3.11)式得到的结论是对于基态$f=1$和整个参量集的待定量减少了一半. 利用上面得到的待定量的关系再比较(5.3.10)式两端的n阶态矢$(d^+)^n|Ai\rangle|i\rangle$ ($i=1,2$)就不难得到$\{\rho_{1n}\}$的迭代解析式:

$$\rho_{1n} = \frac{1}{ng}\left\{(-tf-n+1)\rho_{1n-1} - (g+\alpha_1)\rho_{1n-2} + (-1)^{n-1}tf\sum_{\substack{i,j=0\\i+j=n-1}}^{\infty}\frac{2(\alpha_1)^j}{j!}\rho_{1i}\right\}$$

$$n = 2,\cdots,\infty \tag{5.3.12}$$

$$E' = g\alpha_1 - tf \tag{5.3.13}$$

由于待定量$\{\rho_{1i},\rho_{2i}\}$和α_1,α_2一起使之多于方程数，故可令

$$\rho_{11} = \rho_{21} = 0 \tag{5.3.14}$$

来定出α_1,α_2.

至此可以得出结论，这一系统的基态态矢解析解的形式已完全得出了．当然基态解的严格解析解的意义是理论上的含义，当我们用它来计算系统基态中的任何物理量时我们必然不可能计算到无穷阶，但只要根据精度的要求计算到足够高的阶数即可．

5.3.2 解析解与近似算法得到的结果的比较

在本章开始时曾谈到Holstein模型的复杂性及在过去的研究中为解这一模型发展出的若干近似方法，其中以MLF方法的近似性最好．当我们在这里得到两格点Holstein模型的解析解后就可以把得到的物理结果来和过去的研究结果作一比较，一方面借以肯定这一解析解的可靠性，另一方面将它与原来的近似方法作比较时看看它是否的确具有某些优越的地方．

(1) 在系统的物理参量t/ω取0.5和1.1两种值时，用现在的解析解法求出的基态能量、严格的数值解法及迄今为止算得最为精确的六阶MLF方法的结果作比较，发现三者在很高的精确度下相合，说明了解析解的可靠性．

(2) 在各种物理量中选取静关联函数$\langle n_1 u_1\rangle$，$\langle n_1 u_2\rangle$的计算结果来作比较是很有意义的．其中

$$n_1 = |1\rangle\langle 1|, \quad u_1 = \frac{1}{\sqrt{2\omega}}(a^1 + a_1^+), \quad u_2 = \frac{1}{\sqrt{2\omega}}(a_2 + a_2^+)$$
$$\tag{5.3.15}$$

这两个关联函数$\langle n_1 u_1\rangle$，$\langle n_1 u_2\rangle$的物理意义是当电子居于1格点时引起的1格点处的晶格形变和电子居于1格点时引起的2格点处的晶格形变间的关联程度．

这里不去列出$\langle n_1 u_1\rangle$，$\langle n_1 u_2\rangle$的具体计算细节．只将用解析解法，MLF近似方法和严格的数值计算方法得出的$\langle n_1 u_2\rangle$的结果列于图5.3.2.1中．由图可以看到：

(a) 解析解法的结果和严格的数值计算的结果(实线表示)在$t=0.5$时完全

吻合.

（b）$t=1.1$ 及 2.1 时通过用 MLF 算出的结果和用解析解法算出的结果的比较可以看出,在耦合常量 g 较小和较大时两者吻合得很好,但在中强的范围内两者有明显的差异.从图上 $t=2.1$ 的曲线可以清楚地看出,用 MLF 算出的曲线在这一带表现出明显的不规则的奇异性.事实上该项工作的作者已在他们的文章中明白指出 MLF 方法在这一邻域是失效的.反观解析解法算出的结果可以看出它在所有耦合范围内的结果都是规则的和可靠的.

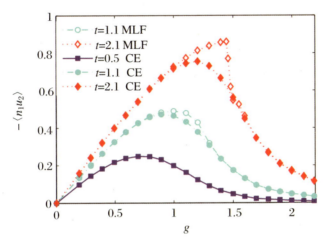

图 5.3.2.1　关联函数 Correlation functions 随耦合强度 g 的变化(图中〇◇为 MLF 结果,●◆■为相干态 CE 结果,这里 $t/\omega_0 = 0.5, 1.1$ 和 2.1)

5.4　格点能不同的两格点 Holstein 模型的严格解

5.4.1　无序性下的两格点 Holstein 模型

由于 Holstein 模型被广泛应用于许多领域中,同时实际的物理系统还具有一些偏离理想化的复杂因素,所以在讨论 Holstein 模型时加上某些额外的物理考虑后再去讨论其求解的问题便成为研究 Holstein 模型领域中的一个有价值的方向.在这一节里我们要讨论的就是在实际系统中由于存在无序性引起电子在不同格点处的格点能不同这一异于标准 Holstein 模型的因素带来的影响.

为了突出这一因素带来的效应以及为了讨论的简便计,我们仍然以两格点的系统为例.这时系统的哈氏量表示为

$$H = \varepsilon_1 \mid 1\rangle\langle 1 \mid + \varepsilon_2 \mid 2\rangle\langle 2 \mid - t(\mid 1\rangle\langle 2 \mid + \mid 2\rangle\langle 1 \mid)$$
$$+ (b_1^+ b_1 + b_2^+ b_2) + g_1 \mid 1\rangle\langle 1 \mid (b_1 + b_1^+)$$
$$+ g_1 \mid 2\rangle\langle 2 \mid (b_2 + b_2^+) \tag{5.4.1}$$

在上式中为简便计已令 $\omega = 1$.将(5.4.1)式和(5.3.1)式比较可看出,两者的差别只是格点 1 处的格点能 ε_1 与格点 2 处的格点能 ε_2 是不相同的,不过这一点并不妨碍像 5.3 节那样作 $a = (b_1 + b_2)/\sqrt{2}, d = (b_1 - b_2)/\sqrt{2}$ 的玻色算符的变换,以及在变换后我们只需要讨论

$$H_d = \varepsilon_1 \mid 1\rangle\langle 1 \mid + \varepsilon_2 \mid 2\rangle\langle 2 \mid - t(\mid 1\rangle\langle 2 \mid + \mid 2\rangle\langle 1 \mid)$$
$$+ d^+ d + g(d + d^+)(\mid 1\rangle\langle 1 \mid - \mid 2\rangle\langle 2 \mid) \tag{5.4.2}$$

$g = g_1/\sqrt{2}$ 也和上节中一样.不过在这一节里不再采用上节的相干态展开方法去求解,而是用相干态正交化方法求解.后一种方法的优点在于它不仅可以求出系统的基态及基态能量,还可以同时求出系统的激发能谱及相应的态矢.

令解取如下的形式:

$$\mid \rangle = \mid \varphi_1 \rangle \mid 1\rangle + \mid \varphi_2 \rangle \mid 2\rangle \tag{5.4.3}$$

将(5.4.2)式和(5.4.3)式代入定态方程后,再比较两端的 $\mid 1\rangle$ 和 $\mid 2\rangle$ 便得到有关 $\mid \varphi_1 \rangle$ 和 $\mid \varphi_2 \rangle$ 满足的联立方程:

$$\varepsilon_1 \mid \varphi_1 \rangle + d^+ d \mid \varphi_1 \rangle + g(d + d^+) \mid \varphi_1 \rangle - t \mid \varphi_2 \rangle = E \mid \varphi_1 \rangle \tag{5.4.4}$$
$$\varepsilon_2 \mid \varphi_2 \rangle + d^+ d \mid \varphi_2 \rangle - g(d + d^+) \mid \varphi_2 \rangle - t \mid \varphi_1 \rangle = E \mid \varphi_2 \rangle \tag{5.4.5}$$

仿照前面做过的办法,采取以下的步骤:

(1) 引入新的玻色算符

$$\begin{cases} A = d + g, & A^+ = d^+ + g \\ B = d - g, & B^+ = d^+ - g \end{cases} \tag{5.4.6}$$

可将(5.4.4)式和(5.4.5)式改写成

$$(A^+ A - g^2 + \varepsilon_1) \mid \varphi_1 \rangle - t \mid \varphi_2 \rangle = E \mid \varphi_1 \rangle \tag{5.4.7}$$
$$(B^+ B - g^2 + \varepsilon_2) \mid \varphi_2 \rangle - t \mid \varphi_1 \rangle = E \mid \varphi_2 \rangle \tag{5.4.8}$$

(2) 如前记 A, B 算符的粒子数态矢为 $\mid n \rangle_A, \mid n \rangle_B$

$$\mid n \rangle_A = \frac{1}{\sqrt{n!}} (d^+ + g)^n e^{-gd^+ - \frac{g^2}{2}} \mid 0 \rangle \tag{5.4.9}$$

$$\mid n \rangle_B = \frac{1}{\sqrt{n!}} (d^+ - g)^n e^{gd^+ - \frac{g^2}{2}} \mid 0 \rangle \tag{5.4.10}$$

并令

$$|\varphi_1\rangle = \sum_n c_n |n\rangle_A \tag{5.4.11}$$

$$|\varphi_2\rangle = \sum_n d_n |n\rangle_B \tag{5.4.12}$$

将(5.4.11)式、(5.4.12)式代入(5.4.7)式、(5.4.8)式得

$$(A^+ A - g^2 + \varepsilon_1)\sum_n c_n |n\rangle_A - t\sum_n d_n |n\rangle_B = E\sum_n c_n |n\rangle_A \tag{5.4.13}$$

$$(B^+ B - g^2 + \varepsilon_2)\sum_n d_n |n\rangle_B - t\sum_n c_n |n\rangle_A = E\sum_n d_n |n\rangle_B \tag{5.4.14}$$

(3) 将(5.4.13)式左乘${}_A\langle m|$,(5.4.14)式左乘${}_B\langle m|$得

$$(m + \varepsilon_1)c_m - t\sum_n d_n{}_A\langle m|n\rangle_B = (E + g^2)c_m \tag{5.4.15}$$

$$(m + \varepsilon_2)d_m - t\sum_n c_n{}_B\langle m|n\rangle_A = (E + g^2)d_m \tag{5.4.16}$$

细心观察一下以上采取的求解步骤就会发现和我们在第 2 章中讨论用相干态正交化方法求解 J-C 模型的过程是完全平行和相似的,这也从一个侧面看出相干态正交化方法在解各种多体问题上的普遍适用性.

5.4.2 计算的结果和讨论

上面已谈到应用相干态正交化方法可以严格地求解格点能不同的两格点 Holstein 模型的基态,也可以得出它的所有能谱和激发态矢.对于这些结果就不再重复去描述,在这里我们仍只限于讨论有重要物理意义的关联函数$\langle n_1 u_1\rangle$和$\langle n_1 u_2\rangle$,它们的表达式在相干态正交化方法的框架下可表示为

$$\langle n_1 u_1\rangle/\langle n_1\rangle = \frac{1}{2}\Big[\sum_i \sqrt{i+1}c_{i+1}^* c_i + \sum_i \sqrt{i}c_{i-1}^* c_i\Big]\Big/\sum_i c_i^* c_i - 2g \tag{5.4.17}$$

$$\langle n_1 u_2\rangle/\langle n_1\rangle = -\frac{1}{2}\Big[\sum_i \sqrt{i+1}c_{i+1}^* c_i + \sum_i \sqrt{i}c_{i-1}^* c_i\Big]\Big/\sum_i c_i^* c_i \tag{5.4.18}$$

为了标示两格点能的不同程度,记

$$\varepsilon_d = \varepsilon_2 - \varepsilon_1 \tag{5.4.19}$$

在图 5.4.2.1 中列出了用相干态正交化方法计算出的几种物理参量取定的情形下的$\langle n_1 u_2\rangle/\langle n_1\rangle$随 g 变化的结果,并将它们和用 MLF 近似方法算出的结果作比较.由图清楚地看出 MLF 方法在较强和较弱耦合的参数区域内是一个好的近似,但在这一问题中它在中强区域内仍然表现出和严格结果有显著的偏离.

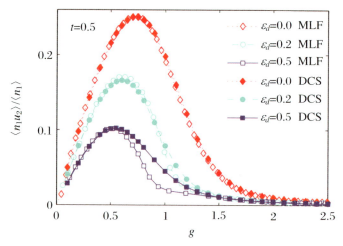

图 5.4.2.1 关联函数 Correlation functions 随耦合强度 g 的变化(图中○◇□为 MLF 结果,●◆■为平移相干态 DCS 结果.这里 $t=0.5$)

参 考 文 献

[1] Migdal A B. Sol. Phys. JETP,1958,7:996.
[2] Engelsberg S,Schrieffer J R. Phys. Rev. ,1963,131:993.
[3] Alexandrov A S,Schrieffer J R. Phys. Rev. B,1997,56:13731.
[4] Alexandrov A S,Kabanov V V,Ray D K. Phys. Rev. B,1994,49:9915.
[5] Das A N,Chaudhury P. Phys. Rev. B,1994,49:13219.
[6] Alexandrov A S,Mott N F. Rep. Prog. Phys. ,1994,57:1197.
[7] Alexandrov A S. Phys. Rev. B,2000,61:12315.
[8] Acquaroneet M,et al. Phys. Rev. B,1998,58:7626.
[9] Alexandre S S,et al. Phys. Rev. Lett. ,2003,91:108105.
[10] Alexandrov A. Polarons in Advanced Materials. Springer Verlag,2007.
[11] Anfossi A,et al. Phys. Rev. Lett. ,2005,95:056402.
[12] Barnett R N,Cleveland C L,Joy A,et al. Science,2001,294:567.
[13] Basko D M,Conwell E M. Phys. Rev. E,2002,65:061902.
[14] Bath J,Turberfeld A. Nature Nanotechnol,2007,2:275.

[15] Berciu M. Phys. Rev. B,2007,75:081101(R).
[16] Bhalla V,et al. EMBO Rep.,2003,4:443.
[17] Bixon M,Jortner J. Chem. Phys.,2005,319:273.
[18] Bonča J,Trugman S A. Phys. Rev. B,2001,64:094507.
[19] Bruinsma R,Gruner G,Orsogna M R D,et al. Phys. Rev. Lett.,2000,85:4393.
[20] Buonsante P,Vezzani A. Phys. Rev. Lett.,2007,98:110601.
[21] Chatterjee J,Das A N. Phys. Rev. B,2000,61:4592.
[22] Chen Q H,et al. Phys. Rev. B,1996,53:11296.
[23] Chen S,Wang L,Gu S J,et al. Phys. Rev. E,2008,76:061108.
[24] Clay R T,Hardikar R P. Phys. Rev. Lett.,2005,95:096401.
[25] Conwell E,Rakhmanova S. Proc. Natl. Acad. Sci.,2000,97:4556.
[26] Conwell E M,Basko D M. J. Am. Chem. Soc.,2001,123:11411.
[27] Cozzini M,Giorda P,Zanardi P. Phys. Rev. B,2007,75:014439.
[28] Cuniberti G,et al. Phys. Rev. B,2002,65:241314.
[29] Cuniberti G,Craco L,Porath D,et al. Phys. Rev. B,2002,65:241314.
[30] Das A N,Choudhury P. Phys. Rev. B,1994,49:18.
[31] Davydov A S. Phys. Rev. B,1997,55:14872.
[32] Deng C,Weng Y M,Xu Z Z,et al. Acta Phys. Sin.,2005,54:2419.
[33] Dunning C,Links J,Zhou H Q. Phys. Rev. Lett. 2005,94:227002.
[34] Eckardt L,Naumann K,et al. Nature,2002,420:286.
[35] Emin D. Phys. Rev. B,1986,33:3973.
[36] Endres R G,Cox D L,Singh R R P. Rev. Mod. Phys.,2004,76:195.
[37] Marsiglio F. Phys. Lett. A,1993,180:280.
[38] Bronold F X,Sexena A,Bishop A R. Phys. Rev. B,2001,63:235109.
[39] Fehske H,Hager G,Jeckelmann E. Europhys. Lett.,2008,84:57001.
[40] Fehske H,Wellein G,Loos J,et al. Phys. Rev. B,2008,77:085117.
[41] Zhao G,Conder K,Keller H,et al. Nature,1996,381:676.
[42] Zhao G,Conder K,Keller H,et al. Nature,1997,385:236.
[43] Gervasio F L,Carloni P,Parrinello M. Phys. Rev. Lett.,2002,89:108102.
[44] Giese B,Amaudrut J,Keöhler A K,et al. Nature,2001,412:318.
[45] Glaser U,Buttner H,Fehske H. Phys. Rev. A,2003,68:032318.
[46] Gu S J,Deng S S,Li Y Q,et al. Phys. Rev. Lett.,2004,93:086402.
[47] Han R S,Lin Z J,Wang K L. Phys. Rev. B,2002,65:174302.
[48] Heim T,Melin T,Deresmes D,et al. Appl. Phys. Lett.,2003,85:2637.
[49] Hill S,Wootters W K. Phys. Rev. Lett.,1997,78:26.
[50] Meccoli I,Copone M. Phys. Rev. B,2001,63:014303.

[51] Chatterjee J, Das A N. Eur. Phys. J. B, 2005, 46: 481.

[52] Ranninger J Z. Phys. B: Cond. Mat., 1991, 84: 167.

[53] Wang K L, Chen Q H, Wan S L. Phys. Lett. A, 1994, 185: 216.

[54] Wang K L, Wang Y, Wan S L. Phys. Rev. B, 1996, 54: 12852.

[55] Kalosakas G, Aubry S, Tsironis G P. Phys. Rev. B, 1998, 58: 3049.

[56] Kalosakas G, Rasmussen Kø, Bishop A R. J. Chem. Phys., 2003, 118: 3731.

[57] Kawai K, et al. Nature Chem., 2009, 1: 156.

[58] Khan A, Pieri P. Phys. Rev. A, 2009, 80: 012303.

[59] Komineas S, Kalsakas G, Bishop A R. Phys. Rev. E, 2002, 65: 061905.

[60] Kuznetsov A, Ulstrup J. Electron transfer in Chem-istry and Biology: An Introduction to the Theory. Chichester: Wiley, 1998.

[61] Lang L G, Firsov Y A. Sov. Phys. JETP, 1963, 16: 1301.

[62] LaBean T. Nature, 2009, 459: 331.

[63] Li W, Wang P Y, Dou S X, et al. Chin. Phys., 2003, 12: 96.

[64] Li Xiao Hong, Wang Ke Lin, Liu Tao. Chin. Phys. Lett., 2009, 4: 044212.

[65] Li Xiao Hong, Zhang Yu Yu, Liu Tao, et al. Chin. Phys. Lett., 2009, 26: 128701.

[66] Liu Tao, Wang Yi, Wang Ke Lin. Chin. Phys. 2007, 16: 272.

[67] Capone M, Ciuchi S. Phys. Rev. B, 2002, 65: 104409.

[68] Maniadis P, Kalosakas G, Rasmussen Kø, et al. Phys. Rev. B, 2003, 68: 174304.

[69] Ning W Q, Zhao H, Wu C Q, et al. Phys. Rev. Lett., 2006, 96: 156402.

[70] Oelkers N, Links J. Phys. Rev. B, 2007, 75: 115119.

[71] Omerzu A, Licer M, Mertelj T, et al. Phys. Rev. Lett., 2004, 93: 218101.

[72] Press W H, Flannery B P, Teukolsky S A, et al. Numerical Recipes. Cambridge: Cambridge University Press, 1986: 326.

[73] Roy S, Vedala H, Roy A, et al. Nano Lett., 2008, 8: 26.

[74] Schmidt B, et al. Phys. Rev. B, 2008, 77: 16.

[75] Shapir E, Cohen H, et al. Nature Mater, 2007, 7: 68.

[76] Sheng Y B, Li J, Ma B L, et al. Chin. Phys., 2005, 14: 2365.

[77] Stojanović V M, Vanević M. Phys. Rev. B, 2008, 78: 214301.

[78] Tadao T, Kiyohiko K, Mamoru F, et al. Proc. Natl. Acad. Sci. USA, 2004, 101: 14002.

[79] Tezuka M, Arita R, Aoki H. Phys. Rev. Lett., 2005, 95: 226401.

[80] Thomas H, Dominique D, Dominique V. J. Appl. Phys., 2004, 96: 2927.

[81] Kabanov V V, Ray D K. Phys. Lett. A, 1994, 186: 438.

[82] Vidal G, Latorre J I, Rico E, et al. Phys. Rev. Lett., 2003, 90: 227902.

[83] Vidal J, et al. Phys. Rev. A, 2004, 69: 054101.

[84] Warren W L, et al. Appl. Phys. Lett., 1994, 87: 1018.

[85] Yoo K H,et al. Phys. Rev. Lett. ,2001:198102.
[86] Su W P,Schrieffer J R,Heeger A J. Phys. Rev. Lett. ,1979,42:1698.
[87] Wang K L,Liu T,Feng M. Eur. Phys. J. B,2006,54:283.
[88] Wang X,Sanders B. J. Phys. A:Math. Gen. ,2005,38:67.
[89] Wellein G,Röder H,Fehske H. Phys. Rev. B,1996,53:9666.
[90] Wootters W K. Phys. Rev. Lett. ,1998,80:10.
[91] Xie P,Dou S X,Wang P Y. Chin. Phys. ,2005,14:744.
[92] Takada Y,Chatterjee A. Phys. Rev. B,2003,67:081102.
[93] Yu Z G,Song X. Phys. Rev. Lett. ,2001,86:6018.
[94] Yu Z G,Vo Anh,Gong Z M,et al. Chin. Phys. ,2002,11:93.
[95] Zanardi P,Paunković N. Phys. Rev. E,2006,74:0331123.
[96] Zhang G,et al. Chem. Phys. Lett. ,2009,471:163.
[97] Zhao Y,Zanardi P,Chen G H. Phys. Rev. B,2004,70:195113.

第6章 准 粒 子

6.1 极 化 子

一个电子在离子晶体中运动会引起晶体的畸变,使之极化,并反过来产生加在电子上的相互作用,这种电子与晶体的集体振动之间的相互作用构成一个束缚的耦合系统称为极化子.更准确一点说,它是电子与晶体的光学声子的耦合系统.描述该系统的理论模型是熟知的 Fröhlich 模型,其哈氏量为

$$H = -\frac{1}{2m}\nabla^2 + \sum_q \omega_0 a_q^+ a_q$$
$$+ \sum_q \frac{M_0}{V^{\frac{1}{2}}|q|}[a_q \mathrm{e}^{\mathrm{i}q\cdot r} + a_q^+ \mathrm{e}^{-\mathrm{i}q\cdot r}] \tag{6.1.1}$$

其中 m 是电子在晶格中的有效质量;ω_0 是光学声子的频率,值得注意的是光学声子的频率随 q 变化很小,所以在模型中取作一个固定值 ω_0;q 是不同模式的声子动量;V 是晶体的体积;$M_0 = \sqrt{4\pi\alpha\omega_0^{3/2}/(2m)^{\frac{1}{2}}}$,其中 α 是电-声耦合常数.

极化子问题在相当长的时间里受到研究者的重视,是因为极化子理论的任何一点进步,都会对极性晶体中的电-声作用机制及半导体和非晶体材料中的电-声作用机制的了解有帮助.另一方面它也是一个固体场论的典型问题,对它的研究一定会推动固体场论的发展.值得提出的是,这里讨论的是电子和晶体中的集体振动对应的光学声子的情形,和上一章 Holstein 模型中电子与格点处的定域声子的作用是不同的两种机制的问题.

6.1.1 静止极化子

为简单计,取单位使 $2m = \omega_0 = v = \hbar = 1$,并把(6.1.1)式中的第一项用动量算符 p 来表示.于是(6.1.1)式改写为

$$H = \bm{p}^2 + \sum_q a_q^+ a_q + \sum_q v_q (a_q e^{i\bm{q}\cdot\bm{r}} + a_q^+ e^{-i\bm{q}\cdot\bm{r}}) \tag{6.1.2}$$

其中

$$v_q = \frac{2\sqrt{\pi\alpha}}{|\bm{q}|} \tag{6.1.3}$$

从(6.1.2)式可以看出,系统具有守恒的总动量 $\bm{Q}$:

$$\bm{Q} = \bm{p} + \sum_q \bm{q} a_q^+ a_q \tag{6.1.4}$$

证:要证明 $\bm{Q}$ 是守恒量,需证$[\bm{Q}, H] = 0$.

$\bm{Q}$ 与(6.1.2)式中的第一项、第二项是明显对易的,因此只需证明 $\bm{Q}$ 与第三项对易即可.

$$\begin{aligned}
&\left[\bm{Q}, \sum_q v_q (a_q e^{iqr} + a_q^+ e^{-iqr})\right] \\
&= \left[p_i + \sum_{q'} q'_i a_{q'}^+ a_{q'}, \sum_q v_q (a_q e^{iqr} + a_q^+ e^{-iqr})\right] \\
&= \left[p_i, \sum_q v_q (a_q e^{iqr} + a_q^+ e^{-iqr})\right] \\
&\quad + \left[\sum_{q'} q'_i a_{q'}^+ a_{q'}, \sum_q v_q (a_q e^{iqr} + a_q^+ e^{-iqr})\right] \\
&= \sum_q q_i v_q a_q e^{iqr} - \sum_q q_i v_q a_q^+ e^{-iqr} \\
&\quad - \sum_q q_i v_q a_q e^{iqr} + \sum_q q_i v_q a_q^+ e^{iqr} \\
&= 0
\end{aligned}$$

其中用到

$$[a_{q'}^+ a_{q'}, a_q] = -a_q \delta_{q'q}$$
$$[a_{q'}^+ a_{q'}, a_q^+] = a_q^+ \delta_{q'q}$$
$$[p_i, e^{iq_j r_j}] = -q_i e^{iq_j r_j}$$
$$[p_i, e^{-iq_j r_j}] = q_i e^{-iq_j r_j}$$

为了求解的方便,按 Lee,Low 和 Pines 提出的 LLP 变换将电子自由度消去,即引入幺正算符

$$U = \exp\left[i\left(\bm{Q} - \sum_q a_q^+ a_q\right)\cdot\bm{r}\right] \tag{6.1.5}$$

对(6.1.2)式中的 H 作幺正变换 $H' = U^{-1} H U$,得

$$H' = \bm{Q} + \sum_q (1 - 2\bm{Q}\cdot\bm{q} + \bm{q}^2) a_q^+ a_q$$

$$+ \sum_{q_1,q_2} \boldsymbol{q}_1 \cdot \boldsymbol{q}_2 a_{q_1}^+ a_{q_2}^+ a_{q_1} a_{q_2} + \sum_q v_q (a_q + a_q^+) \tag{6.1.6}$$

(6.1.6)式中现在只剩下声子算符了,这时电子的自由度已被消去,代价是出现了第三项的声子与声子间的有效相互作用项.

我们首先从 $Q=0$ 的静止极化子开始讨论,这时(6.1.6)式成为

$$H = \sum_q (1+\boldsymbol{q}^2) a_q^+ a_q + \sum_{q_1,q_2} \boldsymbol{q}_1 \cdot \boldsymbol{q}_2 a_{q_1}^+ a_{q_2}^+ a_{q_1} a_{q_2}$$
$$+ \sum_q v_q (a_q^+ + a_q) \tag{6.1.7}$$

为了求解(6.1.7)式表示的系统的基态解,引入相干态:

$$|\rangle_0 = \prod_q \exp[\alpha(\boldsymbol{q}) a_q^+] |0\rangle$$
$$= \exp\left[\sum_q \alpha(\boldsymbol{q}) a_q^+\right] |0\rangle \tag{6.1.8}$$

其中$|0\rangle$标识无声子的真空态. 如果将(6.1.7)式的近似基态解取为下列形式:

$$|\rangle = |\rangle_0 + \sum_{q_1 q_2} b(\boldsymbol{q}_1, \boldsymbol{q}_2) a_{q_1}^+ a_{q_2}^+ |\rangle_0 \tag{6.1.9}$$

并将(6.1.7)式和(6.1.9)式代入定态方程去求基态解. 在求解之前我们先作一点讨论.

(1) 显然(6.1.9)式的展开式是不完全的,因为完整的展开式应该还有三阶及三阶以上的项. 换句话说,这里的近似是基于假定二阶以后的项,在要求的精度下是小得可以忽略的.

(2) 后面将这种近似下算出的结果和精确的纯数值计算的结果作比较,结果发现在相当大的参数范围内两者是相符的,从而说明这种近似的做法是有效的.

把(6.1.7)式和(6.1.9)式代入定态方程

$$H|\rangle = E|\rangle \tag{6.1.10}$$

运算的时候根据以上所述的近似原则也将三阶以上的项都略去,得

$$E|\rangle_0 + E\sum_{q_1 q_2} b(\boldsymbol{q}_1,\boldsymbol{q}_2) a_{q_1}^+ a_{q_2}^+ |\rangle_0$$
$$= \sum_q V_q \alpha(\boldsymbol{q}) |\rangle_0 + \sum_q \left[(1+\boldsymbol{q}^2)\alpha(\boldsymbol{q}) + V_q + 2\sum_{q'} b(\boldsymbol{q}',\boldsymbol{q}) V_{q'}\right] a_q^+ |\rangle_0$$
$$+ \sum_{q_1 q_2}\left[\sum_q V_q \alpha(\boldsymbol{q}) b(\boldsymbol{q}_1,\boldsymbol{q}_2) + \boldsymbol{q}_1 \cdot \boldsymbol{q}_2 \alpha(\boldsymbol{q}_1)\alpha(\boldsymbol{q}_2) + (2+\boldsymbol{q}_1^2+\boldsymbol{q}_2^2) b(\boldsymbol{q}_1 \cdot \boldsymbol{q}_2)\right.$$
$$\left. + 2\boldsymbol{q}_1 \cdot \boldsymbol{q}_2 b(\boldsymbol{q}_1,\boldsymbol{q}_2)\right] a_{q_1}^+ a_{q_2}^+ |\rangle_0 \tag{6.1.11}$$

比较(6.1.11)式的两边的$|\rangle_0, a_{q_1}^+|\rangle_0, a_{q_1}^+ a_{q_2}^+|\rangle_0$得出

$$E = \sum_q v_q \alpha(\boldsymbol{q}) \tag{6.1.12}$$

$$v_q + (1+q^2)\alpha(\boldsymbol{q}) + 2\sum_{q'} v_{q'} b(\boldsymbol{q}', \boldsymbol{q}) = 0 \tag{6.1.13}$$

$$\left[\sum_q v_q \alpha(\boldsymbol{q}) - E + (2 + {\boldsymbol{q}_1}^2 + {\boldsymbol{q}_2}^2) + 2\boldsymbol{q}_1 \cdot \boldsymbol{q}_2\right] b(\boldsymbol{q}_1 \cdot \boldsymbol{q}_2)$$
$$= -\boldsymbol{q}_1 \cdot \boldsymbol{q}_2 \alpha(\boldsymbol{q}_1)\alpha(\boldsymbol{q}_2) \tag{6.1.14}$$

由(6.1.12)式及(6.1.14)式可得

$$b(\boldsymbol{q}_1 \cdot \boldsymbol{q}_2) = -\frac{\boldsymbol{q}_1 \cdot \boldsymbol{q}_2 \alpha(\boldsymbol{q}_1)\alpha(\boldsymbol{q}_2)}{2 + (\boldsymbol{q}_1 + \boldsymbol{q}_2)^2} \tag{6.1.15}$$

再将(6.1.15)式代回到(6.1.13)式得到 $\alpha(\boldsymbol{q})$ 的自洽方程：

$$\alpha(\boldsymbol{q}) = -\frac{v_q}{1+q^2} + \frac{2}{1+q^2}\sum_{q'} v_{q'} \frac{\boldsymbol{q} \cdot \boldsymbol{q}' \alpha(\boldsymbol{q})\alpha(\boldsymbol{q}')}{2 + (\boldsymbol{q}+\boldsymbol{q}')^2} \tag{6.1.16}$$

为了算出具体结果，需要把原来写成的求和形式还原到应有的积分形式，然后先对角度部分进行积分，得到

$$\alpha(\boldsymbol{q}) = \alpha(q) = -\frac{v_q}{1+q^2} + \frac{2}{(2\pi)^2(1+q^2)}\int_0^\infty \mathrm{d}q' q'^3 q v_{q'} \alpha(q)\alpha(q')$$
$$\cdot \left[\frac{1}{qq'} + \frac{2+q^2+q'^2}{4q^2 q'^2}\ln\left(\frac{(q-q')^2+2}{(q+q')^2+2}\right)\right] \tag{6.1.17}$$

在从求和形式转变到积分的形式时用到 $\sum_q \to \int \frac{1}{(2\pi)^3}\mathrm{d}\boldsymbol{q}$ 的关系.

可以从(6.1.17)式看到 $\alpha(q)$ 是球对称分布，这是意料中的结果.(6.1.17)式的积分是无法解析积分的，只能做数值的计算.在表6.1.1.1中列出用目前的方法算出的结果 E_0，用 Feynman 路径积分算出的结果 E_F，Lu 和 Rosenfolder 计算的结果 E_{LR} 以及 Alexandrou 和 Rosenfelder 用 Monte Carlo 方法算出的结果 E_{AR}，并在表中统一地作了比较.从表中可以看出 E_0 和被认为是最精确的 E_{AR} 最为符合.

表6.1.1.1 各种方法算出的基态能量的比较

α	E_0	E_F	E_{LR}	E_{AR}
1	-1.01673	-1.01302	-1.01661	-1.0162(2)(4)
2	-2.07063	-2.05536	-2.06966	
3	-3.16866	-3.13333	-3.16527	-3.166(1)(4)
4	-4.32039	-4.25648	-4.31214	
5	-5.53969	-5.44014	-5.52338	-5.537(4)(16)
6	-6.84810	-6.71087	-6.82057	

6.1.2 用相干态正交化方法讨论极化子

在上一小节中用相干态展开的方法解静止极化子的基态是相当成功的,因为仅仅只做了二阶的近似展开得到的结果就很好了.和以往的方法相比较,不仅方法简单许多,而且在最后做的简单的数值积分中可以说几乎没有数值计算的工作量.不过从前几章的讨论内容来看,我们仍然会提出这样的问题,为什么不把这种展开换为相干态正交化的方法?用后一种方法来重新讨论会不会有所改进?特别是上一小节中用相干态展开时只讨论了系统的基态,没有讨论包括激发态在内的能谱,所以在这一小节中我们将尝试把前面内容再在相干态正交化方法的框架下加以讨论.

从(6.1.7)式出发,根据前面一贯的做法,引入

$$A_q = a_q + \frac{v_q}{1+q^2}, \quad A_q^+ = a_q^+ + \frac{v_q}{1+q^2} \tag{6.1.18}$$

以及

$$|0\rangle_A = \exp\left[\sum_q \left(-\frac{v_q}{1+q^2}a_q^+ - \frac{v_q^2}{(1+q^2)^2}\right)\right]|0\rangle \tag{6.1.19}$$

可将(6.1.7)式改写成

$$\begin{aligned}H =& \sum_q \left[(1+q^2)A_q^+ A_q - \frac{v_q^2}{(1+q^2)^2}\right] \\ &+ \sum_{q_1 q_2} \boldsymbol{q}_1 \cdot \boldsymbol{q}_2 \left(A_{q_1}^+ - \frac{v_{q_1}}{1+q_1^2}\right)\left(A_{q_2}^+ - \frac{v_{q_2}}{1+q_2^2}\right) \\ &\cdot \left(A_{q_1} - \frac{v_{q_1}}{1+q_1^2}\right)\left(A_{q_2} - \frac{v_{q_2}}{1+q_2^2}\right)\end{aligned} \tag{6.1.20}$$

令解取如下的近似形式(忽略三阶及以上的项):

$$|\rangle = |0\rangle_A + \sum_q B_1(\boldsymbol{q}) A_q^+ |0\rangle_A + \sum_{q_1 q_2} B_2(\boldsymbol{q}_1,\boldsymbol{q}_2) A_{q_1}^+ A_{q_2}^+ |0\rangle_A \tag{6.1.21}$$

将(6.1.20)式和(6.1.21)式代入定态方程得

$$\begin{aligned}&\left[|0\rangle_A + \sum_q B_1(\boldsymbol{q}) A_q^+ |0\rangle_A + \sum_{q_1 q_2} B_2(\boldsymbol{q}_1,\boldsymbol{q}_2) A_{q_1}^+ A_{q_2}^+ |0\rangle_A\right]\left[E + \sum_q \frac{v_q^2}{(1+q^2)^2}\right] \\ &= \sum_q (1+q^2) B_1(\boldsymbol{q}) A_q^+ |0\rangle_A + \sum_{q_1 q_2} (2+q_1^2+q_2^2) B_2(\boldsymbol{q}_1,\boldsymbol{q}_2) A_{q_1}^+ A_{q_2}^+ |0\rangle_A\end{aligned}$$

$$+ \sum_{q_1 q_2} \boldsymbol{q}_1 \cdot \boldsymbol{q}_2 \left[\left(\frac{v_{q_1}}{(1+q_1^2)} \right)^2 \left(\frac{v_{q_2}}{1+q_2^2} \right)^2 |0\rangle_A - \left(\frac{v_{q_1}}{1+q_1^2} \right)^2 \frac{v_{q_2}}{1+q_2^2} A_{q_2}^+ |0\rangle_A \right.$$

$$\left. - \left(\frac{v_{q_2}}{1+q_2^2} \right)^2 \frac{v_{q_1}}{1+q_1^2} A_{q_1}^+ |0\rangle_A + \frac{v_{q_1}}{1+q_1^2} \frac{v_{q_2}}{1+q_2^2} A_{q_1}^+ A_{q_2}^+ |0\rangle_A \right]$$

$$+ \sum_{q_1 q_2} \boldsymbol{q}_1 \cdot \boldsymbol{q}_2 \left[\sum_q \left(\frac{v_{q_1}}{1+q_1^2} \right)^2 \left(\frac{v_{q_2}}{1+q_2^2} \right)^2 B_1(\boldsymbol{q}) A_q^+ |0\rangle_A - \left(\frac{v_{q_1}}{1+q_1^2} \right)^2 \right.$$

$$\left. \cdot \frac{v_{q_2}}{1+q_2^2} B_1(\boldsymbol{q}_2) |0\rangle_A - \left(\frac{v_{q_2}}{1+q_2^2} \right)^2 \frac{v_{q_1}}{1+q_1^2} B_1(\boldsymbol{q}_1) \right] |0\rangle_A$$

$$+ \left(\frac{v_{q_2}}{1+q_2^2} \right)^2 B_1(\boldsymbol{q}_1) A_{q_1}^+ |0\rangle_A + \left(\frac{v_{q_1}}{1+q_1^2} \right)^2 B_1(\boldsymbol{q}_2) A_{q_2}^+ |0\rangle_A$$

$$+ \left(\frac{v_{q_1}}{1+q_1^2} \right) \left(\frac{v_{q_2}}{1+q_2^2} \right) B_1(\boldsymbol{q}_1) A_{q_2}^+ |0\rangle_A + \left(\frac{v_{q_1}}{1+q_1^2} \right) \left(\frac{v_{q_2}}{1+q_2^2} \right) B_1(\boldsymbol{q}_2) A_{q_1}^+ |0\rangle_A$$

$$- \frac{v_{q_1}}{1+q_1^2} B_1(\boldsymbol{q}_2) A_{q_1}^+ A_{q_2}^+ |0\rangle_A - \frac{v_{q_2}}{1+q_2^2} B_1(\boldsymbol{q}_1) A_{q_1}^+ A_{q_2}^+ |0\rangle_A$$

$$+ \sum_{q_1, q_2} \boldsymbol{q}_1 \cdot \boldsymbol{q}_2 \left[\frac{v_{q_1}}{1+q_1^2} \frac{v_{q_2}}{1+q_2^2} B_2(\boldsymbol{q}_1, \boldsymbol{q}_2) - \frac{v_{q_1}}{1+q_1^2} B_2(\boldsymbol{q}_1, \boldsymbol{q}_2) A_{q_2}^+ |0\rangle_A \right.$$

$$\left. - \frac{v_{q_2}}{1+q_2^2} B_2(\boldsymbol{q}_1, \boldsymbol{q}_2) A_{q_1}^+ |0\rangle_A + B_2(\boldsymbol{q}_1, \boldsymbol{q}_2) A_{q_1}^+ A_{q_2}^+ \right] |0\rangle_A$$

$$+ \sum_q \left(\frac{v_{q_2}}{1+q_2^2} \right)^2 B_2(\boldsymbol{q}_1, \boldsymbol{q}) A_{q_1}^+ A_q^+ |0\rangle_A$$

$$+ \sum_q \frac{v_{q_2}}{1+q_2^2} \frac{v_{q_1}}{1+q_1^2} B_2(\boldsymbol{q}_1, \boldsymbol{q}) A_{q_2}^+ A_q^+ |0\rangle_A$$

$$+ \sum_q \frac{v_{q_1}}{1+q_1^2} \frac{v_{q_2}}{1+q_2^2} B_2(\boldsymbol{q}, \boldsymbol{q}_2) A_{q_1}^+ A_q^+ |0\rangle_A$$

$$+ \sum_q \left(\frac{v_{q_1}}{1+q_1^2} \right)^2 B_2(\boldsymbol{q}, \boldsymbol{q}_2) A_{q_2}^+ A_q^+ |0\rangle_A$$

$$- \sum_q \left(\frac{v_{q_1}}{1+q_1^2} \right)^2 \frac{v_{q_2}}{1+q_2^2} B_2(\boldsymbol{q} \cdot \boldsymbol{q}_2) A_q^+ |0\rangle_A$$

$$- \sum_q \left(\frac{v_{q_2}}{1+q_2^2} \right)^2 \frac{v_{q_1}}{1+q_1^2} B_2(\boldsymbol{q}_1, \boldsymbol{q}) A_q^+ |0\rangle_A$$

$$+ \sum_{qq'} \left(\frac{v_{q_1}}{1+q_1^2} \right)^2 \left(\frac{v_{q_2}}{1+q_2^2} \right)^2 B_2(\boldsymbol{q}, \boldsymbol{q}') A_q^+ A_{q'}^+ |0\rangle_A \qquad (6.1.22)$$

记

$$E + \sum_q \frac{v_q^2}{(1+q^2)^2} = E_1 \quad (6.1.23)$$

比较(6.1.22)式左右两边的$|0\rangle_A, A_q^+|0\rangle_A$和$A_{q_1}^+ A_{q_2}^+|0\rangle_A$,得

$$E_1 = \sum_{q_1 q_2}\left(\frac{v_{q_1}}{1+q_1^2}\right)^2\left(\frac{v_{q_2}}{1+q_2^2}\right)^2 - \sum_{q_1 q_2}\left[\left(\frac{v_{q_1}}{1+q_1^2}\right)^2 \frac{v_{q_2}}{1+q_2^2} B_1(\bm{q}_2)\right.$$

$$\left. - \left(\frac{v_{q_2}}{1+q_2^2}\right)^2 \frac{v_{q_1}}{1+q_1^2} B_1(\bm{q}_1)\right]$$

$$+ \sum_{q_1 q_2} \bm{q}_1 \cdot \bm{q}_2 \frac{v_{q_1}}{1+q_1^2} \frac{v_{q_2}}{1+q_2^2} B_2(\bm{q}_1, \bm{q}_2) \quad (6.1.24)$$

$$E_1 B_1(\bm{q}) = (1+q^2)B_1(\bm{q}) - \sum_{q_1} \bm{q}_1 \cdot \bm{q} \left(\frac{v_{q_1}}{1+q_1^2}\right)^2 \frac{v_{q_2}}{1+q_2^2}$$

$$- \sum_{q_2} \bm{q} \cdot \bm{q}_2 \left(\frac{v_{q_2}}{1+q_2^2}\right)^2 \frac{v_q}{1+q^2}$$

$$+ \sum_{q_1 q_2} \bm{q}_1 \cdot \bm{q}_2 \left(\frac{v_{q_1}}{1+q_1^2}\right)^2 \left(\frac{v_{q_2}}{1+q_2^2}\right)^2 B_1(\bm{q}) + \sum_{q_2} \bm{q} \cdot \bm{q}_2 \left(\frac{v_{q_2}}{1+q_2^2}\right)^2 B_1(\bm{q})$$

$$+ \sum_{q_1} \bm{q}_1 \cdot \bm{q} \left(\frac{v_{q_1}}{1+q_1^2}\right)^2 B_1(\bm{q}) + \sum_{q_1} \bm{q}_1 \cdot \bm{q} \frac{v_{q_1}}{1+q_1^2} B_1(\bm{q}_1) \frac{v_q}{1+q^2}$$

$$+ \sum_{q_2} \bm{q} \cdot \bm{q}_2 \left(\frac{v_{q_2}}{1+q_2^2}\right) B_1(\bm{q}_2) \frac{v_q}{1+q^2}$$

$$- \sum_{q_1} \bm{q}_1 \cdot \bm{q} \frac{v_{q_1}}{1+q_1^2} B_2(\bm{q}_1, \bm{q}) - \sum_{q_2} \bm{q} \cdot \bm{q}_2 \frac{v_{q_2}}{1+q_2^2} B_2(\bm{q}, \bm{q}_2)$$

$$- \sum_{q_1 q_2} \bm{q}_1 \cdot \bm{q}_2 \left(\frac{v_{q_1}}{1+q_1^2}\right)^2 \frac{v_{q_2}}{1+q_2^2} B_2(\bm{q}, \bm{q}_2)$$

$$- \sum_{q_1 q_2} \bm{q}_1 \cdot \bm{q}_2 \left(\frac{v_{q_2}}{1+q_2^2}\right)^2 \frac{v_{q_1}}{1+q_1^2} B_2(\bm{q}_1, \bm{q}) \quad (6.1.25)$$

$$E_1 B_2(\bm{q}_1, \bm{q}_2) = (2+q_1^2+q_2^2) B_2(\bm{q}_1, \bm{q}_2) + \frac{v_{q_1}}{1+q_1^2} \frac{v_{q_2}}{1+q_2^2}$$

$$- \frac{v_{q_1}}{1+q_1^2} B_1(\bm{q}_2) - \frac{v_{q_2}}{1+q_2^2} B_1(\bm{q}_1)$$

$$+ \bm{q}_1 \cdot \bm{q}_2 B_2(\bm{q}_1, \bm{q}_2) + \sum_q \bm{q}_1 \cdot \bm{q} \left(\frac{v_q}{1+q^2}\right)^2 B_2(\bm{q}_1, \bm{q}_2)$$

$$+ \sum_q \frac{v_{q_2}}{1+q_2^2} \frac{v_q}{1+q^2} B_2(\boldsymbol{q}, \boldsymbol{q}_1) \boldsymbol{q} \cdot \boldsymbol{q}_2$$

$$+ \sum_q \frac{v_{q_1}}{1+q_1^2} \frac{v_q}{1+q^2} \boldsymbol{q}_1 \cdot \boldsymbol{q} B_2(\boldsymbol{q}_2, \boldsymbol{q})$$

$$+ \sum_q \boldsymbol{q} \cdot \boldsymbol{q}_2 \left(\frac{v_q}{1+q^2}\right)^2 B_2(\boldsymbol{q}_1, \boldsymbol{q}_2)$$

$$+ \sum_{qq'} \boldsymbol{q}_1 \cdot \boldsymbol{q}_2 \left(\frac{v_q}{1+q^2}\right)^2 \left(\frac{v_{q'}}{1+q'^2}\right)^2 B_2(\boldsymbol{q}_1, \boldsymbol{q}_2) \qquad (6.1.26)$$

在往下计算之前先作一些讨论.

(1) 由(6.1.24)、(6.1.25)和(6.1.26)三式可明显看出存在球对称的解,即 $B_1(\boldsymbol{q}) = B_1(q), B_2(\boldsymbol{q}_1, \boldsymbol{q}_2) = B_2(q_1, q_2, \cos\theta)$,其中 θ 是 $\boldsymbol{q}_1, \boldsymbol{q}_2$ 间的夹角.

(2) 从(6.1.24)、(6.1.25)和(6.1.26)三式看出需作如下一些积分:

(a) $\sum_q \left(\frac{v_q}{1+q^2}\right)^2$ \qquad (b) $\sum_{q_1} \boldsymbol{q}_1 \cdot \boldsymbol{q} \frac{v_{q_1}}{1+q_1^2}$

(c) $\sum_{q_1} \boldsymbol{q}_1 \cdot \boldsymbol{q} \left(\frac{v_{q_1}}{1+q_1^2}\right)^2$ \qquad (d) $\sum_{q_1 q_2} \boldsymbol{q}_1 \cdot \boldsymbol{q}_2 \left(\frac{v_{q_1}}{1+q_1^2}\right)^2 \left(\frac{v_{q_2}}{1+q_2^2}\right)^2$

由于 $v_q = \dfrac{M}{q}$,所以积分都是可以积出的.

(3) (6.1.24)~(6.1.26)上面三个式子是 $B_1(q), B_2(q_1, q_2, \cos\theta)$ 的线性方程组,或准确一点说是积分方程组.通过引入高斯积分可把它们化为有限的线性方程组,这样一来不仅可求出基态,也能求出若干激发态.它的重要物理含义在于我们可以在这里首次讨论在什么情况下可以有激发的极化子(即能量仍小于零)的存在.

(4) 作相应的积分:

(a) $\sum_q \left(\dfrac{v_q}{1+q^2}\right)^2 \to \int \left(\dfrac{M/q}{1+q^2}\right)^2 q^2 \mathrm{d}q \sin\theta \mathrm{d}\theta \mathrm{d}\varphi$

$\qquad = 2\pi \int \dfrac{M^2}{q^2(1+q^2)^2} q^2 \mathrm{d}q \mathrm{d}\theta [-\cos\theta]_0^\pi = 4\pi M^2 \int_0^\infty \dfrac{\mathrm{d}q}{(1+q^2)^2}$

$\qquad = \dfrac{\pi}{4} \cdot 4\pi M^2 = \pi^2 M^2$

(b) $\sum_{q_1 q_2} \left(\dfrac{v_{q_1}}{1+q_1^2}\right)^2 \left(\dfrac{v_{q_2}}{1+q_2^2}\right)^2 = \pi^4 M^4$

(c) $\sum\limits_{q_1} \boldsymbol{q}_1 \cdot \boldsymbol{q} \dfrac{v_{q_1}}{1+q_1^2} \to \int \left(\dfrac{M/q_1}{(1+q_1^2)}\right) q_1 q\cos\theta q_1^2 \mathrm{d}q_1 \sin\theta \mathrm{d}\theta \mathrm{d}\varphi = 0$

(d) $\sum\limits_{q_1} \boldsymbol{q}_1 \cdot \boldsymbol{q} \left(\dfrac{v_{q_1}}{1+q_1^2}\right)^2 = 0$

(e) $\sum\limits_{q_1 q_2} \boldsymbol{q}_1 \cdot \boldsymbol{q}_2 \left(\dfrac{v_{q_1}}{1+q_1^2}\right)^2 \left(\dfrac{v_{q_2}}{1+q_2^2}\right)^2$

$\to \iint q_1 q_2 (\sin\theta_1 \sin\theta_2 \cos(\varphi_1 - \varphi_2)$

$\quad + \cos\theta_1 \cos\theta_2) \left(\dfrac{M/q_1}{1+q_1^2}\right)^2 \left(\dfrac{M/q_2}{1+q_2^2}\right)^2$

$\quad \cdot q_1^2 \mathrm{d}q_1 \mathrm{d}q_2 q_2^2 \sin\theta_1 \sin\theta_2 \mathrm{d}\theta_1 \mathrm{d}\theta_2 \mathrm{d}\varphi_1 \mathrm{d}\varphi_2$

$= M^4 \iint \dfrac{q_1 q_2}{(1+q_1^2)(1+q_2^2)^2} [\sin\theta_1 \sin\theta_2 \cos(\varphi_1 - \varphi_2)$

$\quad + \cos\theta_1 \cos\theta_2] \sin\theta_1 \sin\theta_2 \mathrm{d}\theta_1 \mathrm{d}\theta_2 \mathrm{d}\varphi_1 \mathrm{d}\varphi_2$

$= 0$

$M^4 \iint \dfrac{q_1 q_2}{(1+q_1^2)^2 (1+q_2^2)^2} \sin^2\theta_1 \sin^2\theta_2$

$\quad \cdot \cos(\varphi_1 - \varphi_2) \mathrm{d}q_1 \mathrm{d}q_2 \mathrm{d}\theta_1 \mathrm{d}\theta_2 \mathrm{d}\varphi_1 \mathrm{d}\varphi_2$

$\quad + M^4 \iint \dfrac{q_1 q_2}{(1+q_1)^2 (1+q_2^2)^2} \cos\theta_1 \sin\theta_1$

$\quad \cdot \cos\theta_2 \sin\theta_2 \mathrm{d}q_1 \mathrm{d}q_2 \mathrm{d}\theta_1 \mathrm{d}\theta_2 \mathrm{d}\varphi_1 \mathrm{d}\varphi_2$

$= M^4 \iint \dfrac{q_1 q_2}{(1+q_1^2)^2 (1+q_2^2)^2} \sin^2\theta \sin^2\theta_2$

$\quad \cdot \mathrm{d}q_1 \mathrm{d}q_2 \mathrm{d}\theta_1 \mathrm{d}\theta_2 [\sin(2\pi - \varphi_2) + \sin\varphi_2] \mathrm{d}\varphi_2$

$\quad + 4\pi^2 M^4 \iint \dfrac{q_1 q_2}{(1+q_1^2)(1+q^2)^2} \mathrm{d}q_1 \mathrm{d}q_2 (\sin^2\pi - \sin^2 0)^2$

$= 0$

计算(6.1.25)式的各项：

(a) $\sum\limits_{q_1} \boldsymbol{q}_1 \cdot \boldsymbol{q} \left(\dfrac{v_{q_1}}{1+q_1^2}\right)^2 \dfrac{v_q}{1+q^2} \to \int \mathrm{d}\boldsymbol{q}_1 \boldsymbol{q}_1 \cdot \boldsymbol{q} \left(\dfrac{M^2/q_1^2}{(1+q_1^2)^2}\right) \left(\dfrac{M/q}{1+q^2}\right)$

$= \int q q_1 \cos\theta \dfrac{M^2}{q_1^2 (1+q_1^2)^2} \dfrac{M}{q(1+q^2)} q_1^2 \mathrm{d}q_1 \sin\mathrm{d}\theta \mathrm{d}\varphi$

$$= \frac{2\pi M^3}{(1+q^2)} \int \frac{q_1}{(1+q_1^2)^2} dq_1 \frac{1}{2}\sin 2\theta d\theta = 0$$

(b) 类似有

$$\sum_{q_2} \boldsymbol{q} \cdot \boldsymbol{q}_2 \left(\frac{v_{q_2}}{1+q_2^2}\right)^2 + \frac{v_q}{1+q^2} = 0$$

(c) 由以上的推导可知,只要是球对称解

$$B_1(\boldsymbol{q}) = B_1(q)$$

则(6.1.25)式中的第四项、第五项、第六项、第七项都在对角度积分时可证其为零.

(d) $\sum_{q_1} \boldsymbol{q}_1 \cdot \boldsymbol{q} \frac{v_{q_1}}{1+q_1^2} B_2(q_1, q, \cos\theta)$

$$\to \int q q_1 \cos\theta \left(\frac{M/q_1}{1+q_1^2}\right) B_2(q_1, q, \cos\theta)\sin\theta dq_1 q_1^2 d\theta d\varphi$$

$$= 2\pi M q \int \frac{q_1^2}{1+q_1^2} B_2(q_1, q, \cos\theta)\cos\theta\sin\theta dq_1 d\theta$$

(e) $\sum_{q_1 q_2} \boldsymbol{q}_1 \cdot \boldsymbol{q}_2 \left(\frac{v_{q_1}}{1+q_1^2}\right)^2 \frac{v_{q_2}}{1+q_2^2} B_2(q_1 q_2)$

$$\to \iint q_1 q_2 \cos\theta_1 \left(\frac{M^2/q_1^2}{(1+q_1^2)^2}\right)\frac{M/q_2}{1+q_2^2}$$

$$\cdot B_2(q, q_2, \cos\theta) dq_2 q_1^2 dq_1 \sin\theta_1 d\theta_1 d\varphi_1$$

$$= \iint q_1 q_2 \left(\frac{M^2}{(1+q_1^2)^2}\right)\frac{M}{q_2(1+q_2^2)} B_2(q_1 q_2, \cos\theta)$$

$$\cdot 2\pi dq_2 [\sin^2\theta_1]_0^\pi$$

$$= 0$$

(f) 类似有

$$\sum_{q_1 q_2} \boldsymbol{q}_1 \cdot \boldsymbol{q}_2 \left(\frac{v_{q_2}}{1+q_2^2}\right)^2 + \frac{v_{q_1}}{1+q_1^2} B_2(\boldsymbol{q}_1, \boldsymbol{q}) = 0$$

因此在球对称的情形下(6.1.25)化简为

$$(E_1 - 1 + q^2)B_1(q) = -\pi M q \int \frac{q_1^2}{1+q_1^2} B_2(q_1, q, \cos\theta)\sin 2\theta dq_1 d\theta$$

$$-\pi M q \int \frac{q_2^2}{1+q_2^2} B_2(q, q_1, \cos\theta)\sin 2\theta dq_2 d\theta \quad (6.1.27)$$

计算(6.1.26)式的各项:

(a) $\sum_q \boldsymbol{q}_1 \cdot \boldsymbol{q} \left(\dfrac{v_q}{1+q^2} \right)^2 B_2(q_1, q_2)$

$= \int q_1 q \cos\theta_1 \left(\dfrac{M/q}{1+q^2} \right)^2 B_2(q_1, q_2, \cos\theta_2) q^2 \mathrm{d}q \sin\theta \mathrm{d}\theta \mathrm{d}\varphi$

$= M^2 q_1 B_2(q_1, q_2, \cos\theta_2) \int \dfrac{q^2}{1+q^2} \mathrm{d}q \cos\theta \sin\theta \mathrm{d}\theta \cdot 2\pi$

$= 0$

(b) 类似有

$$\sum_q \dfrac{v_{q_2}}{1+q_2^2} \dfrac{v_q}{1+q^2} \boldsymbol{q} \cdot \boldsymbol{q}_2 B_2(q_1, q) = 0$$

$$\sum_q \boldsymbol{q}_1 \cdot \boldsymbol{q} \dfrac{v_{q_1}}{1+q_1^2} \dfrac{v_q}{1+q^2} B_2(q_1 q_2) = 0$$

$$\sum_q \boldsymbol{q} \cdot \boldsymbol{q}_2 \left(\dfrac{v_q}{1+q^2} \right)^2 B_2(q_1, q_2) = 0$$

(c) $\sum_{qq'} \left(\dfrac{v_q}{1+q^2} \right)^2 \left(\dfrac{v_{q'}}{1+q'^2} \right)^2 \cdot \boldsymbol{q}_1 \cdot \boldsymbol{q}_2 B_2(q_1, q_2)$

$= \pi^4 M^4 q_1 q_2 \cos\theta B_2(q_1 \cdot q_2, \cos\theta)$

于是(6.1.26)式改写成

$[E_1 - 2 - q_1^2 - q_2^2 - (1+\pi^4 M^4) q_1 q_2 \cos\theta] B_2(q_1, q_2, \cos\theta)$

$= \dfrac{M_2}{q_1 q_2 (1+q_1^2)(1+q_2^2)} - \dfrac{M}{q_1(1+q_1^2)} B_1(q_2) - \dfrac{M}{q_2(1+q_2^2)} B_1(q_1)$ (6.1.28)

联合(6.1.27)式和(6.1.28)式即可解出 $B_1(q)$ 及 $B_2(q_1, q_2, \cos\theta)$.

6.1.3 运动的极化子

在前面的小节中我们讨论了静止的极化子,所谓的静止是指系统的总动量为零.实际上这时系统中仍存在各个方向和各种动量大小的声子,也包括电子在各个方向上各种大小的动量分布,只不过由于分布是球对称的,所以其总和即总动量为零.同时从前面小节的讨论看出,由于系统是球对称的,因此原来的三维问题实质上化简为一维的问题.如果现在转而讨论运动的极化子,那么它的总动量 Q 就不再为零.例如将 Q 的运动方向取作 z 方向,这时系统的 x, y 两个方向尚存有对称性,但 x, y 与 z 方向的对称性失去了,换句话说这时系统只剩下轴对称性,即原始的三维问题只能化简成二维问题.

对运动极化子的研究从物理角度考虑是有意义的.极化子的形成就是因为离

子晶体中出现带电的电子或空穴后使载流子周围产生了声子云,当极化子静止时,这种声子云的分布是球对称的、恒定的,但如极化子是运动的,不仅声子云的分布不再是球对称的,而且这种轴对称的声子云的分布会随极化子的运动也同时在转移,而呈现出一种动态的分布.

现在从(6.1.6)式出发:

$$H = Q^2 + \sum_q (1 - 2\boldsymbol{Q}\cdot\boldsymbol{q} + q^2) a_q^+ a_q$$
$$+ \sum_{q_1,q_2} \boldsymbol{q}_1 \cdot \boldsymbol{q}_2 a_{q_1}^+ a_{q_2}^+ a_{q_1} a_{q_2} + \sum_q v_q (a_q + a_q^+)$$

如前所做的那样引入

$$|\rangle_0 = \sum_q \exp[F(\boldsymbol{q}) a_q^+] | 0 \rangle \tag{6.1.29}$$

不过要注意的是,和(6.1.8)式作比较可以想到在那里引入的 $\alpha(\boldsymbol{q})$ 由于球对称的缘故,实际上是 $\alpha(\boldsymbol{q}) = \alpha(q)$,而这里的 $F(\boldsymbol{q})$ 不再是 $F(q)$,它既和 $\boldsymbol{q}$ 的大小有关,也会和 $\boldsymbol{q}$ 的方向有关.如前也将近似的解的形式取作

$$|\rangle = |\rangle_0 + \sum_{q_1 q_2} b(\boldsymbol{q}_1, \boldsymbol{q}_2) a_{q_1}^+ a_{q_2}^+ |\rangle_0 \tag{6.1.30}$$

其中的 $b(\boldsymbol{q}_1, \boldsymbol{q}_2)$ 也会因对称性的改变和(6.1.9)式中的 $b(q_1, q_2)$ 具有不同的性质.将(6.1.30)式代入定态方程得

$$E\{|\rangle_0 + \sum_{q_1 q_2} b(\boldsymbol{q}_1, \boldsymbol{q}_2) a_{q_1}^+ a_{q_2}^+ |\rangle_0\}$$
$$= \sum_q v_q F(\boldsymbol{q}) |\rangle_0 + \Big\{ \sum_q (1 - 2\boldsymbol{Q}\cdot\boldsymbol{q} + q^2) F(\boldsymbol{q})$$
$$+ v_q + 2\sum_{q'} b(\boldsymbol{q}, \boldsymbol{q}') v_{q'} \Big\} a_q^+ |\rangle_0$$
$$+ \sum_{q_1 q_2} \Big\{ \sum_q v_q F(\boldsymbol{q}) b(\boldsymbol{q}_1, \boldsymbol{q}_2) + \boldsymbol{q}_1 \cdot \boldsymbol{q}_2 F(\boldsymbol{q}_1) F(\boldsymbol{q})$$
$$+ [2 - 2\boldsymbol{Q}\cdot(\boldsymbol{q}_1 + \boldsymbol{q}_2) + (\boldsymbol{q}_1 + \boldsymbol{q}_2)^2] b(\boldsymbol{q}_1, \boldsymbol{q}_2)$$
$$+ Q^2 b(\boldsymbol{q}_1, \boldsymbol{q}_2) + \boldsymbol{q}_1 \cdot \boldsymbol{q}_2 b(\boldsymbol{q}_1, \boldsymbol{q}_2) \Big\} a_{q_1}^+ a_{q_2}^+ |\rangle_0 \tag{6.1.31}$$

在得出上式时,和前面做的近似的办法一样略去了三阶 $(a^+)^3$ 及以上的项.比较 $|\rangle_0, a_q^+ |\rangle_0, a_{q_1}^+ a_{q_2}^+ |\rangle_0$ 得

$$E = Q^2 + \sum_q v_q F(\boldsymbol{q}) \tag{6.1.32}$$

$$v_q + (1 - 2\boldsymbol{Q}\cdot\boldsymbol{q} + q^2) F(\boldsymbol{q}) + 2\sum_{q'} v_{q'} b(\boldsymbol{q}, \boldsymbol{q}') = 0 \tag{6.1.33}$$

$$\left\{\sum_q v_q F(\boldsymbol{q}) + [2 - \boldsymbol{Q}\cdot(\boldsymbol{q}_1 + \boldsymbol{q}_2) + (\boldsymbol{q}_1 + \boldsymbol{q}_2)^2] - E + Q^2\right\} b(\boldsymbol{q}_1, \boldsymbol{q}_2)$$
$$= -\boldsymbol{q}_1\cdot\boldsymbol{q}_2 F(\boldsymbol{q}_1) F(\boldsymbol{q}_2) \tag{6.1.34}$$

由(6.1.33)式及(6.1.34)式得到 $F(\boldsymbol{q})$ 的一个自洽方程：

$$F(\boldsymbol{q}) = -\frac{v_q}{1 - 2\boldsymbol{Q}\cdot\boldsymbol{q} + q^2} + \frac{2}{1 - 2\boldsymbol{Q}\cdot\boldsymbol{q} + q^2}$$
$$\cdot \sum_{q'} v_{q'} \frac{\boldsymbol{q}\cdot\boldsymbol{q}' F(\boldsymbol{q}) F(\boldsymbol{q}')}{2 - 2\boldsymbol{Q}\cdot(\boldsymbol{q} + \boldsymbol{q}') + (\boldsymbol{q} + \boldsymbol{q}')^2} \tag{6.1.35}$$

前面已谈过，这里的 $F(\boldsymbol{q})$ 和静止极化子的 $\alpha(\boldsymbol{q}) = \alpha(q)$ 的对称性不一样，因为极化子运动时球对称性已被破坏，只保留了沿运动方向的轴对称性. 从(6.1.35)式也可清楚地看出这点，所以 $F(\boldsymbol{q})$ 不仅和 q 的大小有关，也和 $\boldsymbol{q}$ 与极化子运动方向的夹角 θ 有关，为此可把 $F(\boldsymbol{q})$ 表示为 $F(Q, q, \theta)$, F 的表示中加上参量 Q 是因为它也依赖于总动量 Q 的大小. 再把(6.1.35)式中的求和改为积分便得到 $F(Q, q, \theta)$ 所满足的自洽的积分方程：

$$F(Q, q, \theta) = -\frac{v_q}{1 - 2Qq\cos\theta + q^2} + \frac{2}{1 - 2Qq\cos\theta + q^2}$$
$$\cdot \frac{1}{(2\pi)^3}\int v_{q'} F(Q, q, \theta) F(Q, q', \theta')$$
$$\cdot qq'^3(\sin\theta\sin\theta'\cos\varphi' + \cos\theta\cos\theta')\sin\theta' \mathrm{d}q' \mathrm{d}\theta' \mathrm{d}\varphi'$$
$$\cdot [2 - 2Q(q\cos\theta + q'\cos\theta')$$
$$+ 2qq'(\sin\theta\sin\theta'\cos\varphi' + \cos\theta\cos\theta') + q^2 + q'^2]^{-1} \tag{6.1.36}$$

有了上述的关于 $F(Q, q, \theta)$ 的自洽方程以后，我们便可在给定 Q 的条件下用数值计算的办法求出 $F(Q, q, \theta)$, 再代回(6.1.34)式求出 $b(\boldsymbol{q}_1, \boldsymbol{q}_2)$, 并将 $F(Q, q, \theta)$ 代回(6.1.32)式求出系统的能量本征值 E.

需要指出的一点是，从(6.1.36)式右方的表示式中可以看到，当 Q 趋近于 1 时，式中的分母在一定的 (θ, q) 值情形下趋于零而出现奇异性. 这时上述的解法会失效，对于这一问题在这里不作详细的讨论，只大致叙述一下解决这一困难的物理机制，其次要附带指出极化子的总动量趋近于 1 在实际中也无重要意义. 出现这一奇异性的根源应追溯到 Fröhlich 写出该模型的哈氏量时所采取的近似，该近似假定电子进入离子晶体后引起的离子对平衡位置的偏离是一个小量，因此在将势能按偏离展开时只取了二阶项. 但是当 $Q\to 1$ 时这样的近似假定已不再适用，而必须要把三阶项也包括进来. 当我们把三阶项的贡献也加进 Fröhlich 所写的原始哈氏量后这一奇异性就消失了. 有兴趣的读者可参看有关的文献.

解出 $F(Q,q,\theta)$ 后就能得出极化子的各种物理性质,其中感兴趣的首先是声子数.导出的声子数密度的表示式为

$$n(Q,q,\theta) = |F(Q,q,\theta)|^2[1+G^2(Q,q,\theta)] \quad (6.1.37)$$

其中

$$G(Q,q,\theta) = \frac{1}{2\pi^2}\int_0^\infty \mathrm{d}q'\int_0^\pi \mathrm{d}\theta' F(Q,q,\theta')q'^2\sin\theta' R \quad (6.1.38)$$

$$R = 1 - [2 - 2Q(q\cos\theta + q'\cos\theta') + q^2 + q'^2]$$
$$\cdot [2 - 2Q(q\cos\theta + q'\cos\theta')q^2 + q'^2$$
$$+ 2qq'\cos(\theta+\theta')]^{\frac{1}{2}}[2 - 2Q(q\cos\theta + q'\cos\theta')$$
$$+ q^2 + q'^2 + 2qq'\cos(\theta-\theta')]^{-\frac{1}{2}} \quad (6.1.39)$$

上面表达式来自将数算符 $a_q^+ a_q$ 在求出的态矢(6.1.30)中计算其期待值.具体推导不在这里给出,下面给出一些计算的结果.

在图 6.1.3.1 和图 6.1.3.2 中给出 $Q=0.1$ 时,$\alpha=2$,$\alpha=6$ 两种情形下不同 q 的声子在不同方向(即与 Q 有不同夹角)时声子数密度的分布.

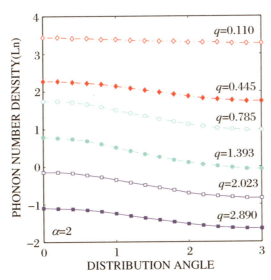

图 6.1.3.1　不同 q 下声子数密度关于声子分布角 θ 的曲线(这里 $\alpha=2$)

由两图可清楚地看出,声子数密度随夹角不同而不同,明显表示出球对称性不再存在.

在图 6.1.3.3 中绘出在不同耦合常数 α 的条件下总声子数 N 随 Q 的变化曲线,可以清楚地看出它们之间不是线性关系.

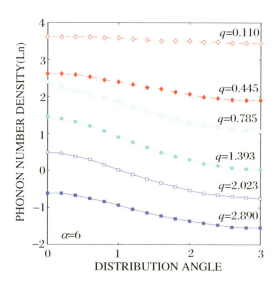

图 6.1.3.2　不同 q 下声子数密度关于声子分布角 θ 的曲线(这里 $\alpha=6$)

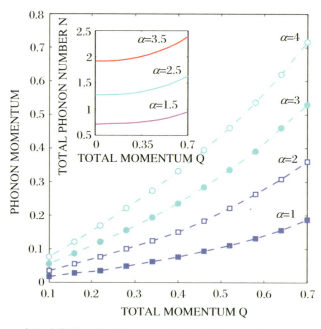

图 6.1.3.3　声子动量关于总动量 Q 在不同耦合常数 α 下的变化曲线(内插图为总的平均声子数 N 关于总动量 Q 的曲线,这里 $\alpha=1.5,2.5,3.5$)

6.2 一维双极化子和二维极化子与双极化子

讨论了一个电子与晶体中的纵光学声子耦合形成极化子的问题以后自然会产生下面的想法,会不会有多于一个的电子,它们与纵光学声子(Lo)产生相互作用后也能形成多电子和声子云的一个耦合的整体?最简单的当然就是含两个电子的双极化子了.不过对于双极化子问题不像单极化子那样只需考虑电声作用,它还需要同时考虑电子与电子之间由于电荷同号的斥力作用,而且这种斥力是反抗耦合系统而形成的.因此如果在某些晶体中要能形成双极化子,一般它应满足两个条件:一是形成的双极化子在空间的分布较大,即电子与电子间的平均距离较大,使得排斥作用相对较小;二是在这种晶体里电声作用一定要足够强,才能使电声作用吸引电子在一起的强度大过它们之间的库仑排斥作用.

6.2.1 双极化子的变分算法

根据前面写出的单极化子 Fröhlich 模型哈氏量同样的物理考虑,描述两个电子与声子场耦合系统的哈氏量可表示为(取单位使 $m=\hbar=\omega_0=1$)

$$H = \sum_{j=1,2}\left[\frac{1}{2}p_j^2 + \sum_q v_q(a_q e^{iq\cdot r_j} + a_q^+ e^{-iq\cdot r_j})\right]$$
$$+ \sum_q a_q^+ a_q + u(|r_1 - r_2|) \tag{6.2.1}$$

其中 $r_j(p_j)$ 是第 j 个电子的位置(动量)算符; a_q^+ 和 a_q 仍是动量为 q 的 Lo 声子的产生、湮灭算符; v_q 的意义如前.对于双极化子系统多出的最后一项 $u(r) = u(|r_1 - r_2|)$,其中 $u = \frac{\sqrt{2}\alpha}{1-\eta}$,而 $\eta = \varepsilon_\infty/\varepsilon$ 是两种介电常数之比.

为了讨论方便,和经典理论中处理两体问题时的做法一样,引入质心坐标 $R = \frac{1}{2}(r_1 + r_2)$ 和相对坐标 $r = r_1 - r_2$,将(6.2.1)式改写成

$$H = \frac{P^2}{4} + p^2 + u(r) + \sum_q a_q^+ a_q$$
$$+ \sum_q 2v_q \cos\left(\frac{q\cdot r}{2}\right)(a_q e^{iq\cdot R} + a_q^+ e^{-iq\cdot R}) \tag{6.2.2}$$

对于这样的复杂系统很难再应用前面的相干态展开方法或相干态正交化方法去求解.所幸正好如一开始谈到的,这种双极化子系统应当是在强耦合情形才有意义,这时变分法常是有效的近似方法,因此我们将解表示成如下的形式:

$$|\rangle = \Psi(\boldsymbol{R})\phi(\boldsymbol{r})|A\rangle \tag{6.2.3}$$

其中 $\Psi(\boldsymbol{R})$ 是质心波函数;$\phi(\boldsymbol{r})$ 是相对坐标波函数.这里不像一般的变分法的做法那样预先设定两个波函数的函数形式和在设定的函数中放入若干待定参量由变分计算来确定它们,而是两个波函数的函数形式本身都由变分计算来确定.唯有声子系的态矢部分,根据前面的极化子的讨论知道它的最可靠的尝试解的形式应当是相干态的形式,即取

$$|A\rangle = \prod_{q'} e^{\alpha(q')a_{q'}^+}|0\rangle \tag{6.2.4}$$

其中的 $\{\alpha(\boldsymbol{q'})\}$ 是待定的变分参量.

为标示更加明确起见,我们用符号《…》标示在 $\Psi(\boldsymbol{R})$ 中求期待值,而用符号 $\langle\cdots\rangle$ 标示在 $\phi(\boldsymbol{r})$ 中求期待值.把(6.2.2)式中的 H 放在(6.2.3)式表示的系统的尝试解的态矢中求期待值,得

$$E = \left《\frac{\boldsymbol{P}^2}{4}\right》 + \left\langle p^2 + \frac{u}{r}\right\rangle + \sum_q \alpha(\boldsymbol{q})^2$$
$$+ \sum_q 2v_q \left\langle\cos\left(\frac{\boldsymbol{q}\cdot\boldsymbol{r}}{2}\right)\right\rangle 《e^{i\boldsymbol{q}\cdot\boldsymbol{R}}》\alpha(\boldsymbol{q}) \tag{6.2.5}$$

将 E 对 $\alpha(\boldsymbol{q})$ 求变分得

$$\alpha(\boldsymbol{q}) = -v_q\left\langle\cos\left(\frac{\boldsymbol{q}\cdot\boldsymbol{r}}{2}\right)\right\rangle 《e^{i\boldsymbol{q}\cdot\boldsymbol{R}}》 \tag{6.2.6}$$

将上式的右方的两个期待值标示明显表出,上式可改写为

$$\alpha(\boldsymbol{q}) = -\frac{64\pi^2}{q^2}v_q CD \tag{6.2.7}$$

其中

$$C = \int dR R\Psi(\boldsymbol{R})^2 \sin qR$$
$$D = \int dr r\phi(\boldsymbol{r})^2 \sin\left(\frac{1}{2}qr\right) \tag{6.2.8}$$

现在转而讨论如何求解 $\Psi(\boldsymbol{R})$ 和 $\phi(\boldsymbol{r})$.将(6.2.2)中的哈氏量在 $\phi(\boldsymbol{r})|A\rangle$ 中求期待值,便得到质心坐标表象中的有效哈氏量:

$$H_R = \frac{\boldsymbol{P}^2}{4} + \left\langle p^2 + \frac{u}{r}\right\rangle + \sum_q \alpha(\boldsymbol{q})^2$$

$$+ \sum_q 2v_q \langle \cos\frac{\boldsymbol{q}\cdot\boldsymbol{r}}{2}\rangle \cos(\boldsymbol{q}\cdot\boldsymbol{R})\alpha(\boldsymbol{q}) \qquad (6.2.9)$$

类似地,将(6.2.2)式中的哈氏量在 $\Psi(\boldsymbol{R})|A\rangle$ 中求期待值得相对坐标表象中的有效哈氏量:

$$H_r = \boldsymbol{p}^2 + \frac{u}{r} + \langle\!\langle \frac{\boldsymbol{P}^2}{4}\rangle\!\rangle + \sum_q \alpha(\boldsymbol{q})^2$$

$$+ \sum_q 2v_q \cos\left(\frac{\boldsymbol{q}\cdot\boldsymbol{r}}{2}\right)\langle\!\langle \cos\boldsymbol{q}\cdot\boldsymbol{R}\rangle\!\rangle \alpha(\boldsymbol{q}) \qquad (6.2.10)$$

下面从(6.2.9)式和(6.2.10)式出发,按以下步骤得 $\Psi(\boldsymbol{R})$ 和 $\phi(\boldsymbol{r})$ 的耦合方程组.

(1) 将得到的 $\alpha(\boldsymbol{q})$ 的(6.2.6)表示式代入(6.2.9)式和(6.2.10)式的右方,使该二式不再含 $\alpha(\boldsymbol{q})$.

(2) 按 H_R 及 H_r 导出其相应的定态方程,这两个方程是相互耦合起来的.

(3) 将对 $\boldsymbol{q}$ 的求和 $\sum_q$ 改写成 $\frac{1}{(2\pi)^3}\int\mathrm{d}\boldsymbol{q}$,最后得 $\Psi(\boldsymbol{R})$ 及 $\phi(\boldsymbol{r})$ 的耦合积分方程组如下:

$$E\Psi(\boldsymbol{R}) = -\frac{\boldsymbol{\nabla}_R^2}{4}\Psi(\boldsymbol{R}) + \langle -\boldsymbol{\nabla}_r^2 + \frac{u}{r}\rangle\Psi(\boldsymbol{R}) + 64^2\pi^3\sqrt{2}\alpha\int\mathrm{d}\boldsymbol{q}\frac{(CD)^2}{q^4}\Psi(\boldsymbol{R})$$

$$- 32^2 2\sqrt{2}\pi^2\alpha\int\mathrm{d}\boldsymbol{q}\frac{\sin(qR)}{qR}\frac{CD^2}{q^3}\Psi(\boldsymbol{R}) \qquad (6.2.11)$$

$$E\phi(\boldsymbol{r}) = \left[-\boldsymbol{\nabla}_r^2 + \frac{u}{r}\right]\phi(\boldsymbol{r}) + \langle\!\langle -\frac{\boldsymbol{\nabla}_R^2}{4}\rangle\!\rangle\phi(\boldsymbol{r}) + 64^2\pi^3\sqrt{2}\alpha\int\mathrm{d}\boldsymbol{q}\frac{(CD)^2}{q^4}\phi(\boldsymbol{r})$$

$$- 32^2 2\sqrt{2}\pi^2\alpha\int\mathrm{d}\boldsymbol{q}\frac{\sin\left(\frac{qr}{2}\right)}{qr}\frac{C^2 D}{q^3}\phi(\boldsymbol{r}) \qquad (6.2.12)$$

与此同时将(6.2.6)式代入(6.2.5)式并将求和改写为积分,则(6.2.5)式也可改写为

$$E = \langle\!\langle -\frac{\boldsymbol{\nabla}_R^2}{4}\rangle\!\rangle + \langle -\boldsymbol{\nabla}_r^2 + \frac{u}{r}\rangle - 64^2\pi^3\sqrt{2}\alpha\int\mathrm{d}\boldsymbol{q}\frac{(CD)^2}{q^4} \qquad (6.2.13)$$

为简便计,令 $\Psi(\boldsymbol{R}) = \alpha^{3/2}\Psi(\boldsymbol{x})$, $\boldsymbol{x} = \alpha\boldsymbol{R}$, $\phi(\boldsymbol{r}) = \alpha^{3/2}\phi(\boldsymbol{y})$, $\boldsymbol{y} = \alpha\boldsymbol{r}$, $E = E_0\alpha^2$, $U = U_0\alpha$,则(6.2.11)式、(6.2.12)式、(6.2.13)式均可表示为更简洁一些的形式:

$$-\frac{\boldsymbol{\nabla}_x^2}{4}\Psi(\boldsymbol{x}) + \langle\!\langle -\frac{\boldsymbol{\nabla}_x^2}{4}\rangle\!\rangle + 64^2 2\pi^3\sqrt{2}\int\mathrm{d}\boldsymbol{q}\frac{(CD)^2}{q^4}\Psi(\boldsymbol{x})$$

$$= 32^2 2\sqrt{2}\pi^2\int\mathrm{d}\boldsymbol{q}\frac{\sin(qx)}{qx}\frac{CD^2}{q^3}\Psi(\boldsymbol{x}) \qquad (6.2.14)$$

$$\left[-\nabla_y^2 + \frac{u_0}{y}\right]\phi(y) + 64^2 2\pi^3 \sqrt{2} \int dq \frac{(CD)^2}{q^4} \phi(y)$$

$$= 32^2 2\sqrt{2}\pi^2 \int dq \frac{\sin\left(\frac{qy}{2}\right)}{qy} \frac{C^2 D}{q^3} \phi(y) \tag{6.2.15}$$

$$E_0 = \langle\!\langle -\frac{\nabla_x^2}{4}\rangle\!\rangle + \langle -\nabla_y^2 + \frac{u_0}{y}\rangle - 64^2 \pi^3 \sqrt{2} \int dq \frac{(CD)^2}{q^4} \tag{6.2.16}$$

显而易见,联立求解(6.2.14)式和(6.2.15)式两个耦合的积分微分方程要得到解析形式的解是不可能的.在实际的计算中只能用数值的解法解 $\Psi(x)$ 及 $\phi(y)$,解出后再代入(6.2.16)式便可求出双极化子的束缚能 $E(E_0)$,也可如前面讨论的那样求其余的物理量,例如声子的数密度等.这些内容就不在这里重复了,但是有一个重要的问题必须要提出来讨论,那就是双极化子的稳定性问题.虽然求出了束缚能 E 是负值,表示它对两个裸电子距离很远又没有声子的这样无关联的状态来说是稳定能量更低的耦合系统,但不应忘记的是我们在前面谈过的单电子与 Lo 声子组成的耦合系统的极化子(或准确地说是单极化子).如果在同一晶体里形成的双极化子的束缚能 E 高于两个单极化子的束缚能 E_{SP} (这里加下标 SP 是用以表明它是单极化子的束缚能),即如

$$E > 2E_{SP}$$

那么它仍会是不稳定的,因为从能量达到最低才会是稳定的判据来看,这时它也会分裂成两个单极化子.因此自然要问在什么条件下或在什么样的晶体里才会产生稳定的双极化子呢?

让我们回到双极化子的哈氏量来看,形成束缚态的两个对抗的因素是电声作用与库仑排斥作用,前者决定于 $v_q = \frac{2\sqrt{2}\pi\alpha}{rq}$,后者决定于 $u = \frac{\sqrt{2}\alpha}{1-\eta}$,单极化子只决定于 v_q .可见对于不同的晶体能否形成双极化子依赖于它的 η 值与 α 值,即不利于形成双极化子的 u 越大,越不容易形成双极化子,在 α 值一定的情况下, η 越大, u 就越大.从这样的定性分析来看可知,对于具有某一确定 α 值的一类晶体来讲,一定是其中的哪一部分晶体.它们的 η 要低于 $\eta_c(\alpha)$ 才能在其中产生双极化子.更详细一点的讨论请见文献[11].

6.2.2 二维极化子

Peters 等人曾讨论过低维空间中的极化子问题,并且指出 Fröhlich 模型在一维及二维空间中哈氏量的形式和三维的是一样的,唯一不同的是在不同维数下电

子与晶格中的纵光学声子间的相互作用参量 v_q 依空间维数不同而不相同.可表示为

$$v_q^2 = \frac{\Gamma\left(\frac{N-1}{2}\right)2^{N-1}\pi^{(N-1)/2}\alpha}{V_N q^{N-1}} \qquad (6.2.17)$$

其中 N 指空间的维数;V_N 是 N 维空间中系统的体积;Γ 表示 γ 函数.

自从高温超导的研究兴起后,人们对高温超导的物理机制产生了浓厚的兴趣.由于高温超导材料的结构是准二维的,所以 Emin 在众多的各种机制的设想中提出了二维双极化子的玻色-爱因斯坦凝聚的想法,这样一来研究二维双极化子的问题便得到了特别的推动力.正如在上一小节的三维双极子的讨论中谈到的那样,研究二维双极化子需要考虑它的稳定性问题,即需要考虑到它的束缚能与两个单极化子束缚能之和相比较看哪一个的束缚能更低.在上一小节中我们在三维情形讨论过这一问题,现在把它转到二维空间来讨论,为此我们需要在这一小节里先讨论二维单极化子,在下一节里再来讨论二维双极化子.

如上所述,二维情形下哈氏量的形式没有改变,但需记住(6.2.17)式中 v_q 的表示式里 N 取 2 即可.为了讨论得更普遍一些,将保留系统的总动量为有限的 Q,而不令其为 O,即下面的讨论不限于静止的二维极化子.

$$H = \left(Q - \sum_q q a_q^+ a_q\right)^2 + \sum_q a_q^+ a_q + \sum_q v_q(a_q^+ + a_q) \qquad (6.2.18)$$

注意我们已取 $\omega_q = 1$.和三维的讨论一样,解的形式取为

$$|\rangle = |\rangle_0 + \sum_{q_1 q_2} b(q_1, q_2) a_{q_1}^+ a_{q_2}^+ \rangle_0 \qquad (6.2.19)$$

其中

$$|\rangle_0 = \prod_{q_1} e^{f(q') a_{q'}^+} |0\rangle \qquad (6.2.20)$$

将(6.2.18)式及(6.2.19)式代入定态方程,仍如前作忽略 $(a^+)^3|\rangle_0$ 及 $(a^+)^4|\rangle_0$ 项的近似得 $f(q)$ 及 $b(q' \cdot q)$ 如下的联立方程:

$$E = Q^2 + \sum_q v_q f(q) \qquad (6.2.21)$$

$$v_q + (1 - 2Q \cdot q + q^2)f(q) + 2\sum_{q'} v_{q'} b(q', q) = 0 \qquad (6.2.22)$$

$$\sum_q v_q f(q) - E + Q^2 + [2 - 2Q \cdot (q_1 + q_2) + q_1^2 + q_2^2] + 2q_1 \cdot q_2 b(q_1, q_2)$$
$$= -q_1 \cdot q_2 f(q_1) f(q_2) \qquad (6.2.23)$$

由(6.2.21)式及(6.2.23)式可得

$$b(\boldsymbol{q}_1,\boldsymbol{q}_2) = -\frac{\boldsymbol{q}_1\cdot\boldsymbol{q}_2 f(\boldsymbol{q}_1)f(\boldsymbol{q}_2)}{2-2\boldsymbol{Q}\cdot(\boldsymbol{q}_1+\boldsymbol{q}_2)+(\boldsymbol{q}_1+\boldsymbol{q}_2)^2} \tag{6.2.24}$$

将(6.2.24)式代回到(6.2.23)式得到 $f(\boldsymbol{q})$ 的自洽方程:

$$f(\boldsymbol{q}) = -\frac{v_q}{1-2\boldsymbol{Q}\cdot\boldsymbol{q}+q^2} + \frac{2}{1-2\boldsymbol{Q}\cdot\boldsymbol{q}+q^2}$$
$$\cdot\sum_{q'}v_{q'}\frac{\boldsymbol{q}\cdot\boldsymbol{q}'f(\boldsymbol{q})f(\boldsymbol{q}')}{2-2\boldsymbol{Q}\cdot(\boldsymbol{q}+\boldsymbol{q}')+(\boldsymbol{q}+\boldsymbol{q}')^2} \tag{6.2.25}$$

其实上述的结果同样适用于二维及三维情形,不同的只是上式中 v_q 的表示式(6.2.17)中一个取 $N=2$,另一个取 $N=3$ 而已.因此讨论到这里,我们已可以把前面三维空间的极化子理论计算照搬到二维的情形中来,而把 v_q 的表示改变一下即可.

由(6.2.25)式严格解出 $f(\boldsymbol{q})$ 后可以得出近似解(6.2.19)式的完整结果.不过我们也可以采用逐步迭代的办法来求近似解 $f(\boldsymbol{q})$.例如只保留(6.2.25)式右方的第一项的一阶近似为

$$f(\boldsymbol{q}) \approx -\frac{v_q}{1-2\boldsymbol{Q}\cdot\boldsymbol{q}+q^2} \tag{6.2.26}$$

再把(6.2.26)式代入(6.2.25)式的右方第二项便得到 $f(\boldsymbol{q})$ 的二阶近似:

$$f(\boldsymbol{q})\approx -\frac{v_q}{1-2\boldsymbol{Q}\cdot\boldsymbol{q}+q^2}+\frac{2}{1-2\boldsymbol{Q}\cdot\boldsymbol{q}+q^2}\sum_{q'}v_{q'}\frac{\boldsymbol{q}\cdot\boldsymbol{q}'}{2-2\boldsymbol{Q}\cdot(\boldsymbol{q}+\boldsymbol{q}')+(\boldsymbol{q}+\boldsymbol{q}')^2}$$
$$\times\frac{v_q}{1-2\boldsymbol{Q}\cdot\boldsymbol{q}+q^2}\frac{v_{q'}}{1-2\boldsymbol{Q}\cdot\boldsymbol{q}'+q'^2} \tag{6.2.27}$$

再将(6.2.27)式代入(6.2.25)式的右方的第二项会得到 $f(\boldsymbol{q})$ 的三阶近似,继续做下去可得任意阶近似下的 $f(\boldsymbol{q})$.

现在将(6.2.27)式代入(6.2.21)式中得到二阶近似下的运动极化子的能量:

$$E = Q^2 - \sum_q\frac{v_q^2}{1-2\boldsymbol{Q}\cdot\boldsymbol{q}+q^2}+\sum_{qq'}v_q^2 v_{q'}^2\frac{2\boldsymbol{q}\cdot\boldsymbol{q}'}{2-2\boldsymbol{Q}(\boldsymbol{q}+\boldsymbol{q}')+(\boldsymbol{q}+\boldsymbol{q}')^2}$$
$$\times\frac{1}{(1-2\boldsymbol{Q}\cdot\boldsymbol{q}+q^2)^2}\frac{1}{(1-2\boldsymbol{Q}\cdot\boldsymbol{q}'+q'^2)^2} \tag{6.2.28}$$

下面把这样做得到的结果作一简单的讨论.

(1) 这里得到的近似 E 按(6.2.17)式的 $v_q^2\sim\alpha$ 关系相当于 E 按 α 的近似展开到 α^2 阶,更有意思的是这个表示式和 Seljugin 及 Smondyrev 等人用四级微扰理论算出的结果完全一样.

(2) 迄今为止只有 Seljugin 等人和 Larsen 做过六级微扰理论的计算,用

(6.2.25)式的三阶近似结果和他们的结果相比也几乎一致.

（3）要特别指出的是,我们在这里所说的各阶近似,仅仅是指在采用(6.2.19)式的二阶相干态展开作为近似解的前提下的计算结果,如果将解的相干态展开取更多的展开项则可以预料将会得出更高阶微扰计算才能得到的结果.

6.2.3 各个维度下的双极化子

在上一小节里谈到受高温超导物理的推动,从中知道探讨二维空间的极化子与双极化子问题是有意义的,因此在上一小节里先讨论了二维极化子问题,在本小节里将讨论二维双极化子.不过从上小节的讨论可以看出,不同的维度下的这类问题从计算和推导的过程来看形式上都是没有区别的,唯一需要考虑的只是 v_q 与维度的关系,因此在这一小节里我们就不限于讨论特定的二维双极化子,转而讨论各个维度下的双极化子问题.

简短重复一下 6.2.1 节里的内容,任一维度下的双极化子的哈氏量为

$$H_{BP} = \sum_{j=1,2}\left[\frac{1}{2}\boldsymbol{p}_j^2 + \sum_q v_q(a_q e^{i\boldsymbol{q}\cdot\boldsymbol{r}_j} + a_q^+ e^{-i\boldsymbol{q}\cdot\boldsymbol{r}_j})\right]$$
$$+ \sum_q a_q^+ a_q + u(|\boldsymbol{r}_1 - \boldsymbol{r}_2|) \tag{6.2.29}$$

引入质心坐标 $\boldsymbol{R} = \frac{1}{2}(\boldsymbol{r}_1 + \boldsymbol{r}_2)$ 及相对坐标 $\boldsymbol{r} = \boldsymbol{r}_1 - \boldsymbol{r}_2$ 后,如前可将上式写成

$$H_{BP} = \frac{\boldsymbol{P}^2}{4} + \boldsymbol{p}^2 + \sum_q v_q \cos\left(\frac{\boldsymbol{q}\cdot\boldsymbol{r}}{2}\right)(a_q e^{i\boldsymbol{q}\cdot\boldsymbol{R}} + a_q^+ e^{-i\boldsymbol{q}\cdot\boldsymbol{R}})$$
$$+ \sum_q a_q^+ a_q + u(|\boldsymbol{r}_1 - \boldsymbol{r}_2|) \tag{6.2.30}$$

在这里将要采用的做法和 6.2.1 小节中待定变分的尝试解取作 $|\rangle = \Psi(\boldsymbol{R})\phi(\boldsymbol{r})|A\rangle$ 的做法略有不同,在那里 $\Psi(\boldsymbol{R})$ 和 $\phi(\boldsymbol{r})$ 两个波函数由决定它们的耦合方程来解出,这里不再这样,而采用 Verbist 等人在他们的工作中对于 $\phi(\boldsymbol{r})$ 所取的函数形式.他们将它设为物理上合理的 $\phi(r) \sim r e^{-\Omega r^2/4}$,理由是如果双极化子是一个局域的束缚系统,两电子的相对坐标趋于无穷远时 $\phi(r)$ 应趋于零,所以应有 $\phi \sim e^{-r^2}$ 这样的因子,但同时由于泡利不相容原理,两电子不能出现在同一处,即在 $r = 0$ 处 ϕ 应为零.为保证这一点所以波函数中还应乘上一个因子 r.

为了下面的计算需对 $\phi(r)$ 作归一,考虑到 N 维空间的 $d\boldsymbol{r}_N = r^{N-1} dr d\Omega_N$,其中的立体角 $d\Omega_N$ 为

$$d\Omega_N = \sin^{N-2}(\theta_{N-1}) d\theta_{N-1} \sin^{N-3}(\theta_{N-2}) d\theta_{N-2} \cdots d\theta_1 \tag{6.2.31}$$

θ_i 的变化范围为

$$\begin{cases} 0 \leqslant \theta_i \leqslant \pi \\ 0 \leqslant \theta_1 \leqslant 2\pi \end{cases}, \quad i \neq 1$$

将立体角元积分掉并应用归一条件便得到相应的归一常数,最后得

$$\phi(r) = \left[\frac{\Gamma\left(\dfrac{N}{2}\right)}{\pi^{N/2} \Gamma\left(\dfrac{N}{2} + 1\right)} \left(\frac{\Omega}{2}\right)^{\frac{N}{2}+1} \right]^{\frac{1}{2}} r e^{-\Omega r^2/4} \tag{6.2.32}$$

得到 $\phi(r)$ 确切的函数形式后,将式(6.2.30)中的 H_{BP} 在相对坐标波函数 $\phi(r)$ 中求期待值,即计算 $\langle \phi(r) | H_{BP} | \phi(r) \rangle$. 经过较为冗长的计算后得到只和质心坐标及声子系有关的,形式上与单极化子类似的有效哈氏量:

$$\begin{aligned} H_{\text{eff}} = \frac{\boldsymbol{P}^2}{4} &+ \sum_q B_q (a_q e^{i\boldsymbol{q}\cdot\boldsymbol{R}} + a_q e^{-i\boldsymbol{q}\cdot\boldsymbol{R}}) \\ &+ \sum_q a_q^+ a_q + E_r \end{aligned} \tag{6.2.33}$$

其中

$$B_q = 2 v_q \left(1 - \frac{q^2}{4\pi\Omega}\right) e^{-\frac{q^2}{N\Omega^2}} \tag{6.2.34}$$

$$E_r = \left(\frac{2}{N} + \frac{N}{2} - 1\right)\frac{\Omega}{2} + r\left(\frac{N+1}{2}\right) / r\left(\frac{N}{2} + 1\right) \cdot \left(\frac{\Omega}{2}\right)^{\frac{1}{2}} \tag{6.2.35}$$

到此已把双极化子的求解问题形式上完全约化成一个"单极化子"的问题,和原来的极化子哈氏量相比不同的只是 v_q 被替换成(6.2.34)式表示的 B_q 以及一个多余的与维度有关的 E_r,此外 B_q 中含有一个待定的变分参量 Ω,因此可按以下的考虑和步骤来完成这一问题:

(1) 分别在确定的 $N=1,2,3$ 维度下,由(6.2.33)、(6.2.34)与(6.2.35)三式出发,在不同的维度下表示出 v_q,从而得出 B_q 的不同表示.按(6.2.19)式 E_r 也会依维度不同而取不同的值.

(2) 在选定维度 N 的条件下,把待定参量 Ω 当作确定的值,问题就约化为完全的极化子问题,因此可用和前面一样的办法求出与 Ω 有关的结果,例如求出系统的束缚能 $E(\Omega)$ 是 Ω 的函数.

(3) 然后在固定所有的物理参量条件下,将 $E(\Omega)$ 对 Ω 变分,求出对应于最低的 $E(\Omega_0)$ 及 Ω_0 的值.

(4) 由 $E(\Omega_0)$ 及从(6.2.33)式出发得出的"单极化子"波函数,然后再加上 $\phi(r)$ 部分便得到最终的双极化子的束缚能和波函数.

具体的计算过程就不在这里列出了,这里只指出一点很有趣的结论,那就是对

于同一晶体(指所有的物理参量都相同),二维双极化子的稳定区域比一维及三维情形都大,即二维空间的有效的 η 最大.图 6.2.3.1 给出了双极化子的束缚能随耦合常数变化的情形,图中清楚地表示出在相同的耦合常数情况下,二维的双极化子束缚更强.

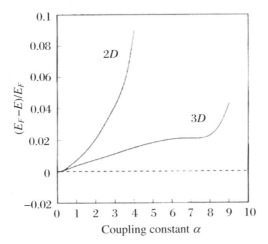

图 6.2.3.1 二维及三维双极化子的束缚能随耦合强度的变化

6.3 激 子

在 6.2 节里讨论了两个电子与 Lo 声子系组成的双极化子的耦合系统问题,在这一节里将讨论一个电子和一个空穴与 Lo 声子系组成的激子的耦合系统.激子和双极化子的相同之处是它们都是多模声子系和两个费米子组成的耦合系统,但它们也有显著的不同点,第一是激子中的两个费米子所带的电荷相反,它们间的库仑吸引作用不仅不起到反抗形成束缚系统的作用,而且和电声作用一起促成束缚系统的形成,因此激子的形成并不像双极化子那样要求电声作用要足够强以克服库仑排斥作用,此外它也不像双极化子那样有分裂成两个单极化子倾向的稳定性问题;第二是激子问题有很强的应用背景,对它的研究是半导体中带边的发光问题的重要研究课题.

6.3.1 激子的变分计算

重复写出双极化子讨论中的原始哈氏量和引入质心坐标及相对坐标后改写哈氏量的过程,可类似得到其哈氏量如下:

$$H = \frac{\boldsymbol{P}^2}{2M} + \frac{\boldsymbol{p}^2}{2\mu} - \frac{e^2}{\varepsilon_\infty r} + \sum_q \hbar\omega_0 a_q^+ a_q + \sum_q [v_q \rho_q(\boldsymbol{r}) a_q \mathrm{e}^{\mathrm{i}\boldsymbol{q}\cdot\boldsymbol{R}} + H\cdot C]$$

(6.3.1)

由于激子问题和实际系统有紧密联系,所以这里不做一些简化的写法以便更清楚地表示出和实际系统的关系.其中 $\boldsymbol{P},\boldsymbol{p}$ 和 $\boldsymbol{R},\boldsymbol{r}$ 分别是质心坐标、相对坐标和相应的总动量及相对动量,其他量的意义如前.激子和双极化子的主要不同点是库仑吸引项是 $-\frac{e^2}{\varepsilon_\infty r}$,上式中的 $\rho_q(\boldsymbol{r})$ 为

$$\rho_q(\boldsymbol{r}) = \mathrm{e}^{\mathrm{i}S_2 \boldsymbol{q}\cdot\boldsymbol{r}} - \mathrm{e}^{-\mathrm{i}S_1 \boldsymbol{q}\cdot\boldsymbol{r}}, \quad v_q = -\mathrm{i}\left[\frac{2\pi e^2 \hbar\omega_0}{\varepsilon^* v}\right]^{\frac{1}{2}} \frac{1}{|\boldsymbol{q}|}$$

$$S_i = m_i/M \quad (i=1,2), \quad \frac{1}{\varepsilon^*} = \frac{1}{\varepsilon_0} - \frac{1}{\varepsilon_\infty} \qquad (6.3.2)$$

(6.3.2)式中取两个质量 m_1,m_2 的原因是半导体的电子、空穴有效质量一般是不同的,虽然双极化子和激子都包含声子系自由度和两个费米子自由度或质心与相对坐标自由度,但其物理实质仍有所不同,因此在做具体计算时会采取不同的处理方式.在上一节作双极化子的变分计算时曾先给定相对坐标波函数的形式,并将原始的哈氏量在它里面求期待值得到只含质心坐标和声子系自由度的有效哈氏量.现在在讨论激子的问题时,我们不同于双极化子时所用的办法而是像在讨论极化子时所做的那样,先对 H 作一个

$$U = \exp\left[\mathrm{i}\left(\boldsymbol{Q} - \sum_q \hbar\boldsymbol{q} a_q^+ a_q\right)\cdot\boldsymbol{R}\right] \qquad (6.3.3)$$

的幺正变换,得到($\boldsymbol{Q}=0$)静止的激子的哈氏量为

$$H = \frac{\boldsymbol{P}^2}{2\mu} - \frac{e^2}{\varepsilon_\infty r} + \sum_q \left[\hbar\omega_0 + \frac{\hbar q^2}{2M}\right] a_q^+ a_q$$
$$+ \sum_q [v_q \rho_q(\boldsymbol{r}) a_q + H\cdot C] + \sum_{q,q'} \hbar\frac{\boldsymbol{q}\cdot\boldsymbol{q}'}{2M} a_q^+ a_{q'}^+ a_q a_{q'} \qquad (6.3.4)$$

之所以作和极化子情况一样的幺正变换是因为系统的总动量是守恒量,即 $[\boldsymbol{Q},H]=0$,因此经过幺正变换后哈氏量中的质心自由度消去,只剩下相对坐标自由度和声子系的自由度.在下一步用变分法求解时系统解的形式按前所做的办法自然是只由相对坐标的波函数 $\phi(\boldsymbol{r})$ 及声子系的相干态形式的态矢组成:

$$|\rangle = \exp\left[\sum_q (F_q(r)a_q - F_q(r)a_q^+)\right]|0\rangle\phi(r) \tag{6.3.5}$$

不过这里还要提醒注意的是,因为现在不像在极化子问题中那样,经过幺正变换后只剩下声子系的自由度,而是除了声子自由度外还有相对坐标的自由度 r,因此在不同的 r 处,其声子分布的特征量 $F_q(r)$ 还应和 r 有关,这也是激子问题比极化子问题更复杂的根源.

过去在这一问题的研究中,如 Mahler 和 Schröder, Pollman 和 Biittner, Matsuura 和 Biittner 以及 Iadonisi 等人对这一复杂的问题作了如下的两个变分的假定:

(1) 所有的作者都把待求的 $\phi(r)$ 取作类氢波函数的形式:

$$\phi(r) = \left(\frac{\lambda^3}{\pi}\right)^{\frac{1}{2}} e^{-\lambda r} \tag{6.3.6}$$

其中 λ 是待定的变分参量.

(2) 对于 $F_q(r)$ 的函数形式,他们分别按不同的物理考虑给出一个特定的函数形式. 我们在这里和以往的那些研究者不同的是不设定 $\phi(r)$ 的函数形式而让其自洽求解,但对声子系的态矢用一个总的相干态形式代替在不同 r 处取不同的指数因子的细致的相干态结构. 即假定解取形式:

$$|\rangle = \phi(r)|A\rangle$$

其中

$$|A\rangle = \exp\left[\sum_q \alpha^*(q)a_q - \alpha(q)a_q^+\right]|0\rangle \tag{6.3.7}$$

这样做当然是对原来的复杂情形作了一定的近似,但与过去的那些工作相比,现在把 $\phi(r)$ 作自洽求解还是有所进步的.

将(6.3.4)式的哈氏量在(6.3.7)式的态矢中求期待值得

$$E = E_r + \sum_q \left(\hbar\omega_0 + \frac{\hbar^2 q^2}{2M}\right)\alpha^*(q)\alpha(q) + \sum_q (v_q\langle\rho_q(r)\rangle\alpha(q) + H\cdot C)$$
$$+ \sum_{qq'} \hbar\frac{q\cdot q'}{2M}\alpha^*(q)\alpha^*(q')\alpha(q)\alpha(q') \tag{6.3.8}$$

其中

$$E_r = \int dr\phi^*(r)\left[-\frac{\nabla_r^2}{2\mu} - \frac{e^2}{\varepsilon_\infty r}\right]\phi(r) \tag{6.3.9}$$

以及

$$\langle\rho_q(r)\rangle = 4\pi\int_0^\infty dr r\phi^2(r)\left[\frac{\sin(S_2 qr)}{S_2 q} - \frac{\sin(S_1 qr)}{S_1 q}\right] \tag{6.3.10}$$

尽管我们不给 $\phi(r)$ 设定函数形式,但对于系统的基态正如前面讨论中屡次提到的那样,我们知道它应具有球对称的性质,即 $\phi(r)=\phi(r)$. 不仅如此,根据同样的球对称的考虑,$\alpha(\boldsymbol{q})$ 也应是 $\alpha(\boldsymbol{q})=\alpha(q)$,因此(6.3.8)式中右方的最后一项将求和形式换为实际的积分时,因为其他的因子都是球对称的,剩下的 $\boldsymbol{q}\cdot\boldsymbol{q}'$ 这个因子将使对所有的立体角元作积分时为零,换句话说,(6.3.8)式右方最后一项可以去掉. 这时将 E 对 $\alpha(q)$,$\alpha^*(q)$ 变分得

$$\begin{cases} \alpha(q) = -\dfrac{V_q^*\langle\rho_q^*(r)\rangle}{\hbar\omega_0+\dfrac{\hbar^2 q^2}{2M}} \\ \alpha^*(q) = -\dfrac{V_q\langle\rho_q(r)\rangle}{\hbar\omega_0+\dfrac{\hbar^2 q^2}{2M}} \end{cases} \tag{6.3.11}$$

另一方面将(6.3.4)式的哈氏量在态矢 $|A\rangle$ 中求期待值,得到只单纯依赖于相对坐标自由度的有效哈氏量:

$$H_{\text{eff}} = \frac{\boldsymbol{P}^2}{2\mu} - \frac{e^2}{\varepsilon_\infty r} + \sum_q \left[\hbar\omega_0+\frac{\hbar^2 q^2}{2M}\right]\alpha^*(q)\alpha(q)$$
$$+ \sum_q [v_q\rho_q(r)\alpha(q)+H\cdot C] \tag{6.3.12}$$

按上式的哈氏量形式,$\phi(r)$ 满足的定态方程可分为两部分考虑,上式右方的第一项、第二项是 r 空间的算符,它们在定态方程里应作用到 $\phi(r)$ 上;而上式右方的第三项、第四项除作用于 $\phi(r)$ 上外,还有 $\alpha(q)$,$\alpha^*(q)$,它们按(6.3.11)式的表示又和 $\phi(r)$ 有关,所以在将(6.3.12)式中的求和改写为积分时,由(6.3.12)式的 H_{eff} 得到的定态方程表示为

$$E\phi(r) = \left[-\frac{\hbar \boldsymbol{V}_r^2}{2\mu}-\frac{e^2}{\varepsilon_\infty r}\right]\phi(r) + \frac{\omega_0}{\pi\varepsilon^*}\int_0^\infty dq\,\frac{|\langle\rho_q(r)\rangle|^2}{\hbar\omega_0+\dfrac{\pi^2 q^2}{2M}}\phi(r)$$
$$- \frac{2\omega_0}{\pi\varepsilon^*}\int_0^\infty dq\left[\frac{\sin(S_2 qr)}{S_2 qr}-\frac{\sin(S_1 qr)}{S_1 qr}\right]\frac{\langle\rho_q(r)\rangle}{\hbar\omega_0+\dfrac{\hbar^2 q^2}{2M}}\phi(r) \tag{6.3.13}$$

如上所述它是一个复杂的非线性的积分微分方程,因此只能用数值计算. 将如表 6.3.1.1 中所示的三种物质的物理参量代入(6.3.13)式后得到的计算结果列于表内.

表 6.3.1.1　LiF,CuCl,Cu$_2$O 的激子计算结果

	E_T	E_T^{IBS}	$\sum$	E_b	E_b^{exp}	a_{ex}	a_{ex}^{IBS}	R_1/a_{ex}	$R_y^0/\hbar\omega$
LiF	−2922	−2816	−1282	1640	1800	2.70	2.7	6.49	2.02
CuCl	−424	−428	−195	229	194	9.73	10.1	3.47	3.58
Cu$_2$O	−129	−136	−32	97		17.6	18.4	0.98	1.27

由表 6.3.1.1 列出的结果可以得出如下一些结论.

(1) 先解释一下表中各量的意义:为了与激子相对照,也给出单独一个电子与声子系形成的极化子或单独一个空穴与声子系形成的极化子的有关量. R_1 是电子极化子与空穴极化子的半径 $R_1 = \left(\dfrac{h}{2m_1\omega_0}\right)^{\frac{1}{2}}$; $R_y^0 = \dfrac{\mu\varepsilon^4}{2\hbar C_0^2}$ 是激子的里德伯半径; a_{ex}, a_{ex}^{IBS} 是根据算出的波函数 $\phi(r)$ 去拟合类氢原子波函数得出的激子半径和 Iadonisi 等人得到的结果; E_T 和 E_T^{IBS} 是这里计算出的激子能量和 Iadonisi 等人得出的激子能量;$\sum$ 是电子极化子和空穴极化子的能量之和;$E_b = \sum - E_T$ 是电子极化子与空穴极化子合并成激子时能量降低的值,即束缚能.

(2) 由计算出的 E_b 和实际得到的 E_b^{exp} 的比较来看,用现在的变分计算的结果与已有的 LiF 及 CuCl 的实际结果的吻合程度都较 Iadonisi 他们的理论结果好.

(3) 从对 E_b 的计算结果来看,表明对 LiF 的计算最为成功,CuCl 次之,Cu$_2$O 较差.其根源来自它们的电声作用的强弱,LiF 最强,CuCl 次之,Cu$_2$O 最弱.因此可以得出这样的结论:这里的变分方法比较适用于强耦合的情形.

6.3.2　激子的相干态展开方法的计算

尽管在上一节里用改进的变分计算得到了较好的结果和比较 Iadonisi 等人的变分计算结果有了显著的改善,但是仍然可以看到它只是对于强耦合电声作用的系统是比较成功的,对于不是很强耦合的系统其效果并不是很好.仔细回顾一下上一小节的讨论我们会发现,当我们对原始的激子系统实施如(6.3.3)式所示的幺正变换后得到的哈氏量的表示式(6.3.4)的形式已是一个"单费米子"自由度和声子系的耦合系统的哈氏量,这就启发我们可以用更精确的相干态展开方法去求解.

从(6.3.4)式出发,

$$H = \dfrac{P^2}{2\mu} - \dfrac{e^2}{\varepsilon_\infty r} + \sum_q \left[\hbar\omega_0 + \dfrac{\hbar q^2}{2M}\right] a_q^+ a_q$$

$$+ \sum_q [v_q \rho_q(r) a_q + H \cdot C] + \sum_{qq'} \hbar \frac{\boldsymbol{q} \cdot \boldsymbol{q}'}{2M} a_q^+ a_{q'}^+ a_q a_{q'}$$

如将解的形式设定为像在单极化子时那样的具有二阶修正的形式：

$$|\rangle = \phi(r) \left[|A\rangle + \sum_{q_1 q_2} b(\boldsymbol{q}_1, \boldsymbol{q}_2) a_{q_1}^+ a_{q_2}^+ |A\rangle \right] \quad (6.3.14)$$

其中

$$|A\rangle = \exp\left[-\frac{1}{2} \sum_q |\alpha(\boldsymbol{q})|^2 + \sum_q \alpha(\boldsymbol{q}) a_q^+ \right] |0\rangle \quad (6.3.15)$$

则以下的步骤将和前面讨论的极化子的做法相同. 将 H 的表示式和解的形式 (6.3.14) 代入定态方程, 在略去 $(a^+)^3|A\rangle$ 及 $(a^+)^4|A\rangle$ 项的近似下比较 $|A\rangle, a_q^+|A\rangle$ 及 $a_{q_1}^+ a_{q_2}^+ |A\rangle$ 后得到如下的三个等式：

$$b(\boldsymbol{q}_1, \boldsymbol{q}_2) = -\frac{\hbar \boldsymbol{q}_1 \cdot \boldsymbol{q}_2 \alpha(\boldsymbol{q}_1) \alpha(\boldsymbol{q}_2)}{4M \hbar \omega_0 + \hbar^2 (\boldsymbol{q}_1 + \boldsymbol{q}_2)^2} \quad (6.3.16)$$

$$\alpha(\boldsymbol{q}) = \frac{v_q}{\hbar \omega_0 + \frac{\hbar^2 q^2}{2M}} \int \phi^*(r) \rho_q^+(r) \phi(r) dr + \frac{2}{\hbar \omega_0 + \frac{\hbar^2 q^2}{2M}}$$

$$\cdot \sum_{q'} \frac{V_{q'} \hbar^2 \boldsymbol{q} \cdot \boldsymbol{q}' \alpha(\boldsymbol{q}) \alpha(\boldsymbol{q}') \int \phi^*(r) \rho_{q'}(r) \phi(r) dr}{4M \hbar \omega_0 + \hbar^2 (\boldsymbol{q} + \boldsymbol{q}')^2} \quad (6.3.17)$$

$$E\phi(r) = \left\{ -\frac{\hbar^2}{2\mu} \boldsymbol{\nabla}_r^2 - \frac{e^2}{\varepsilon_\infty r} + \sum_q V_q \alpha(\boldsymbol{q}) \rho_q(r) \right\} \phi(r) \quad (6.3.18)$$

值得注意的是, 虽然这里用相干态展开的办法求解和 6.1 节中讨论极化子的步骤相似, 但是这里的情况和 6.1 节的情形还是有一个显著的不同之处. 因为这里在对激子系统作幺正变换和约化为"单极化子"的系统后相对坐标 r 的自由度仍然存在, 因此最后得到的 (6.3.17) 式和 (6.3.18) 式是 $\alpha(\boldsymbol{q})$ 和 $\phi(r)$ 的耦合方程组, 不像 (6.1.16) 式或 (6.1.17) 式是 $\alpha(\boldsymbol{q})$ 的单纯自洽方程. 解它即可求出 $\alpha(\boldsymbol{q})$, 从而求出 $b(\boldsymbol{q}_1, \boldsymbol{q}_2)$ 及 E, 以致系统的所有物理性质均可求出, 而这里的 (6.3.18) 式还是一个 $\phi(r)$ 的非线性微分积分方程, 所以在这里只能且必须用逐步迭代的数值解法去求解并在所要求的精度下迭代到饱和为止.

图 6.3.2.1 给出了 5 种晶体的相对坐标波函数的分布. 图中清楚地显示出电声作用越强的晶体 $\phi(r)$ 的局域性越强, 这是可以预料到的结果.

表 6.3.2.1 给出 5 种晶体的物理量的计算结果.

从表中给出的结果和实验结果比较看出, 理论计算与实验结果的符合程度远远优于过去的变分计算, 也优于上一小节新的变分计算方法, 这表明相干态展开方法不仅适用于强耦合的情形，也一样适合中强耦合的系统．表中所列的对 5 种晶体的计算，清楚地说明了这点．

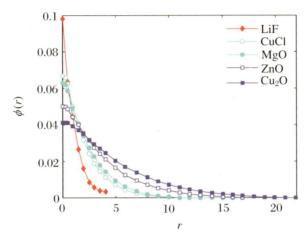

图 6.3.2.1　5 种材料激子相对坐标的波函数

表 6.3.2.1　LiF，CuCl，MgO，ZnO，Cu_2O 的激子计算结果

	E_g	$\sum$	E_b	E_b^{exp}	E_b^{ref}	a_{ex}	R_1/a_{ex}	$R_y^0/\hbar\omega$
LiF	-3115	-1282	1833	1800	1534^a	2.93	6.00	2.02
CuCl	-390	-195	195	190	233^a	10.2	3.30	3.58
MgO	-676	-579	97	89.0	98^b	13.62	1.81	0.365
ZnO	-214	-154	60	59.8	46.7^c	17.7	1.58	0.485
Cu_2O	-70	-32	38	24^d	104^a	21.4	0.81	1.27

6.4　Polariton

前几节讨论的准粒子都是费米子与玻色子的声子系组成的耦合系统，在这节里我们要讨论光子系与声子系这样两者都是玻色子系准粒子的耦合系统．当光照射到固态物质中时，与振动的晶格产生相互作用而形成光子与声子的耦合后，它会

显示出光的一些非经典的性质,这些性质与纯粹的量子态,如压缩态、相干态等相联系,对它们的研究无论从理论还是从实际角度看都是有意义的.

6.4.1 Polariton 的简单模型

Ghoshal 和 Chatterjee 提出了 Polariton 的一个简单的模型,它是一个单模光场和一个单模声子场的耦合系统.其哈氏量如下:

$$H = \omega_a a^+ a + \omega_b b^+ b + \chi(a^+ b^+ + ba) \tag{6.4.1}$$

其中 $a^+(a)$ 是光学声子的产生、湮灭算符,其频率为 ω_a;$b^+(b)$ 是光子的产生、湮灭算符,其频率为 ω_b;χ 是声子-光子的耦合常数.

Ghoshal 和 Chatterjee 在他们的工作中给出了如下的正则变换:

$$\begin{cases} a = u\alpha + v\beta^+ \\ b = \mu\alpha^+ + \nu\beta \end{cases} \tag{6.4.2}$$

其中

$$\begin{cases} u = -v = \left[\dfrac{1+\sqrt{1-k^2}}{2\sqrt{1-k^2}}\right]^{\frac{1}{2}} \\ \nu = -\mu = \left[\dfrac{1-\sqrt{1-k^2}}{2\sqrt{1-k^2}}\right]^{\frac{1}{2}} \end{cases}, \quad k = \dfrac{2\chi}{\omega_a + \omega_b} \tag{6.4.3}$$

作这样的变换后,哈氏量(6.4.1)式在新算符的表示下便是完全对角化的了.

$$H = E_\alpha \alpha^+ \alpha + E_\beta \beta^+ \beta + E_0 \tag{6.4.4}$$

其中

$$\begin{cases} E_\alpha = \dfrac{\omega_a + \omega_b}{2}\left(\sqrt{1-k^2} + \dfrac{\omega_a - \omega_b}{\omega_a + \omega_b}\right) \\ E_\beta = \dfrac{\omega_a + \omega_b}{2}\left(\sqrt{1-k^2} - \dfrac{\omega_a - \omega_b}{\omega_a + \omega_b}\right) \\ E_0 = \dfrac{\omega_a + \omega_b}{2}(\sqrt{1-k^2} - 1) \end{cases} \tag{6.4.5}$$

注意:这时的 $\alpha^+(\alpha)$,$\beta^+(\beta)$ 两类玻色子既不是光子,也不是纯粹的声子,而是两者耦合后形成的准粒子.它们满足玻色算符的基本对易关系.

$$\begin{cases} [\alpha,\alpha^+] = [\beta,\beta^+] = 1 \\ [\alpha,\beta] = [\alpha,\beta^+] = 0 \end{cases} \tag{6.4.6}$$

因此可引入 Fock 态 $\{n_\alpha\}$,$\{n_\beta\}$,有

$$\begin{cases} \alpha^+\alpha\,|\,n_\alpha\rangle = n_\alpha\,|\,n_\alpha\rangle, & n_\alpha = 0,1,2,\cdots \\ \beta^+\beta\,|\,n_\beta\rangle = n_\beta\,|\,n_\beta\rangle, & n_\beta = 0,1,2,\cdots \end{cases} \tag{6.4.7}$$

既然已把系统的哈氏量完全对角化,那么我们就可以对这两种 Polariton 系统在有限温度下的性质进行系统的讨论了.

这两种 Polariton 系统的热密度矩阵可表示为

$$\rho_{th} = \sum_{n_\alpha, n_\beta} \left(\frac{\bar{n}_\alpha^{n_\alpha}}{(1+\bar{n}_\alpha)^{1+n_\alpha}} \mid n_\alpha \rangle \langle n_\alpha \mid \right) \left(\frac{\bar{n}_\beta^{n_\beta}}{(1+\bar{n}_\beta)^{1+n_\beta}} \mid n_\beta \rangle \langle n_\beta \mid \right)$$

(6.4.8)

其中

$$\bar{n}_\alpha = \langle \alpha^+ \alpha \rangle_{th} = \frac{1}{e^{\beta E_0} - 1}$$

(6.4.9)

得到热密度矩阵的步骤如下:

(1) α 粒子数为 n_α 时的概率为

$$\rho(n) = \frac{e^{-n\beta E_\alpha}}{\sum_{m=0} e^{-m\beta E_\alpha}}$$

因此粒子数的热平均值为

$$\bar{n}_\alpha = \frac{\sum_n n e^{-n\beta E_\alpha}}{\sum_m e^{-m\beta E_\alpha}} = \frac{1}{\sum_m e^{-m\beta E_\alpha}} \cdot \left[-\frac{1}{\beta} \frac{d}{dE_\alpha} \sum_n e^{-n\beta E_\alpha} \right]$$

将 $\sum_m e^{-m\beta E_\alpha} = \frac{1}{1-e^{-\beta E_\alpha}}$ 代入上式得

$$\bar{n}_\alpha = \left(\frac{1}{1-e^{-\beta E_\alpha}} \right)^{-1} \left[-\frac{1}{\beta} \frac{d}{dE_\alpha} \left(\frac{1}{1-e^{-\beta E_\alpha}} \right) \right]$$

$$= (1-e^{-\beta E_\alpha}) \left[+\frac{1}{\beta} \frac{\beta e^{-\beta E_\alpha}}{(1-e^{-\beta E_\alpha})^2} \right]$$

$$= \frac{e^{-\beta E_\alpha}}{1-e^{-\beta E_\alpha}} = \frac{1}{e^{\beta E_\alpha}-1}$$

(2) $\rho(n)$ 用 $\bar{n}_\alpha$ 表示. 由上式知

$$e^{\beta E_\alpha} - 1 = \frac{1}{\bar{n}_\alpha} \rightarrow e^{\beta E_\alpha} = 1 + \frac{1}{\bar{n}_\alpha} = \frac{\bar{n}_\alpha + 1}{\bar{n}_\alpha} \rightarrow e^{-\beta E_\alpha} = \frac{\bar{n}_\alpha}{\bar{n}_\alpha + 1}$$

$$\rho(n) = \frac{e^{-n\beta E_\alpha}}{\sum_m e^{-m\beta E_\alpha}} = (1-e^{-\beta E_\alpha}) \cdot (e^{-\beta E_\alpha})^n$$

$$= \left(1 - \frac{\bar{n}_\alpha}{\bar{n}_\alpha + 1}\right) \left(\frac{\bar{n}_\alpha}{\bar{n}_\alpha + 1}\right)^n = \left(\frac{1}{\bar{n}_\alpha + 1}\right) \left(\frac{\bar{n}_\alpha}{\bar{n}_\alpha + 1}\right)^n$$

$$= \frac{\bar{n}_\alpha^n}{(\bar{n}_\alpha + 1)^{n+1}}$$

(3) 将得到的 $\rho(n)$ 乘以相应的投影算符 $|n\rangle\langle n|$，再求和得热密度矩阵 ρ_{th} 后，便可用它来计算各种物理量的热平均值.

$$\langle \dot{O} \rangle_{th} = \sum_n \langle n | \dot{O}\rho_{th} | n \rangle \tag{6.4.10}$$

根据以上得到的结果，可以讨论该系统的一些有意义的性质.

(1) Q 参量的热平均

根据 Q 参量的定义其热平均为

$$Q_{th} = \frac{\langle (a^+ a)^2 \rangle_{th} - \langle a^+ a \rangle_{th}^2 - \langle a^+ a \rangle_{th}}{\langle a^+ a \rangle_{th}}$$

$$= \frac{\langle a^{+2} a^2 \rangle_{th} - \langle a^+ a \rangle_{th}^2}{\langle a^+ a \rangle_{th}} \tag{6.4.11}$$

利用(6.4.2)式的变换关系，将(6.4.11)式中的 $a(a^+)$ 用 $\alpha(\alpha^+)$, $\beta(\beta^+)$ 表示后，再利用(6.4.10)式求(6.4.11)式中的各个热平均量，得

$$\langle a^+ a \rangle_{th} = \bar{n}_\alpha + v^2(\bar{n}_\alpha + \bar{n}_\beta + 1) \tag{6.4.12}$$

$$\langle (a^+ a)^2 \rangle_{th} = (v^2 + 1)^2 (\bar{n}_\alpha + 2\bar{n}_\alpha^2) + v^4(\bar{n}_\beta + 2\bar{n}_\beta^2) + 4v^2(v^2+1)\bar{n}_\alpha \bar{n}_\beta$$
$$+ 3v^2(v^2+1)\bar{n}_\alpha + v^2(3v^3+1)\bar{n}_\beta + v^2(2v^2+1) \tag{6.4.13}$$

将上式代入(6.4.11)式后得

$$Q = [v^2(\bar{n}_\alpha + \bar{n}_\beta + 1) + \bar{n}_\alpha]^2 \geqslant 0 \tag{6.4.14}$$

至此可以得出如下的结论：在这一个 Polariton 的模型中只含声子的子系统不可能居于 $Q<0$ 的亚泊松分布.

(2) 声子系的 Glauber-Sudanshan-P(GS-P) 函数定义

$$P_{GS}^{th}(\phi) = \frac{1}{\pi^2} \int e^{\phi \eta^* - \phi^* \eta} e^{\frac{1}{2}|\eta|^2} C_\omega^{th}(\eta) d^2\eta \tag{6.4.15}$$

其中

$$C_\omega^{th}(\eta) = Tr(\rho_{th} e^{\eta a^+ - \eta^* a}) \tag{6.4.16}$$

按前所述的步骤可以算出

$$P_{GS}^{th}(\phi) = \frac{1}{\pi A} e^{-\phi^2/A} \tag{6.4.17}$$

其中

$$A = v^2(\bar{n}_\alpha + \bar{n}_\beta + 1) + \bar{n}_\alpha \tag{6.4.18}$$

从(6.4.17)式可见 P 在所有温度下始终都是有限和恒正的，因此系统中单独的声子系从 P 函数来看表现不出非经典的性质.

(3) 计算整个系统的 GS-P 函数

$$P_{GS}^{th}(\phi,\Psi) = \frac{1}{\pi^2}\int d^2\eta_a d^2\eta_b e^{\phi\eta_a^* - \phi^*\eta_a}$$
$$\cdot e^{\Psi\eta_b^* - \Psi^*\eta_b} e^{\frac{1}{2}(|\eta_a|^2 + |\eta_b|^2)} C_\omega^{th}(\eta_a,\eta_b) \quad (6.4.19)$$

其中
$$C_\omega^{th}(\eta_a,\eta_b) = Tr\{\rho_{th} e^{\eta_a a^+ - \eta_a^* a} e^{\eta_b b^+ - \eta_b^* b}\} \quad (6.4.20)$$

如把 ϕ, Ψ 的实部虚部明显表出
$$\begin{cases} \phi = \phi_x + i\phi_y \\ \Psi = \Psi_x + i\Psi_y \end{cases} \quad (6.4.21)$$

则可得
$$P_{GS}^{th}(\phi,\Psi) = \frac{\pi}{A}\exp\left\{-\frac{\phi^2}{4A} - \left[\left(\frac{C}{A}\phi_x + 2\Psi_x\right)^2 + \left(\frac{C}{A}\phi_y + 2\Psi_y\right)^2\right]\bigg/ 4\left(B - \frac{c^2}{4A}\right)\right\}$$
$$\cdot \int_{-\infty}^{+\infty} dz \exp\left[-\left(B - \frac{C^2}{4A}\right)z^2\right] \quad (6.4.22)$$

其中
$$\begin{cases} A = v^2(\bar{n}_\alpha + \bar{n}_\beta + 1) + \bar{n}_\alpha \\ B = v^2(\bar{n}_\alpha + \bar{n}_\beta + 1) + \bar{n}_\beta \\ C = 2uv(\bar{n}_\alpha + \bar{n}_\beta + 1) \end{cases} \quad (6.4.23)$$

从(6.4.22)式可以清楚地看出只要满足 $B - \frac{C^2}{4A} < 0$，则 $P_{GS}^{th}(\phi\Psi)$ 就会发散，从而这时的整个系统便呈现出非经典的行为.

6.4.2 另一 Polariton 系统的基态解

在上一小节里讨论的 Polariton 的哈氏量如(6.4.1)式所示：
$$H = \omega_a a^+ a + \omega_b b^+ b + \chi(a^+ b^+ + ba)$$

显然它不是普遍的情形. 考虑一般情形, 应当是
$$H = \omega_a a^+ a + \omega_b b^+ b + \chi(a^+ b^+ + ab + a^+ b + b^+ a) \quad (6.4.24)$$

这第二种哈氏量虽然比(6.4.1)式只多了 $a^+ b$ 及 $b^+ a$ 两项作用项，但求解的问题比起第一种情形要复杂许多. 首先要将(6.4.24)式的哈氏量通过正则变换对角化，其变换关系不可能再是如(6.4.2)式所示的
$$\begin{cases} a = u\alpha + v\beta^+ \\ b = \mu\alpha^+ + v\beta \end{cases}$$

而应当是更为复杂的如下形式的变换：
$$\begin{cases} a = A_1\alpha + A_2\alpha^+ + B_1\beta + B_2\beta^+ \\ b = B_3\alpha + B_4\alpha^+ + A_3\beta + A_4\beta^+ \end{cases} \quad (6.4.25)$$

找到相应的$\{A_i\},\{B_i\}$系数是十分繁复的. 这里要讨论的就是这种繁复的Polariton系统的基态及其求解的问题.

下面证明这种系统的基态,取如下的类压缩态的形式:
$$|\rangle = \exp(\alpha a^+ a^+ + \beta b^+ b^+ + \gamma a^+ b^+)|0\rangle \tag{6.4.26}$$

其中α,β,γ是待定参量;$|0\rangle$是声子与光子系的真空态. 将(6.4.26)式及(6.4.24)式代入定态方程

$$H|\rangle = E|\rangle \tag{6.4.27}$$

后比较方程两边的$|\rangle, a^+ a^+|\rangle, b^+ b^+|\rangle$和$a^+ b^+|\rangle$,得

$$E = \chi\gamma \tag{6.4.28}$$
$$\omega_a \alpha + \chi\gamma + \chi\gamma\alpha = 0 \tag{6.4.29}$$
$$\omega_b \beta + \chi\gamma + \chi\gamma\beta = 0 \tag{6.4.30}$$
$$\omega_a \gamma + \omega_b \gamma + \chi + \chi\beta + \chi\alpha + \chi(\alpha\beta + \gamma^2) = 0 \tag{6.4.31}$$

从(6.4.28)式,(6.4.29)式,(6.4.30)式,(6.4.31)式中消去α,β,γ得到E满足的方程:

$$(E + \omega_a)(E + \omega_b) - \omega_a\omega_b + \frac{\chi^2 \omega_a \omega_b}{(E + \omega_a)(E + \omega_b)} = 0 \tag{6.4.32}$$

引入

$$S = (E + \omega_a)(E + \omega_b) \tag{6.4.33}$$

则(6.4.32)式可表示为

$$S^2 - \omega_a\omega_b S + \chi^2 \omega_a \omega_b = 0 \tag{6.4.34}$$

由上式得

$$S = \frac{1}{2}[\omega_a\omega_b \pm \sqrt{\omega_a\omega_b(\omega_a\omega_b - 4\chi^2)}] \tag{6.4.35}$$

将S再代回(6.4.33)式即可解出E的四个值来,如下式:

$$E = \frac{1}{2}[-(\omega_a + \omega_b) \pm \sqrt{\omega_a^2 + \omega_b^2 \pm 2\sqrt{\omega_a\omega_b(\omega_a\omega_b - 4\chi^2)}}] \tag{6.4.36}$$

讨论:

(1) 从上面的公式可以看出,如实根要存在模型中的参量需满足

$$\omega_a\omega_b > 4\chi^2 \tag{6.4.37}$$

(2) 定态解的态矢(6.4.26)式要能存在,即能归一,必须满足

$$\alpha < \frac{1}{2}, \quad \beta < \frac{1}{2}, \quad \gamma < 1 \tag{6.4.38}$$

实质上这些条件都是压缩态的特有性质.

(3) 根据以上的条件限制(6.4.36)式中的四个解,只有

$$E = \frac{1}{2}\left[-(\omega_a + \omega_b) + \sqrt{\omega_a^2 + \omega_b^2 + 2\sqrt{\omega_a\omega_b(\omega_a\omega_b - 4\chi^2)}}\right] \quad (6.4.39)$$

才是唯一的物理的解.

参 考 文 献

[1] Chatterjee A. Phys. Rev. B,1990,41:1668.
[2] Leggett A J,et al. Rev. Mod. Phys. ,1987,59:1.
[3] Tsvelick A M,Wiegmann P G. Adv. Phys. ,1983,32:453.
[4] Alexandrov A S,Krebs A B. Sov. Phys. Usp. ,1992,35:345.
[5] Davydov A S,et al. Phys. Status Solidi B,1973,59:465.
[6] Sernelius B E. Phys. Rev. B,1987,36:9059.
[7] Gerlach B,Lowen. Rev. Mod. Phys. ,1991,63:63.
[8] Alexandrou C,Rosenfelder R. Phys. Rep. ,1992,215:1.
[9] Alexandrou C,Fleischer W,Rosenfelder R. Phys. Rev. Lett. ,1992,65:2615.
[10] Alexandrou C,Fleischer W,Rosenfelder R. Mod. Phys. Lett. B,1991,5:613.
[11] Chen Qinghu. Phys. Rev. B,1996,53:17.
[12] Chen Qinghu,Wang Kelin,Wan Shaolong. Phys. Rev. B,1994,50:1.
[13] Chen Qinghu,Wang Kelin,Wan Shaolong. J. Phys. Condens. Matter,1994,6:6599.
[14] Emin D,Holstein T. Phys. Rev. Lett. ,1976,36:323.
[15] Emin D. Phys. Rev. Lett. ,1989,62:1544.
[16] Emin D,Hillery M S. Phys. Rev. B,1989,39:6575.
[17] Larsen D M. Phys. Rev. B,1987,35:4435.
[18] Kane E O. Phys. Rev. B,1978,18:6849.
[19] de Mello E V L,Ranninger J. Phys. Rev. B,1997,55:14872.
[20] Bassani F,et al. Phys. Rev. B,1991,43:5296.
[21] Peeters F M,Devreese J T. Phys. Rev. B,1985,31:3689;
[22] Peeters F M,Devreese J T. Phys. Rev. B,1985,31:4890.
[23] Peeters F M,Wu Xiaoguang,Devreese J T. ibid. ,1986,33:3296.
[24] Peeters F M,et al. ibid. ,1991,43:4920.
[25] Peeters F M,Devreese J T. Phys. Rev. B,1987,36:4442.
[26] Peeters F M,Warmenbol P,Devreese J T. Europhys. Lett. ,1987,3:1219.

[27] Peeters F M, Wu Xiaoguang, Devreese J T. Phys. Rev. B, 1986, 33:3926.

[28] Peeters F M, Wu Xiaoguang, Devreese J T. Phys. Rev. B, 1988, 37:933.

[29] Marsiglio F. Physica C, 1995, 244:21.

[30] Ganbold G, Efimov G V. Phys. Rev. B, 1994, 50:3733.

[31] Iadonisi G, Bassani F, Strinati G. Phys. Status Solidi B, 1989, 153:611.

[32] Mahler G, Schroder U. Phys. Status Solidi B, 1974, 61:629.

[33] Verbist G, et al. Phys. Rev. B, 1991, 43:2712.

[34] Verbist G, et al. Solid State Commun, 1990, 76:1005.

[35] Verbist G, Smondyrev M A, Peeters F M, et al. Phys. Rev. B, 1992, 45:5262.

[36] Fröhlich H. Philos. Mag. Suppl., 1954, 3:325.

[37] Haken H. Phys Z., 1956, 146:527.

[38] Kuper C G, Whitefield D G. Polarons and Excitons. Edinburgh: Oliver and Boyd, 1963:302.

[39] Lowen H. Phys. Rev. B, 1988, 37:8661.

[40] Han Rongsheng, Lin Zijing, Wang Kelin. Phys. Rev. B, 2001, 65:174303.

[41] Adamowski J. Phys. Rev. B, 1989, 39:3649.

[42] Pollmann J, Büttner H. Phys. Rev. B, 1977, 16:4480.

[43] Ranninger J, Thibblin U. Phys. Rev. B, 1992, 45:7730.

[44] Röseler J. Phys. Status Solidi, 1958, 25:311.

[45] Sak J. Phys. Rev. B, 1972, 6:2226.

[46] Adamowski J, Gerlach B. Phys. Rev. B, 1981, 23:2943.

[47] Adamowski J, Gerlach B, Leschke H. in Polarons and Excitons in Polar Semiconductors and Ionic Crystals. New York: Plenum, 1984.

[48] John W. Negele, Henri Orland. Quantum Many-Particle Systems. Reading, MA: Addison-Wesley, 1987.

[49] Shindo K. J. Phys. Soc. Jpn., 1970, 29:287.

[50] Kelin Wang, et al. Phys. Rev. E, 2000, 61:4795.

[51] Kelin Wang, Qinhu Chen, Shaolong Wan. Acta Phys. Sin., 1994, 43:432.

[52] Landau L J, Pekar S I. Zh. Eksp. Teor. Fiz., 1946, 16:341.

[53] Smondyrev M A. Physica A, 1991, 171:191.

[54] Horst M, Merkt U, Kotthaus J P. Phys. Lett., 1983, 50:754.

[55] Matsuura M, Buttner H. Phys. Rev. B, 1980, 21:679.

[56] Mott N F. J. Phys. Condens. Matter, 1993, 5:3487.

[57] Seljugin O V, Smondyrev M A. Physica A, 1987, 142:555-562.

[58] Warmenbol P, Peeters F M, Devreese J T. Phys. Rev. B, 1986, 33:5590.

[59] Feynman R P. Phys. Rev., 1955, 97:660.

[60] Gerlach J A, Leschke H. in Functional Integra and Applications. New York: Plenum, 1980:291.
[61] Jackson S A, Platzman P M. Phys. Rev. B, 1981, 24:499.
[62] Mahanti S D, Varma C M. Phys. Rev. B, 1972, 2:2209.
[63] Sil S, Chatterjee A. Phys. Lett. A, 1989, 140:59.
[64] Wang S, Mahutte C K, Matsuura M. Phys. Status Solidi B, 1972, 51:11.
[65] Miyake S. J. Phys. Soc. Jpn., 1975, 38:181.
[66] Wang S, Matsuura M. Phys. Rev. B, 1974, 10:3330-3337.
[67] Shiliang Ban, Ruisheng Zheng, Xianmei Meng, et al. J. Phys. Condens. Matter, 1993, 5:6055.
[68] Lee T D, Low F E, Pines D. Phys. Rev., 1953, 90:297.
[69] Schultz T D. ibid., 1959, 116:526.
[70] Paranjape V V, Panat P V. Phys. Rev. B, 1987, 35:2942.
[71] Wang Kelin, Cao Zexian. Phys. Lett. A, 1992, 163:68.
[72] Wang Kelin, Chen Qinghu, Wan Shaolong. Acta Phys. Sin., 1994, 43:433.
[73] Wang Yi, Wang Kelin, Wan Shaolong. Phys. Rev. B, 1996, 54:1463-1466.
[74] Wu Xiaoguang, Peeters F M, Devreese J T. Phys. Rev. B, 1985, 31:3420.
[75] Bi X X, Eklund P C. Phys. Rev. Lett., 1993, 70:2625.
[76] Yang Lu, Rosenfelder R. Phys. Rev. B, 1992, 46:5211.
[77] Firsov Yu A, Kudinov E K. Fiz. Tverd. Tela (St. Petersburg), 1997, 39:2159.
[78] Firsov Yu A, Kudinov E K. Phys. Solid State, 1997, 39:1930.
[79] Ivic Z, et al. Phys. Rev. Lett., 1989, 63:426.

第7章 耗 散

本章将讨论量子耗散的规律.量子耗散指的是把一个物理系统与外界环境产生能量交换作用的环境视为无穷模式的谐振子构成的热库.考虑一个物理系统的耗散就是把该系统和热库合在一起作为一个总的耦合系统来处理,并观察该系统如何随时间进行演化.事实上在第4章中讨论的自旋-玻色模型和这里要讨论的内容是相近的,不过需要指出的是,在本章里将不止限于一个自旋的物理系统,而且讨论的物理系统既可以是费米系统的,也可以是玻色系统的,其自由度的大小也可能很不相同;这里要讨论的热库中的谐振子模式是连续分布的情形,而不是第4章中讨论的分立分布形式.

7.1 单比特的耗散

为了阐明耗散中的若干概念和讨论求解的基本方法,本节以最简单的一个自旋(比特)的物理系统为例.

7.1.1 热库的振子分布

为了更清楚和方便地阐明要讨论内容的意义,我们从第4章讨论过的自旋-玻色模型入手,其哈氏量如(4.1.3)式所示:

$$H = \frac{\varepsilon}{2}\sigma_z + \frac{\Delta}{2}\sigma_x + \sum_n \omega_n \left(a_n^+ a_n + \frac{1}{2}\right) + \frac{\sigma_z}{2}\sum_n (\lambda_n a_n^+ + \lambda_n^* a_n)$$

现在考虑到热库中振子的模式是连续分布而不是分立的情形,则分立的指标 n 要替换成连续的变量 ω,这时,除了玻色算符的基本对易关系要从

$$\begin{cases} [a_n, a_{n'}] = [a_n^+, a_{n'}^+] = 0 \\ [a_n, a_{n'}^+] = \delta_{nn'} \end{cases}$$

改变为

$$\begin{cases} [a(\omega), a(\omega')] = [a^+(\omega), a^+(\omega')] = 0 \\ [a(\omega), a^+(\omega')] = \delta(\omega - \omega') \end{cases}$$

之外,还要在将(4.1.3)式改为积分形式的同时引入 $\rho(\omega)$ 和 $g(\omega)$. 这时哈氏量为

$$H = \frac{\varepsilon}{2}\sigma_z + \frac{\Delta}{2}\sigma_x + \int \omega a^+(\omega)a(\omega)\mathrm{d}\omega$$

$$+ \frac{\sigma_z}{2}\int g(\omega)[a(\omega) + a^+(\omega)]\rho(\omega)\mathrm{d}\omega \tag{7.1.1}$$

从上式可以看出,引入 $\rho(\omega)$ 的物理意义是振子模式的密度分布函数,$g(\omega)$ 是耦合强度函数. 在以往的文献中还经常引入如下的谱函数 $J(\omega)$,其定义是

$$J(\omega) = g^2(\omega)\rho(\omega) \tag{7.1.2}$$

不同类型的热库用不同的 $J(\omega)$ 函数来表征,目前大多数文献对 $J(\omega)$ 的函数性质采取以下的共识:

(1) ω 存在一个有限的上限 ω_c,即 ω 的变化范围为 $(0, \omega_c)$.

(2) $J(\omega)$ 一般取如下的函数形式:

$$J(\omega) = \eta \omega^s \omega_c^{1-s} \tag{7.1.3}$$

按 s 的取值范围不同划分为如下的三种情况

$$\begin{cases} 0 < s < 1, & \text{亚欧姆} \\ s = 1, & \text{欧姆} \\ s > 1, & \text{超欧姆} \end{cases}$$

(3) 许多工作常将模式分布函数 $\rho(\omega)$ 取作均匀分布,即 $\rho(\omega) = 1$,这时的 $J(\omega) = g^2(\omega)$. 这样的做法是很自然的,因为没有理由认为模式应该是不均匀的.

(4) 不过上述将 $\rho(\infty)$ 取作均匀的考虑,认真地讲只对有限 ω 的区域才是合理的,对于 $\omega = 0$ 的邻域这种考虑显然是不合适的,理由是(a) $\omega = 0$ 的振子是根本不存在的,因此 $\rho(\omega)$ 在 $\omega = 0$ 的邻域也取作 $\rho(\omega) = 1$ 是不合理的;(b) 如 $\omega = 0$ 的邻域 $\rho(\omega)$ 也取为1,后面的具体计算将会看到除了在超欧姆的情况下由于 $J(\omega)$ 的函数行为使得具体计算可以进行而不会发散. 而在亚欧姆和欧姆的情形下都会出现红外发散的困难,一些研究工作为了回避这一困难通常采取将连续模式分立化的办法去规避 $\omega = 0$ 那一点.

(5) 从以上的讨论知,就普遍的情形而论必须考虑 $\rho(\omega)$ 的存在,而且其函数性质应当是 ω 有限时 $\rho(\omega) \approx 1$;$\omega = 0$ 时 $\rho(\omega) = 0$,因此可以考虑将 $\rho(\omega)$ 取作如下

的函数形式：

$$\rho(\omega) = 1 - e^{-\alpha(\frac{\omega}{\omega_c})^2} \quad (\alpha \text{ 为一大数}) \tag{7.1.4}$$

或是具有这种性质的一类函数.

为了说明上面引入的模式密度分布函数 $\rho(\omega)$ 除了修正 $\omega = 0$ 那一点的邻域的发散性质外,对所有有限 ω 的谱函数都没有影响,在图 7.1.1.1 中描绘出考虑了 $\rho(\omega)$ 的 $J(\omega)$ 和未考虑 $\rho(\omega)$ 的 $J(\omega)$ 的比较,在不同的 s 取值情形下两者除零点外几乎是完全相合的,图中曲线族由 α 取 10^6 得到.

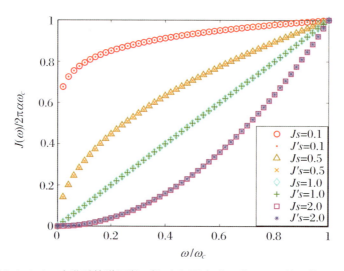

图 7.1.1.1 改进后的谱函数 $J'(\omega)$ 和原来谱函数 $J(\omega)$ 的比较($J'(\omega)$ 与 $J(\omega)$ 拟合得很好,很难从图形上区分,这里 $P = 10^6$)

7.1.2 单比特的耗散问题

为了以后讨论方便,用一个比特的 $|e\rangle$,$|g\rangle$ 态来表示哈氏量,即将(7.1.1)式改写为($|g\rangle$ 态的裸能量取为 0)

$$\begin{aligned} H = {}& \varepsilon |e\rangle\langle e| + \frac{\Delta}{2}(|e\rangle\langle g| + |g\rangle\langle e|) + \int_0^{\omega_c} \omega a^+(\omega) a(\omega) d\omega \\ & + |e\rangle\langle e| \int_0^{\omega_c} g(\omega)[a(\omega) + a^+(\omega)] \rho(\omega) d\omega \\ & - |g\rangle\langle g| \int_0^{\omega_c} g(\omega)[a(\omega) + a^+(\omega)] \rho(\omega) d\omega \end{aligned} \tag{7.1.5}$$

上面的表示式是一个适用于亚欧姆、欧姆及超欧姆的三种情形的普遍表示式.对于 $n>1$ 的超欧姆情形,可以直接令 $\rho(\omega)=1$ 及 $g(\omega)=[J(\omega)]^{\frac{1}{2}}=\eta^{\frac{1}{2}}\omega^{\frac{s}{2}}\omega_c^{\frac{1-s}{2}}$,而对于其余的情形应取(7.1.4)式的 $\rho(\omega)$ 的函数形式,这时

$$g(\omega)\rho(\omega) = [\eta\omega^s\omega_c^{1-s} \cdot (1-e^{-\alpha(\frac{\omega}{\omega_c})^2})]^{\frac{1}{2}} \tag{7.1.6}$$

为了讨论带有普遍性,在以下的讨论中仍保留(7.1.5)式的形式,只是在最后的具体数值计算时对三种不同的情形再去分别处理.

仿照前面的做法引入

$$\begin{cases} A(\omega) = a(\omega) + \dfrac{g(\omega)\rho(\omega)}{\omega} \equiv a(\omega)+\alpha(\omega) \\ A^+(\omega) = a^+(\omega) + \dfrac{g(\omega)\rho(\omega)}{\omega} \equiv a^+(\omega)+\alpha(\omega) \end{cases} \tag{7.1.7}$$

$$\begin{cases} B(\omega) = a(\omega) - \dfrac{g(\omega)\rho(\omega)}{\omega} \equiv a(\omega)-\alpha(\omega) \\ B^+(\omega) = a^+(\omega) - \dfrac{g(\omega)\rho(\omega)}{\omega} \equiv a(\omega)^+-\alpha(\omega) \end{cases} \tag{7.1.8}$$

于是可将(7.1.5)式中的 H 改写为

$$\begin{aligned} H = & \varepsilon\,|e\rangle\langle e| + \frac{\Delta}{2}(|e\rangle\langle g|+|g\rangle\langle e|) \\ & + |e\rangle\langle e|\int_0^{\omega_c}\omega[A^+(\omega)A(\omega)-\alpha^2(\omega)]d\omega \\ & + |g\rangle\langle g|\int_0^{\omega_c}\omega[B^+(\omega)B(\omega)-\alpha^2(\omega)]d\omega \end{aligned} \tag{7.1.9}$$

令解取如下形式:

$$|\rangle = |e\rangle|\phi_1\rangle + |g\rangle|\phi_2\rangle \tag{7.1.10}$$

其中的 $|\phi_1\rangle,|\phi_2\rangle$ 近似展开到二阶时取作

$$\begin{aligned} |\phi_1\rangle \cong & \Big\{f_0 + \int_0^{\omega_c}f_1(\omega)A^+(\omega)d\omega + \int_0^{\omega_c}f_2(\omega_1,\omega_2) \\ & \cdot A^+(\omega_1)A^+(\omega_2)d\omega_1 d\omega_2\Big\}|0\rangle_A \end{aligned} \tag{7.1.11}$$

$$\begin{aligned} |\phi_2\rangle \cong & \Big\{\varphi_0 + \int_0^{\omega_c}\varphi_1(\omega)B^+(\omega)d\omega + \int_0^{\omega_c}\varphi_2(\omega_1,\omega_2) \\ & \cdot B^+(\omega_1)B^+(\omega_2)d\omega_1 d\omega_2\Big\}|0\rangle_B \end{aligned} \tag{7.1.12}$$

其中的 $|0\rangle_A,|0\rangle_B$ 表示为

$$|0\rangle_A = \exp\Big[-\int\alpha(\omega)a^+(\omega)d\omega - \frac{1}{2}\int\alpha^2(\omega)d\omega\Big]|0\rangle \tag{7.1.13}$$

$$|0\rangle_B = \exp\left[\int \alpha(\omega) a^+(\omega) \mathrm{d}\omega - \frac{1}{2}\int \alpha^2(\omega) \mathrm{d}\omega\right] |0\rangle \tag{7.1.14}$$

将(7.1.9)式及(7.1.10)式代入定态方程

$$H|\rangle = E|\rangle \tag{7.1.15}$$

并比较 $|e\rangle, |g\rangle$ 得

$$\left(\varepsilon - \int_0^{\varepsilon_c} \omega \alpha^2(\omega) \mathrm{d}\omega\right) \left\{f_0 + \int_0^{\omega_c} f_1(\omega) A^+(\omega) \mathrm{d}\omega\right.$$
$$\left. + \int_0^{\omega_c} f_2(\omega_1, \omega_2) A^+(\omega_1) A^+(\omega_2) \mathrm{d}\omega_1 \mathrm{d}\omega_2\right\} |0\rangle_A$$
$$+ \frac{\Delta}{2} \left\{f_0 + \int_0^{\omega_c} \varphi_1(\omega) B^+(\omega) \mathrm{d}\omega\right.$$
$$\left. + \int_0^{\omega_c} \varphi_2(\omega_1, \omega_2) B^+(\omega_1) B^+(\omega_2) \mathrm{d}\omega_1 \mathrm{d}\omega_2\right\} |0\rangle_B$$
$$+ \left\{\int_0^{\omega_c} \omega f_1(\omega) A^+(\omega) \mathrm{d}\omega\right.$$
$$\left. + \int_0^{\omega_c} (\omega_1 + \omega_2) f_2(\omega_1, \omega_2) A^+(\omega_1) A^+(\omega_2) \mathrm{d}\omega_1 \mathrm{d}\omega_2\right\} |0\rangle_A$$
$$= E \left\{f_0 + \int_0^{\omega_c} f_1(\omega) A^+(\omega) \mathrm{d}\omega\right.$$
$$\left. + \int_0^{\omega_c} f_2(\omega_1, \omega_2) A^+(\omega_1) A^+(\omega_2) \mathrm{d}\omega_1 \mathrm{d}\omega_2\right\} |0\rangle_A \tag{7.1.16}$$

$$\left(-\int_0^{\omega_c} \omega \alpha^2(\omega) \mathrm{d}\omega\right) \left\{\varphi_0 + \int_0^{\omega_c} \varphi_1(\omega) B^+(\omega) \mathrm{d}\omega\right.$$
$$\left. + \int_0^{\omega_c} \varphi_2(\omega_1, \omega_2) B^+(\omega_1) B^+(\omega_2) \mathrm{d}\omega_1 \mathrm{d}\omega_2\right\} |0\rangle_B$$
$$+ \frac{\Delta}{2} \left\{f_0 + \int_0^{\omega_c} f_1(\omega) A^+(\omega) \mathrm{d}\omega\right.$$
$$\left. + \int_0^{\omega_c} f_2(\omega_1, \omega_2) A^+(\omega_1) A^+(\omega_2) \mathrm{d}\omega_1 \mathrm{d}\omega_2\right\} |0\rangle_A$$
$$+ \left\{\int_0^{\omega_c} \omega \varphi_1(\omega) B^+(\omega) \mathrm{d}\omega\right.$$
$$\left. + \int_0^{\omega_c} (\omega_1 + \omega_2) \varphi_2(\omega_1, \omega_2) \mathrm{d}\omega_1 \mathrm{d}\omega_2\right\} |0\rangle_B$$
$$= E \left\{\varphi_0 + \int_0^{\omega_c} \varphi_1(\omega) B^+(\omega) \mathrm{d}\omega\right.$$
$$\left. + \int_0^{\omega_c} \varphi_2(\omega_1, \omega_2) B^+(\omega_1) B^+(\omega_2) \mathrm{d}\omega_1 \mathrm{d}\omega_2\right\} |0\rangle_A \tag{7.1.17}$$

(7.1.16)式左乘$_A\langle 0|$得

$$(\varepsilon - A)f_0 B + \frac{\Delta}{2}\Big\{\varphi_0 B + (-1)\int 2\varphi_1(\omega)\alpha(\omega)\mathrm{d}\omega \cdot B$$
$$+ 4\int_0^{\omega_c}\varphi_2(\omega_1,\omega_2)\alpha(\omega_1)\alpha(\omega_2)\mathrm{d}\omega_1\mathrm{d}\omega_2 B\Big\} = Ef_0 \qquad (7.1.18)$$

其中

$$A \equiv \int_0^{\omega_c}\omega\alpha^2(\omega)\mathrm{d}\omega \qquad (7.1.19)$$

$$B \equiv \exp\Big[-2\int_0^{\omega_c}\alpha^2(\omega)\mathrm{d}\omega\Big] \qquad (7.1.20)$$

(7.1.16)式左乘$_A\langle 0|A(\omega_1)$得

$$B(\varepsilon - A)f_1(\omega_1) + \frac{\Delta}{2}\Big\{\varphi_0 \cdot 2\alpha(\omega_1)B + \varphi_1(\omega_1)B$$
$$- 4\alpha(\omega_1)B\int\varphi_1(\omega'_1)\mathrm{d}\omega'_1$$
$$- 2B\int[\varphi_2(\omega_1,\omega'_1) + \varphi_2(\omega'_1,\omega_1)]\alpha(\omega'_1)\mathrm{d}\omega'_1$$
$$+ 8\alpha(\omega_1)\alpha(\omega_2)B\int\varphi_2(\omega'_1,\omega'_2)\alpha(\omega'_1)\alpha(\omega'_2)\mathrm{d}\omega'_1\mathrm{d}\omega'_2\Big\}$$
$$= Ef_1(\omega_1) \qquad (7.1.21)$$

(7.1.16)式左乘$_A\langle 0|A(\omega_1)A(\omega_2)$得

$$B(\varepsilon - A)f_2(\omega_1,\omega_2) + \frac{\Delta}{2}\Big\{4\alpha(\omega_1)\alpha(\omega_2)B\varphi_0$$
$$+ 2\alpha(\omega_1)B\varphi_1(\omega_2) + 2\alpha(\omega_2)B\varphi_1(\omega_1) - 8\alpha(\omega_1)\alpha(\omega_2)B$$
$$\cdot \int\varphi_1(\omega'_1)\alpha(\omega'_1)\mathrm{d}\omega'_1 + [\varphi_2(\omega_1,\omega_2) + \varphi_2(\omega_2,\omega_1)]B$$
$$- 4\alpha(\omega_2)B\int[\varphi_2(\omega_2,\omega'_1) + \varphi_2(\omega'_1,\omega_2)]\alpha(\omega'_1)\mathrm{d}\omega'_1$$
$$- 4\alpha(\omega_1)B\int[\varphi_2(\omega_1,\omega'_1) + \varphi_2(\omega'_1,\omega_1)]\alpha(\omega'_1)\mathrm{d}\omega'_1$$
$$+ 16B\int\varphi_2(\omega'_1,\omega'_2)\alpha(\omega'_1)\alpha(\omega'_2)\alpha(\omega_1)\alpha(\omega_2)\mathrm{d}\omega'_1\mathrm{d}\omega'_2\Big\}$$
$$= Ef_2(\omega_1,\omega_2) \qquad (7.1.22)$$

(7.1.17)式左乘$_B\langle 0|$得

$$-BA\varphi_0 + \frac{\Delta}{2}\Big\{f_0 B + 2B\int f_1(\omega)\alpha(\omega)\mathrm{d}\omega + 4B\int f_2(\omega_1,\omega_2)\alpha(\omega_1)\alpha(\omega_2)\mathrm{d}\omega_1\omega_2\Big\}$$
$$= E\varphi_0 \qquad (7.1.23)$$

(7.1.17)式左乘 $_B\langle 0|B(\omega_1)$ 得

$$-BA\varphi_1(\omega_1) + \frac{\Delta}{2}\Big\{-2\alpha(\omega_1)Bf_0 + Bf_1(\omega_1)$$

$$-4\alpha(\omega_1)B\int f_1(\omega'_1)\alpha(\omega'_1)\mathrm{d}\omega'_1$$

$$+2B\int[f_2(\omega'_1,\omega_1) + f_2(\omega_1,\omega'_1)]\cdot\alpha(\omega'_1)\mathrm{d}\omega'_1$$

$$-8B\alpha(\omega_1)\int f_2(\omega'_1,\omega'_2)\alpha(\omega'_1)\alpha(\omega'_2)\mathrm{d}\omega'_1\mathrm{d}\omega'_2\Big\}$$

$$= E\varphi_1(\omega_1) \qquad (7.1.24)$$

(7.1.17)式左乘 $_B\langle 0|B(\omega_1)B(\omega_2)$ 得

$$-BA\varphi_2(\omega_1,\omega_2) + \frac{\Delta}{2}\Big\{4B\alpha(\omega_1)\alpha(\omega_2)f_0 - 2B\alpha(\omega_1)f_1(\omega_2)$$

$$-2B\alpha(\omega_2)f_1(\omega_1) + 8B\alpha(\omega_1)\alpha(\omega_2)\int f(\omega'_1)\alpha(\omega'_1)\mathrm{d}\omega'_1$$

$$-4\alpha(\omega_2)B\int[f_2(\omega_1,\omega'_1) + f_2(\omega'_1,\omega_1)]\alpha(\omega'_1)\mathrm{d}\omega'_1$$

$$-4\alpha(\omega_1)B\int[f_2(\omega_2,\omega'_1) + f_2(\omega'_1,\omega_2)]\alpha(\omega'_1)\mathrm{d}\omega'_1$$

$$+16B\int f_2(\omega'_1,\omega'_2)\alpha(\omega'_1)\alpha(\omega'_2)\mathrm{d}\omega'_1\mathrm{d}\omega'_2\alpha(\omega_1)\alpha(\omega_2)\Big\}$$

$$= E \qquad (7.1.25)$$

至此,可以从(7.1.18)式,(7.1.21)式,(7.1.22)式,(7.1.23)式,(7.1.24)式,(7.1.25)式六个联立的积分方程解出 $f_0, f_1(\omega), f_2(\omega_1,\omega_2), \varphi_0, \varphi_0(\omega)$, $\varphi_2(\omega_1,\omega_2)$ 及能量本征值 E. 不过可以肯定的是对于这样复杂的联立积分方程组是很难解析求解的,只能利用高斯积分的办法近似求解. 换句话说是把上面的六个方程化为在相应的高斯点处取函数值的

$$f_0, \{f_1(\omega_i)\}, \{f_2(\omega_i,\omega_j)\}, \varphi_0, \{\varphi_1(\omega_i)\}, \{\varphi_2(\omega_i,\omega_j)\}$$

即将微分积分方程转变成 $2(N^2+N+1)$ 个待定变量的线性本征方程组,从而求出其 $\{E_l\}$ 及相应的 $f_0^{(l)},\cdots,\varphi_2^{(l)}(\omega_i,\omega_j)$,其中 N 指取的高斯点数.

下面将谈到如何利用上述求解出的近似的能谱及相应的本征态矢去讨论耗散问题.

(1) 以通常讨论所取的初始态为例,即系统在 $t=0$ 时居于状态

$$|t=0\rangle = |e\rangle|0\rangle \qquad (7.1.26)$$

我们要求演化到 t 时刻时系统仍居于 $|e\rangle$ 态的占有率 $\rho_e(t)$

$$\rho_e(t) = \langle t \mid e \rangle \langle e \mid t \rangle \tag{7.1.27}$$

(2) 将初始态按定态展开

$$\mid t=0\rangle = \mid e\rangle \mid 0\rangle$$
$$= \sum_l (\mid e\rangle \mid \phi_1^{(l)}\rangle + \mid g\rangle \mid \phi_2^{(l)}\rangle)(\langle e \mid \langle \phi_1^{(l)} \mid + \langle g \mid \phi_2^{(l)}\rangle) \mid e\rangle \mid 0\rangle$$
$$= \sum_l F_l(\langle \phi_1^{(l)} \mid 0\rangle)(\mid e\rangle \phi_1^{(l)}\rangle + \mid g\rangle \mid \phi_2^{(l)}\rangle) \tag{7.1.28}$$

其中

$$\begin{aligned}
F_l = \langle \phi_1^{(l)} \mid 0\rangle &= \Big[{}_A\langle 0 \mid \Big(f_0^{(l)} + \int_0^{\omega_c} f_1^{(l)} A(\omega) \mathrm{d}\omega \\
&\quad + \int_0^{\omega_c} f_2^{(l)}(\omega_1,\omega_2) A(\omega_1) A(\omega_2) \mathrm{d}\omega_1 \mathrm{d}\omega_2 \Big)\Big] \mid 0\rangle \\
&= {}_A\langle 0 \mid \Big[f_0^{(l)} + \int_0^{\omega_c} f_1^{(l)}(\omega)(\alpha(\omega) + \alpha(\omega)) \mathrm{d}\omega \\
&\quad + \int_0^{\omega_c} f_2^{(l)}(\omega_1,\omega_2)(a(\omega_1) + \alpha(\omega_1)) \\
&\quad \cdot (\alpha(\omega_2) + \alpha(\omega_2)) \mathrm{d}\omega_1 \mathrm{d}\omega_2 \Big] \mid 0\rangle \\
&= {}_A\langle 0 \mid \Big[f_0^{(l)} + \int_0^{\omega_c} f_1^{(l)}(\omega) \alpha(\omega) \mathrm{d}\omega \\
&\quad + \int_0^{\omega_c} f_2^{l}(\omega_1,\omega_2) \alpha(\omega_1) \alpha(\omega_2) \mathrm{d}\omega_1 \mathrm{d}\omega_2 \Big] \mid 0\rangle \\
&= f_0^{(l)} + \int_0^{\omega_c} f_1^{(l)}(\omega) \alpha(\omega) \mathrm{d}\omega \\
&\quad + \int_0^{\omega_c} f_2^{(l)}(\omega_1,\omega_2) \alpha(\omega_1) \alpha(\omega_2) \mathrm{d}\omega_1 \mathrm{d}\omega_2 \\
&= f_0^{(l)} + \sum_i^N f_1^{(l)}(\omega_i) \alpha(\omega_i) \\
&\quad + \sum_{ij}^N f_2^{(l)}(\omega_{1i},\omega_{2j}) \alpha(\omega_{2j})
\end{aligned} \tag{7.1.29}$$

上式中的最后一个等式来自将两个积分换为高斯点处的取值之和,由(7.1.28)式可得 t 时刻的态矢为

$$\mid t\rangle = \sum_l F_l \mathrm{e}^{-\mathrm{i}E_l t}(\mid e\rangle \mid \phi_1^{(l)}\rangle + \mid g\rangle \mid \phi_2^{(l)}\rangle) \tag{7.1.30}$$

(3)
$$\begin{aligned}
\rho_e(t) &= \langle t \mid e\rangle \langle e \mid t\rangle \\
&= \sum_{ll'} \big[F_{l'} \mathrm{e}^{\mathrm{i}E_{l'}t}(\langle e \mid \langle \phi_1^{(l)} \mid + \langle g \mid \phi_2^{(l)}\rangle) \big] \mid e\rangle \langle e \mid
\end{aligned}$$

$$\cdot \left[F_l e^{-iE_l t}(|e\rangle|\phi_1^{(l)}\rangle + |g\rangle|\phi_2^{(l)}\rangle)\right]$$

$$= \sum_{ll'} F_{l'} F_l e^{i(E_{l'} - E_l)t} \langle \phi_1^{(l')} | \phi_1^{(l)} \rangle$$

$$= \sum_{ll'} F_{l'} F_l e^{i(E_{l'} - E_l)t}{}_A\langle 0 |$$

$$\cdot \left[f_0^{(l')} + \int f_1^{(l')}(\omega') A(\omega') d\omega' + \int f_2^{(l')}(\omega'_1, \omega'_2) A^+(\omega'_1) A(\omega'_2) d\omega'_1 d\omega'_2 \right]$$

$$\cdot \left[f_0^{(l)} + \int f_1^{(l)}(\omega) A^+(\omega) d\omega + \int f_2^{(l)}(\omega_1, \omega_2) A^+(\omega_1) A^+(\omega_2) d\omega_1 d\omega_2 \right]|0\rangle_A$$

$$= \sum_{ll'} F_{l'} F_l e^{i(E_{l'} - E_l)t} \Big[f_0^{(l')} f_0^{(l)} + \int f_1^{(l')}(\omega) f_1^{(l)}(\omega) d\omega$$

$$+ \int f_2^{(l')}(\omega_1, \omega_2) f_2^{(l)}(\omega_1, \omega_2) + f_2^{(l')}(\omega_1, \omega_2) f_2^{(l)}(\omega_2, \omega_1) d\omega_1 d\omega_2 \Big] \quad (7.1.31)$$

上式中的积分仍可按高斯积分计算.

7.2 两比特纠缠态的耗散

考虑了单比特的耗散之后,自然可把讨论推广到两比特的系统的耗散问题,特别是两比特的纠缠态的耗散具有重要的实际意义,因为实际的环境通过耗散如何影响态的纠缠度的变化是大家非常关心的问题.

7.2.1 两比特耗散的求解

两比特与外界环境的热库合在一起,其总的系统的哈氏量可表示如下:

$$H = \varepsilon(|e_1\rangle\langle e_1| + |e_2\rangle\langle e_2|)$$

$$+ \frac{\Delta}{2}(|e_1\rangle\langle g_1| + |e_2\rangle\langle g_2| + |g_1\rangle\langle e_1| + |g_2\rangle\langle e_2|)$$

$$+ \int_0^{\omega_c} \omega a^+(\omega) a(\omega) d\omega$$

$$+ (|e_1\rangle\langle e_1| + |e_2\rangle\langle e_2|) \int_0^{\omega_c} g(\omega)[a(\omega) + a^+(\omega)]\rho(\omega) d\omega$$

$$- (|g_1\rangle\langle g_1| + |g_2\rangle\langle g_2|) \int_0^{\omega_c} g(\omega)[a(\omega) + a^+(\omega)]\rho(\omega) d(\omega) \quad (7.2.1)$$

在写出上式时用到了以下一些考虑:(a)两个比特是全同的,因此它们的物理参量及与同一热库的作用都相同;(b) 两比特间没有相互作用.

设解取以下的形式：

$$|\rangle = |e_1\rangle|e_2\rangle|\phi_1\rangle + |e_1\rangle|g_2\rangle|\phi_2\rangle + |g_1\rangle|e_2\rangle|\phi_3\rangle + |g_1\rangle|g_2\rangle|\phi_4\rangle \tag{7.2.2}$$

将(7.2.1)式和(7.2.2)式代入定态方程

$$H|\rangle = E|\rangle \tag{7.2.3}$$

并比较 $|e_1\rangle|e_1\rangle$, $|e_1\rangle|g_2\rangle$, $|g_1\rangle|e_2\rangle$, $|g_2\rangle|g_2\rangle$，得

$$2\varepsilon|\phi_1\rangle + \frac{\Delta}{2}(|\phi_3\rangle + |\phi_2\rangle) + \int_0^{\omega_c} \omega a^+(\omega)a(\omega)\mathrm{d}\omega|\phi_1\rangle$$
$$+ 2\int_0^{\omega_c} g(\omega)[a(\omega) + a^+(\omega)]\rho(\omega)\mathrm{d}\omega|\phi_1\rangle = E|\phi_1\rangle \tag{7.2.4}$$

$$\varepsilon|\phi_2\rangle + \frac{\Delta}{2}(|\phi_1\rangle + |\phi_4\rangle)$$
$$+ \int_0^{\omega_c} \omega a^+(\omega)a(\omega)\mathrm{d}\omega|\phi_2\rangle = E|\phi_2\rangle \tag{7.2.5}$$

$$\varepsilon|\phi_3\rangle + \frac{\Delta}{2}(|\phi_1\rangle + |\phi_4\rangle)$$
$$+ \int_0^{\omega_c} \omega a^+(\omega)a(\omega)\mathrm{d}\omega|\phi_3\rangle = E|\phi_3\rangle \tag{7.2.6}$$

$$\frac{\Delta}{2}(|\phi_3\rangle + |\phi_2\rangle) + \int_0^{\omega_c} \omega a^+(\omega)a(\omega)\mathrm{d}\omega|\phi_4\rangle$$
$$- 2\int_0^{\omega_c} g(\omega)[a(\omega) + a^+(\omega)]\rho(\omega)\mathrm{d}\omega|\phi_4\rangle = E|\phi_4\rangle \tag{7.2.7}$$

针对以上四个方程的下一步的求解,这里先做两点准备：

(1) 从(7.2.5)和(7.2.6)两式看出, $|\phi_2\rangle$ 和 $|\phi_3\rangle$ 的方程的形式是相同的,所以就可用同一 $|\phi\rangle$ 来代替.

(2) 对于 $|\phi_1\rangle$, $|\phi_4\rangle$ 的方程引入

$$\begin{cases} A(\omega) = a(\omega) + \dfrac{2g(\omega)\rho(\omega)}{\omega} = a(\omega) + \alpha(\omega) \\ A^+(\omega) = a^+(\omega) + \alpha(\omega) \end{cases} \tag{7.2.8}$$

$$\begin{cases} B(\omega) = a(\omega) - \dfrac{2g(\omega)\rho(\omega)}{\omega} = a(\omega) - \alpha(\omega) \\ B^+(\omega) = a^+(\omega) - \alpha(\omega) \end{cases} \tag{7.2.9}$$

于是可将(7.2.4)式~(7.2.7)式改写为

$$(2\varepsilon - A)|\phi_1\rangle + \Delta|\phi\rangle + \int_0^{\omega_c} \omega A^+(\omega)A(\omega)\mathrm{d}\omega|\phi_1\rangle = E|\phi_1\rangle \tag{7.2.10}$$

$$\varepsilon\mid\phi\rangle+\frac{\Delta}{2}(\mid\phi_1\rangle+\mid\phi_4\rangle)+\int_0^{\omega_c}\omega a^+(\omega)a(\omega)\mathrm{d}\omega\mid\phi\rangle=E\mid\phi\rangle \quad (7.2.11)$$

$$-A\mid\phi_4\rangle+\Delta\mid\phi\rangle+\int_0^{\omega_c}\omega B^+(\omega)B(\omega)\mathrm{d}\omega\mid\phi_4\rangle=E\mid\phi_4\rangle \quad (7.2.12)$$

其中

$$A\equiv\int_0^{\omega_c}\omega\alpha^2(\omega)\mathrm{d}\omega \quad (7.2.13)$$

将 $\mid\phi_1\rangle,\mid\phi\rangle,\mid\phi_4\rangle$ 近似展开至二阶

$$\mid\phi_1\rangle\cong\Big[f_{10}+\int f_{11}(\omega)A^+(\omega)\mathrm{d}\omega$$
$$+\int f_{12}(\omega_1,\omega_2)A^+(\omega_1)A^+(\omega_2)\mathrm{d}\omega_1\mathrm{d}\omega_2\Big]\mid 0\rangle_A \quad (7.2.14)$$

$$\mid\phi\rangle\cong\Big[f_0+\int f_1(\omega)a^+(\omega)\mathrm{d}\omega$$
$$+\int f_2(\omega_1,\omega_2)a^+(\omega_1)a^+(\omega_2)\mathrm{d}\omega_1\mathrm{d}\omega_2\Big]\mid 0\rangle \quad (7.2.15)$$

$$\mid\phi_4\rangle\cong\Big[f_{40}+\int f_{41}(\omega)B^+(\omega)\mathrm{d}\omega$$
$$+\int f_{42}(\omega_1,\omega_2)B^+(\omega_1)B^+(\omega_2)\mathrm{d}\omega_1\mathrm{d}\omega_2\Big]\mid 0\rangle_B \quad (7.2.16)$$

其中 $\mid 0\rangle_A$ 和 $\mid 0\rangle_B$ 已在前面定义过.

将(7.2.14)式~(7.2.16)式代入(7.2.10)式~(7.2.12)式得

$$(2\varepsilon-A)\Big[f_{10}+\int f_{11}(\omega)A^+(\omega)\mathrm{d}\omega$$
$$+\int f_{12}(\omega_1,\omega_2)A^+(\omega_1)A^+(\omega_2)\mathrm{d}\omega_1\mathrm{d}\omega_2\Big]\mid 0\rangle_A$$
$$+\Delta\Big[f_0+\int f_1(\omega)a^+(\omega)\mathrm{d}\omega$$
$$+\int f_2(\omega_1,\omega_2)a^+(\omega_1)a^+(\omega_2)\mathrm{d}\omega_1\mathrm{d}\omega_2\Big]\mid 0\rangle$$
$$+\Big[\int f_{11}(\omega)A^+(\omega)\omega\mathrm{d}\omega$$
$$+\int f_{12}(\omega_1,\omega_2)A^+(\omega_1)A^+(\omega_2)(\omega_1+\omega_2)\mathrm{d}\omega_1\mathrm{d}\omega_2\Big]\mid 0\rangle_A$$
$$=E\Big[f_{10}+\int f_{11}(\omega)A^+(\omega)\mathrm{d}\omega$$
$$+\int f_{12}(\omega_1,\omega_2)A^+(\omega_1)A^+(\omega_2)\mathrm{d}\omega_1\mathrm{d}\omega_2\Big]\mid 0\rangle_A \quad (7.2.17)$$

$$\varepsilon \Big[f_0 + \int f_1(\omega) a^+(\omega) \mathrm{d}\omega$$
$$+ \int f_2(\omega_1,\omega_2) a^+(\omega_1) a^+(\omega_2) \mathrm{d}\omega_1 \mathrm{d}\omega_2 \Big] \mid 0 \rangle$$
$$+ \frac{\Delta}{2} \Big[f_{10} + \int f_{11}(\omega) A^+(\omega) \mathrm{d}\omega$$
$$+ \int f_{12}(\omega_1,\omega_2) A^+(\omega_1) A^+(\omega_2) \mathrm{d}\omega_1 \mathrm{d}\omega_2 \Big] \mid 0 \rangle_A$$
$$+ \frac{\Delta}{2} \Big[f_{40} + \int f_{41}(\omega) A^+(\omega) \mathrm{d}\omega$$
$$+ \int f_{42}(\omega_1,\omega_2) B^+(\omega_1) B^+(\omega_2) \mathrm{d}\omega_1 \mathrm{d}\omega_2 \Big] \mid 0 \rangle_B$$
$$+ \Big[\int f_1(\omega) a^+(\omega) \omega \mathrm{d}\omega$$
$$+ \int f_2(\omega_1,\omega_2)(\omega_1+\omega_2) a^+(\omega_1) a^+(\omega_2) \mathrm{d}\omega_1 \mathrm{d}\omega_2 \Big] \mid 0 \rangle$$
$$= E \Big[f_0 + \int f_1(\omega) a^+(\omega) \mathrm{d}\omega$$
$$+ \int f_2(\omega_1,\omega_2) a^+(\omega_1) a^+(\omega_2) \mathrm{d}\omega_1 \mathrm{d}\omega_2 \Big] \mid 0 \rangle \qquad (7.2.18)$$
$$- A \Big[f_{40} + \int f_{41}(\omega) B^+(\omega) \mathrm{d}\omega$$
$$+ \int f_{42}(\omega_1,\omega_2) B^+(\omega_1) B^+(\omega_2) \mathrm{d}\omega_1 \mathrm{d}\omega_2 \Big] \mid 0 \rangle_B$$
$$+ \Delta \Big[f_0 + \int f_1(\omega) a^+(\omega) \mathrm{d}\omega$$
$$+ \int f_2(\omega_1,\omega_2) a^+(\omega_1) a^+(\omega_2) \mathrm{d}\omega_1 \mathrm{d}\omega_2 \Big] \mid 0 \rangle$$
$$+ \Big[\int f_{41}(\omega) B^+(\omega) \omega \mathrm{d}\omega$$
$$+ \int f_{42}(\omega_1,\omega_2) B^+(\omega_1) B^+(\omega_2)(\omega_2+\omega_1) \mathrm{d}\omega_1 \mathrm{d}\omega_2 \Big] \mid 0 \rangle_B$$
$$= E \Big[f_{40} + \int f_{41}(\omega) B^+(\omega) \mathrm{d}\omega$$
$$+ \int f_{42}(\omega_1,\omega_2) B^+(\omega_1) B^+(\omega_2) \mathrm{d}\omega_1 \mathrm{d}\omega_2 \Big] \mid 0 \rangle_B \qquad (7.2.19)$$

以下推导的详细过程见附录 7.2，其中 $C = \exp\Big[-\frac{1}{2} \int \alpha^2(\omega) \mathrm{d}\omega \Big]$。

(7.2.17)式左乘 $_A\langle 0 \mid$ 得

$$(2\varepsilon - A)f_{10} + \Delta\left\{f_0 - \int f_1(\omega)\alpha(\omega)d\omega + \int f_2(\omega_1,\omega)\alpha(\omega_1)\alpha(\omega_2)d\omega_1 d\omega_2\right\}C$$
$$= Ef_{10} \tag{7.2.20}$$

(7.2.17)式左乘${}_A\langle 0|A(\omega_1)$得

$$(2\varepsilon - A)f_{11}(\omega_1) + \Delta\Big\{\alpha(\omega_1)f_0 + f_1(\omega_1)$$
$$- \alpha(\omega_1)\int f_1(\omega)\alpha(\omega)d\omega$$
$$- \int[f_2(\omega_1,\omega'_1) + f_2(\omega'_1,\omega_1)]\alpha(\omega'_1)d\omega'_1$$
$$+ \alpha(\omega_1)\int f_2(\omega'_1,\omega'_2)\alpha(\omega'_1)\alpha(\omega'_2)d\omega'_1 d\omega'_2\Big\}C + \omega_1 f_{11}(\omega_1)$$
$$= E\rho(\omega_1)f_{11}(\omega_1) \tag{7.2.21}$$

(7.2.17)式左乘${}_A\langle 0|A(\omega_1)A(\omega_2)$得

$$(2\varepsilon - A)[f_2(\omega_1,\omega_2) + f_2(\omega_2,\omega_1)] + \Delta C\Big\{\alpha(\omega_1)\alpha(\omega_2)f_0 + f_1(\omega_2)\alpha(\omega_1)$$
$$+ f_1(\omega_1)\alpha(\omega_2) - \alpha(\omega_1)\alpha(\omega_2)\int f_1(\omega)\alpha(\omega)d\omega$$
$$+ [f_2(\omega_2,\omega_1) + f_2(\omega_1,\omega_2)]$$
$$- \alpha(\omega_2)\int[f_2(\omega_1,\omega'_1) + f_2(\omega'_1,\omega_1)]\alpha(\omega'_1)d\omega'_1$$
$$- \alpha(\omega_1)\int[f_2(\omega_2,\omega'_1) + f_2(\omega'_1,\omega_2)]\alpha(\omega'_1)d\omega'_1$$
$$+ \int f_2(\omega'_1,\omega'_2)\alpha(\omega'_1)\alpha(\omega'_2)d\omega'_1 d\omega'_2 \cdot \alpha(\omega_1)\alpha(\omega_2)\Big\} + f_{12}(\omega_1,\omega_2)$$
$$= E\rho(\omega_1)f_{12}(\omega_1,\omega_2) \tag{7.2.22}$$

(7.2.18)式左乘$\langle 0|$得

$$\varepsilon f_0 + \frac{\Delta}{2}C\left\{f_{10} + \int f_{11}(\omega)\alpha(\omega)d\omega + \int f_{12}(\omega_1,\omega_2)\alpha(\omega_1)\alpha(\omega_2)d\omega_1 d\omega_2\right\}$$
$$+ \frac{\Delta}{2}C\left\{f_{40} - \int f_{41}(\omega)\alpha(\omega)d\omega + \int f_{42}(\omega_1,\omega_2)\alpha(\omega_1)\alpha(\omega_2)d\omega_1 d\omega_2\right\}$$
$$= Ef_0 \tag{7.2.23}$$

(7.2.18)式左乘$\langle 0|\alpha(\omega_1)$得

$$\varepsilon f_1(\omega_1) + \frac{\Delta C}{2}\Big\{-\alpha(\omega_1)f_{10} + f_{11}(\omega_1) - \alpha(\omega_1)\int f_{11}(\omega)\alpha(\omega)d\omega$$
$$+ \int[f_{12}(\omega_1,\omega'_1) + f_{12}(\omega'_1,\omega_1)]\alpha(\omega'_1)d\omega'_1 - \alpha(\omega_1)\int f_{12}(\omega'_1,\omega'_2)$$

$$\cdot \alpha(\omega'_1)\alpha(\omega'_2)\mathrm{d}\omega'_1\mathrm{d}\omega'_2\Big\} + \frac{\Delta}{2}C\Big\{\alpha(\omega_1)f_{40} + f_{41}(\omega_1) - \alpha(\omega_1)\int f_{41}(\omega)\alpha(\omega)\mathrm{d}\omega$$

$$+ \int [f_{42}(\omega_1,\omega'_1) + f_{42}(\omega'_1,\omega_1)]\alpha(\omega'_1)\mathrm{d}\omega'_1 + \alpha(\omega_1)\int f_{42}(\omega'_1,\omega'_2)$$

$$\cdot \alpha(\omega'_1)\alpha(\omega'_2)\mathrm{d}\omega'_1\mathrm{d}\omega'_2\Big\} + f_1(\omega_1)\omega_1$$

$$= Ef_1(\omega_1) \tag{7.2.24}$$

(7.2.18)式左乘$\langle 0|\alpha(\omega_1)\alpha(\omega_2)$得

$$\varepsilon f_2(\omega_1,\omega_2) + \frac{\Delta}{2}C\Big\{\alpha(\omega_1)\alpha(\omega_2)f_{10} - \alpha(\omega_1)f_{11}(\omega_2) - \alpha(\omega_2)f_{11}(\omega_1)$$

$$+ \alpha(\omega_1)\alpha(\omega_2)\int f_{11}(\omega)\alpha(\omega)\mathrm{d}\omega + [f_{12}(\omega_2,\omega_1) + f_{12}(\omega_1,\omega_2)]$$

$$- \alpha(\omega_2)\int [f_{12}(\omega_1,\omega'_1) + f_{12}(\omega'_1,\omega_1)]\alpha(\omega'_1)\mathrm{d}\omega'_1$$

$$- \alpha(\omega_1)\int [f_{12}(\omega_2,\omega'_1) + f_{12}(\omega'_1,\omega_2)]\alpha(\omega'_1)\mathrm{d}\omega'_1$$

$$+ \alpha(\omega_1)\alpha(\omega_2)\int f_{12}(\omega'_1)(\omega'_2)\alpha(\omega'_1)\alpha(\omega'_2)\mathrm{d}\omega'_1\mathrm{d}\omega'_2\Big\}$$

$$+ \frac{\Delta}{2}C\Big\{\alpha(\omega_1)\alpha(\omega_2)f_{40} + \alpha(\omega_1)f_{41}(\omega_2) + \alpha(\omega_2)f_{41}(\omega_1)$$

$$- \alpha(\omega_1)\alpha(\omega_2)\int f_{41}(\omega)\alpha(\omega)\mathrm{d}\omega + [f_{42}(\omega_2,\omega_1) + f_{42}(\omega_1,\omega_2)]$$

$$- \alpha(\omega_2)\int [f_{42}(\omega_1,\omega'_1) + f_{42}(\omega'_1,\omega_1)]\alpha(\omega'_1)\mathrm{d}\omega'_1$$

$$- \alpha(\omega_1)\int [f_{42}(\omega_2,\omega'_1) + f_{42}(\omega'_1,\omega_2)]\alpha(\omega'_1)\mathrm{d}\omega'_1$$

$$+ \alpha(\omega_1)\alpha(\omega_2)\int f_{42}(\omega'_1,\omega'_2)\alpha(\omega'_1)\alpha(\omega'_2)\mathrm{d}\omega'_1\mathrm{d}\omega'_2\Big\}$$

$$+ [\omega_1 + \omega_2]f_2(\omega_1,\omega_2)$$

$$= Ef_2(\omega_1,\omega_2) \tag{7.2.25}$$

(7.2.19)式左乘$_B\langle 0|$得

$$-Af_{40} + \Delta C\Big\{f_0 + \int f_1(\omega)\alpha(\omega)\mathrm{d}\omega$$

$$+ \int f_2(\omega_1,\omega_2)\alpha(\omega_1)\alpha(\omega_2)\mathrm{d}\omega_1\mathrm{d}\omega_2\Big\}$$

$$= Ef_{40} \tag{7.2.26}$$

(7.2.19)式左乘$_B\langle 0|B(\omega_1)$得

$$-Af_{41}(\omega_1) + \Delta C\Big\{-\alpha(\omega_1)f_0 + f_1(\omega_1) - \alpha(\omega_1)\int f_1(\omega)\alpha(\omega)\mathrm{d}\omega$$
$$+ \int[f_2(\omega_1,\omega'_1) + f_2(\omega'_1,\omega_1)]\alpha(\omega'_1)\mathrm{d}\omega'_1$$
$$- \alpha(\omega_1)\int f_2(\omega'_1,\omega'_2)\alpha(\omega'_1)\alpha(\omega'_2)\mathrm{d}\omega'_1\mathrm{d}\omega'_2\Big\} + \omega_1 f_{41}(\omega_1)$$
$$= E f_{41}(\omega_1) \qquad (7.2.27)$$

(7.2.19)式左乘 $_B\langle 0|B(\omega_1)B(\omega_2)$ 得

$$-A\rho(\omega_1)f_{42}(\omega_1,\omega_2) + \Delta C\Big\{\alpha(\omega_1)\alpha(\omega_2)f_0 - \alpha(\omega_2)f_1(\omega_1)$$
$$- \alpha(\omega_1)f_1(\omega_2) + \alpha(\omega_1)\alpha(\omega_2)\int f_1(\omega)\alpha(\omega)\mathrm{d}\omega$$
$$+ [f_2(\omega_2,\omega_1) + f_2(\omega_1,\omega_2)]$$
$$- \alpha(\omega_1)\int[f_2(\omega_2,\omega'_1) + f_2(\omega'_1,\omega_2)]\mathrm{d}\omega'_1$$
$$- \alpha(\omega_2)\int[f_2(\omega_1,\omega'_1) + f_2(\omega'_1,\omega_1)]\mathrm{d}\omega'_1$$
$$+ \alpha(\omega_1)\alpha(\omega_2)\int[f_2(\omega'_1,\omega'_2) + \alpha(\omega'_1)\alpha(\omega'_2)]\mathrm{d}\omega'_1\mathrm{d}\omega'_2\Big\}$$
$$+ (\omega_2 + \omega_1)f_{42}(\omega_1,\omega_2)$$
$$= E\rho'(\omega_1)f_{42}(\omega_1,\omega_2) \qquad (7.2.28)$$

显然联立积分方程组(7.2.20)式~(7.2.28)式的解析求解也是不可能的,但仍可用高斯积分的办法将其化为

$$f_{10}, f_{11}(\omega_i), f_{12}(\omega_{1i},\omega_{2j}), f_0, f_1(\omega_i), f_{22}(\omega_{1i},\omega_{2j})$$
$$f_{40}, f_{41}(\omega_i), f_{42}(\omega_{1i},\omega_{2j}) \quad (i=1,2,\cdots,N; N \text{ 为高斯点数})$$

的线性方程组来求解.

7.2.2 纠缠受耗散的影响

为确定起见,取初始状态为具有最大纠缠度的如下状态:

$$|t=0\rangle = \frac{1}{\sqrt{2}}(|e_1\rangle|g_2\rangle + |g_1\rangle|e_2\rangle)|\phi(t=0)\rangle \qquad (7.2.29)$$

其中

$$|\phi(t=0)\rangle = |0\rangle \qquad (7.2.30)$$

记解出的能谱为 $\{E^{(l)}\}$. 解出相应定态态矢的近似展开式中的系数函数记为 $f_{10}^{(l)},\cdots,f_{42}^{(l)}(\omega_1,\omega_2)$(实际解出的是这些函数在高斯点处取值的分立数组, $f_{10}^{(l)},\cdots,f_{42}^{(l)}(\omega_{1i},\omega_{2j})$).

将初始态 $|t=0\rangle$ 按定态集展开：

$$|t=0\rangle = \sum_l |\Psi^{(l)}\rangle\langle\Psi^{(l)}|t=0\rangle$$
$$= \sum_l F_l |\Psi^{(l)}\rangle \tag{7.2.31}$$

其中

$$F_l = [\langle e_1|\langle e_2|\langle\phi_1^{(l)}| + \langle e_1|\langle g_2|\langle\phi_2^{(l)}|$$
$$+ \langle g_1|\langle e_2|\langle\phi_3^{(l)}| + \langle g_1|\langle g_2|\langle\phi_4^{(l)}|]$$
$$\cdot \frac{1}{\sqrt{2}}[|e_1\rangle|g_2\rangle|0\rangle + |g_1\rangle|e_2\rangle|0\rangle]$$
$$= \frac{1}{\sqrt{2}}[\langle\phi_2^{(l)}|0\rangle + \langle\phi_3^{(l)}|0\rangle]$$
$$\approx \frac{1}{\sqrt{2}}\{\langle 0|[f_0^{(l)} + \int f_1^{(l)}(\omega)a(\omega)d\omega$$
$$+ \int f_2^{(l)}(\omega_1,\omega_2)a(\omega_1)a(\omega_2)d\omega_1 d\omega_2]|0\rangle$$
$$+ \langle 0|[f_0^{(l)} + \int f_1^{(l)}(\omega)a(\omega)d\omega$$
$$+ \int f_2^{(l)}(\omega_1,\omega_2)a(\omega_1)a(\omega_2)d\omega_1 d\omega_2]|0\rangle\}$$
$$= \sqrt{2}f_0^{(l)} \tag{7.2.32}$$

于是 t 时刻的系统的态矢 $|t\rangle$ 为

$$|t\rangle = \sum_l \sqrt{2}f_0^{(l)}|\Psi^{(l)}\rangle e^{-iE^{(l)}t} \tag{7.2.33}$$

如要问 t 时刻系统的纠缠度是多少？在这样的初始态的情况下，直接算纠缠度不如算系统仍居于 $|e_1\rangle|g_2\rangle$ 态的概率更清楚（$|e_2\rangle|g_1\rangle$ 从完全对称的考虑看概率也是相同的）.

$$\rho_t = \langle t|[|e_1\rangle|g_2\rangle\langle g_2|\langle e_1|]|t\rangle 2\sum_{ll'}f_0^{(l)}f_0^{(l')}e^{i(E^{(l)}-E^{(l')})t}\langle\phi_2^{(l)}|\phi_2^{(l')}\rangle$$

$$= 2\sum_{ll'}f_0^{(l)}f_0^{(l')}e^{i(E^{(l)}-E^{(l')})t}\langle 0|[f_0^{(l)} + \int f_1^{(l)}(\omega)a(\omega)d\omega$$
$$\cdot \int f_2^{(l)}(\omega_1,\omega_2)a(\omega_1)a(\omega_2)d\omega_1 d\omega_2]$$
$$\cdot [f_0^{(l')} + \int f_1^{(l')}(\omega')a^+(\omega')d\omega'$$
$$+ \int f_2^{(l')}(\omega_1',\omega_2')a^+(\omega_1')a^+(\omega_2')d\omega_1' d\omega_2']|0\rangle$$

$$= 2\sum_{ll'} f_0^{(l)} f_0^{(l')} e^{i(E^{(l)}-E^{(l')})t} \left\{ f_0^{(l)} f_0^{(l')} + \int f_1^{(l)}(\omega) f_1^{(l')}(\omega) d\omega \right.$$

$$\left. + \int [f_2^{(l)}(\omega_1,\omega_2) f^{(l')}(\omega_1,\omega_2) + f_2^{(l)}(\omega_1,\omega_2) f^{(l')}(\omega_2,\omega_1)] d\omega_1 d\omega_2 \right\}$$

(7.2.34)

7.3 热库零频邻域性质的关键作用及其重要结论

在本章开始讨论耗散时就谈到以往工作中引用的热库频函数 $J(\omega)$ 存在红外发散的困难,为了克服它带来的物理结果的不收敛性和不确定性,我们根据在 $\omega=0$ 邻域的热库应有的物理实质和理论的合理考虑,在热库的模型中加上了频率分布函数,从而在根本意义上消除了本不应有的红外发散. 本节中将讨论应用这种合理的消除了红外发散后得到的一些重要和有意义的结果,并从中看到在今后讨论耗散的机制及与耗散有关的问题时应用合理的频率分布函数的重要性.

虽然耗散模型热库中的声子模是连续变化的,在我们将它原有的红外发散消除后完全可以按连续模的形式讨论和计算具体的问题,不过由于在以往许多研究与耗散有关的工作中为了避开 $\omega\to 0$ 时的发散困难,采取将连续模分立化的做法,因此我们在本节的讨论中也回到分立模式的 Spin-Boson 模型来讨论.

7.3.1 Spin-Boson 模型中的对称破缺和标度行为

以往的研究工作中曾有过在 Spin-Boson 模型里的标度律的讨论,不过得到的结果很不理想,在不同参数情况下作标度变换后得到结果的曲线只大体上相近,现在我们从消除了红外发散的机制出发再来讨论这一模型中的标度律行为,发现其标度律的结果非常理想.

Spin-Boson 模型(SBM)的标度律表现在系统的对称破缺点的周围,为此先谈谈这一模型的对称性及其破缺的情形,SBM 的哈氏量为

$$H = \frac{\varepsilon}{2}\sigma_z - \frac{\Delta}{2}\sigma_x + \sum_k \omega_k a_k^+ a_k + \sum_k \lambda_k (a_k^+ + a_k)\sigma_z \quad (7.3.1)$$

通常将自旋系统居于确定的上态或确定的下态称它居于定域态,居于上态和下态等概率时称为非定域态,前者对应于 $\langle\sigma_z\rangle=\pm 1$,后者对应于 $\langle\sigma_z\rangle=0$,当然更一般

的态是介于两者之间的,非定域态标示系统具有自旋投影的对称性,定域态标示系统对称性的破缺.

在(7.3.1)式中只要 $\varepsilon \neq 0$ 就隐含着上下态间不等价关系的存在,因此在系统的稳定基态中就有可能是定域态的情形.下面的讨论将看到 ε 为小量及耦合较弱时,系统处于非定域的对称状态中,ε 保持不变,耦合常量 α 增大到 α_c 时系统便从对称的非定域态转变到对称破缺的定域态,其变换的规律表现出一种理想的标度律行为.

下面的讨论包括超欧姆、欧姆及亚欧姆的所有情形,即系统的谱函数统一表示为

$$J(\omega) = \pi \sum_k \lambda_k^2 \delta(\omega - \omega_k) \rho(\omega) = 2\pi \alpha \omega_c^{1-s} \omega^s \rho(\omega) \tag{7.3.2}$$

其中

$$\rho(\omega) = 1 - e^{-P(\omega/\omega_c)^2} \tag{7.3.3}$$

P 为一大数,在以下的计算中取 $P = 10^6$;$s < 1, s = 1, s > 1$ 分别对应于亚欧姆、欧姆及超欧姆的情形,以下的计算仍是采用相干态正交化的方法,令系统的态矢取如下的形式:

$$|\Psi\rangle = \begin{Bmatrix} \sum_{\{n\}} c_{\{n\}} |\{n\}\rangle_A \\ \sum_{\{n\}} (-1)^{\sum_k n_k + 1} d_{\{n\}} |\{n\}\rangle_B \end{Bmatrix} \tag{7.3.4}$$

其中 $|\{n\}\rangle_{A(B)} = \prod_{k=1}^{N} |n_k\rangle_{A_k(B_k)}$,并有

$$\begin{cases} |n_k\rangle_{A_k} = \dfrac{e^{-g_k^2/2}}{\sqrt{n_k!}} (a_k^+ + g_k)^{n_k} e^{-g_k a_k^+} |0\rangle \\ |n_k\rangle_{B_k} = \dfrac{e^{-g_k^2/2}}{\sqrt{n_k!}} (a_k^+ - g_k)^{n_k} e^{g_k a_k^+} |0\rangle \\ k = 1, 2, \cdots, N, \quad g_k = \lambda_k / \omega_k \end{cases} \tag{7.3.5}$$

如前多次的讨论得到 $c_{\{m\}}, d_{\{m\}}$ 满足的方程组为

$$\left[\sum_k \omega_k (m_k - g_k^2) + \frac{\varepsilon}{2}\right] c_{\{m\}} + \sum_{\{n\}} \frac{\Delta}{2} d_{\{n\}} D_{\{m,n\}} = E c_{\{m\}}$$

$$\left[\sum_k \omega_k (m_k - g_k^2) - \frac{\varepsilon}{2}\right] d_{\{m\}} + \sum_{\{n\}} \frac{\Delta}{2} c_{\{n\}} D_{\{m,n\}} = E d_{\{m\}}$$

由于感兴趣的是 ε 和 Δ 都为小量的情形,这时可采取近似,只取上式中 $D_{\{m,m\}}$ 的对角元,即解如下的方程组来求系统的最低能态.

$$\begin{cases} \left[\sum_k \omega_k(m_k - g_k^2) + \dfrac{\varepsilon}{2}\right]c_{\{m\}} + \dfrac{\Delta}{2}d_{\{m\}}D_{\{m,m\}} = Ec_{\{m\}} \\ \left[\sum_k \omega_k(m_k - g_k^2) - \dfrac{\varepsilon}{2}\right]d_{\{m\}} + \dfrac{\Delta}{2}c_{\{m\}}D_{\{m,m\}} = Ed_{\{m\}} \\ D_{\{m,m\}} = \mathrm{e}^{-2\sum_k g_k^2}\prod_{k=1}^{N}\sum_{j=0}^{m_k}(-1)^j \dfrac{m_k!(2g_k)^{2m_k-2j}}{[(m_k-j)!]^2 j!} \end{cases} \quad (7.3.6)$$

由(7.3.6)式可解出能量本征值及相应的态矢.

$$\begin{cases} E^{\pm}_{\{m\}} = \sum_k \omega_k(m_k - g_k^2) \pm \sqrt{\varepsilon^2 + \Delta^2 D^2_{\{m,m\}}}/2 \\ c^{\pm}_{\{m\}} = \mu^{\pm}_{\{m\}}/\sqrt{1 + (\mu^{\pm}_{\{m\}})^2} \\ d^{\pm}_{\{m\}} = 1/\sqrt{1 + (\mu^{\pm}_{\{m\}})^2} \\ \mu^{\pm}_{\{m\}} = \left[\varepsilon \pm \sqrt{\varepsilon^2 + \Delta^2 D^2_{\{m,m\}}}\right]/\Delta D_{\{m,m\}} \end{cases} \quad (7.3.7)$$

由(7.3.7)式知,系统的最低能态——基态为 $E^{-}_{\{0\}}$,因此系统基态的所有物理规律都可解析算出,在这里要着重指出的一点是在上面计算中的 $\sum_k g_k^2$ 这个量,它由以下的等式给出:

$$\begin{aligned} \sum_k g_k^2 &= \sum_k \lambda_k^2/\omega_k^2 = \int_0^{\omega_c} \sum_k \dfrac{\lambda_k^2}{\omega_k^2}\delta(\omega - \omega_k)\mathrm{d}\omega \\ &= \int_0^{\omega_c} 2\alpha\omega_c^{1-s}\omega^{s-2}\mathrm{d}\omega = 2\alpha\beta' \end{aligned} \quad (7.3.8)$$

其中

$$\beta' = \begin{cases} \dfrac{1}{s-1}\left[1 - \left(\dfrac{\omega_c}{\omega_1}\right)^{1-s}\right], & s < 1 \\ \ln\left(\dfrac{\omega_c}{\omega_1}\right), & s = 1 \\ \dfrac{1}{s-1}, & s > 1 \end{cases} \quad (7.3.9)$$

在上面(7.3.8)式和(7.3.9)式的计算中用的是原有的谱函数,两式中的 ω_1 正是过去许多工作中为了避开红外发散将连续模分立化取的最低频,从(7.3.9)式明显看出,只要取 $\omega_1 \to 0$,红外发散立即出现,即便不让 ω_1 趋于零而取有限的值,也因 ω_1 取值不同而带来不确定性,因此导致算出结果的不确定性和不可靠,虽然采用别的理论方法其红外发散特性表现的形式可以不一样,但实质是相同的.

如采用正确消除了红外发散的合理谱函数的表示(7.3.2)式则得到合理的 β 为

$$\beta = \begin{cases} \dfrac{1}{s-1} + \dfrac{1}{2P^{(s-1)/2}}\left[\Gamma\left(\dfrac{s-1}{2},P\right) - \Gamma\left(\dfrac{s-1}{2}\right)\right], & s \neq 1 \\ \dfrac{1}{2}[\gamma + \ln(p) + \Gamma(0,p)], & s = 1 \end{cases}$$

其中 γ 是 Euler-Mascheroni 常数,无论 s 为何数,β 都是有限的,下面给出具体计算的结果及标度律.

(1) SBM 的磁化

系统的自旋投影在基态中的期待值为

$$\langle \sigma_z \rangle = (c_{\{0\}}^{(-)})^2 - (d_{\{0\}}^{(-)})^2 = \frac{-x}{\sqrt{x^2 + e^{-8\alpha\beta}}} \tag{7.3.10}$$

其中 $x = \varepsilon/\Delta$,将 $\langle\sigma_z\rangle$ 对 α 取二阶导数得到反射点为

$$\alpha_c = -\ln(2x^2)/8\beta \tag{7.3.11}$$

再将 α 用 α_c 作单位来标度 $\alpha' = \alpha/\alpha_c$,则 $\langle\sigma_z\rangle$ 随 α' 的变化曲线如图 7.3.1.1 中的 (a) 图, (b) 图所示,这些不同参量的曲线都交汇于固定点 $\left(\alpha'=1, \langle\sigma_z\rangle = -\dfrac{1}{3}^{\frac{1}{2}}\right)$ 处,如果我们将耗散的耦合强度作如下的标度变换 $\alpha'' = (\alpha - \alpha_c)\beta/\sqrt{27}$,则这时有

$$\langle \sigma_z(\alpha'') \rangle = \frac{-1}{\sqrt{1 + 2e^{-24\sqrt{3}\alpha''}}} \tag{7.3.12}$$

只决定于 α'' 而和所有其他的参量无关,表现出理想的标度律行为,如图 7.3.1.1 的 (c) 图, (d) 图所示,不仅包含不同参量,也包括不同的耗散类型,即不同的 s 值的曲线都重合在一起.

图 7.3.1.2 给出标度行为的另一种表现.在 $\alpha'' = 0$ 的邻域求 $\langle\sigma_z\rangle$ 对 α'' 的导数得

$$\left.\frac{d\langle\sigma_z\rangle}{d\alpha^s}\right|_{\alpha''\to 0} = -8 \tag{7.3.13}$$

绘于图中是一根完整的直线,不呈现任何不光滑的性质.

(2) 纠缠度

为了求出自旋与热库间的纠缠状况,我们要计算系统的 Van Neumann 熵 ε:

$$\varepsilon = -p_+\log_2 p_+ - p_-\log_2 p_- \tag{7.3.14}$$

其中

$$p_\pm = \frac{1}{2}(1 \pm \sqrt{\langle\sigma_z\rangle^2 + \langle\sigma_x\rangle^2})$$

$$= \frac{1}{2}\left(1 \pm \sqrt{\frac{x^2 + e^{-16\alpha\beta}}{x^2 + e^{-8\alpha\beta}}}\right) \tag{7.3.15}$$

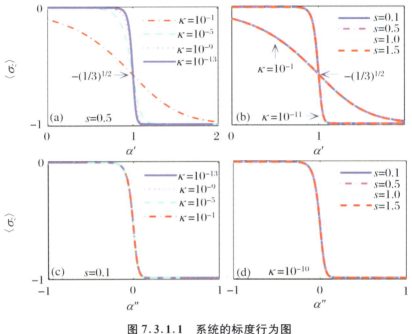

图 7.3.1.1 系统的标度行为图

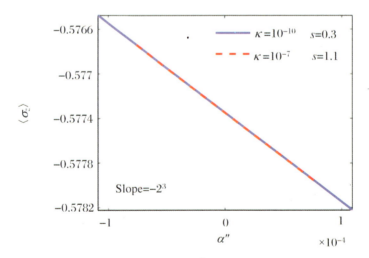

图 7.3.1.2 $\langle\sigma_z\rangle$ 随 α'' 变化的线性规律

同样地,我们可以将上式中的 $\alpha\beta$ 换成 $\sqrt{27}\alpha'' - \ln(2x^2)/g$,则将纠缠随 α'' 变化的曲线画出后如图 7.3.1.3 所示.对于不同其他参数及不同耗散类型(不同的 s 值)的曲线,仍然呈现出合为同一曲线的理想标度律行为,和前面$\langle\sigma_z\rangle$的情形略有不同的是,对于不同的参量其纠缠度迅速上升点不相同的根由是纠缠度的上升源自系统的非定域的发生,这对不同参量来说其起点不相同,除了起点不同外,以后的曲线就完全重合了.

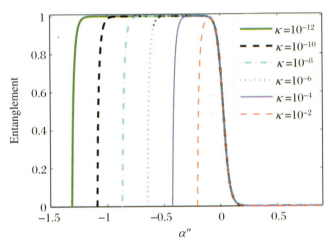

图 7.3.1.3　纠缠度随 α'' 的变化

7.3.2　无定域场的 SBM 没有量子的相变

在这一小节里将要严格证明在 SBM 中当定域场为零时不存在量子相变,这一证明的成立正如前面讲到的是立足于我们消除了物理上不合理的原有谱函数形式中的红外发散,同时也指出过去工作中不恰当地得出有量子相变结论的根源恰恰就是那个不应存在的表现上的红外发散,其实只要想一想同为 SBM 的三种类型的热库,其中具有表观红外发散困难的亚欧姆及欧姆类型就得出有相变的结论,而没有表观红外发散的超欧姆类型就没有相变,这种对应不会是没有内在联系的,下面我们在证明中更清楚地阐明这点.

没有定域场的 SBM 哈氏量为

$$H = -\frac{\Delta}{2}\sigma_x + \sum_k \omega_k a_k^+ a_k + \sum_k \lambda_k (a_k^+ + a_k)\sigma_z \tag{7.3.16}$$

我们在 Spin-Boson 那部分已谈过,这样的系统具有守恒的宇称算符:

$$\hat{\Pi} = \sigma_x e^{i\pi \sum_k a_k^+ a_k} \tag{7.3.17}$$

即它与 H 对易

$$[\hat{\Pi}, H] = 0 \tag{7.3.18}$$

当我们对这一系统作如下的幺正变换,幺正变换算符是

$$U = \frac{1}{\sqrt{2}} \begin{pmatrix} 1 & e^{-i\pi \sum_k a_k^+ a_k} \\ e^{-i\pi \sum_k a_k^+ a_k} & 1 \end{pmatrix} \tag{7.3.19}$$

通过这样的幺正变换有

$$U\hat{\Pi}U^+ = \sigma_z \tag{7.3.20}$$

及

$$UHU^+ = \begin{pmatrix} H^+ & 0 \\ 0 & H^- \end{pmatrix} \tag{7.3.21}$$

其中

$$\begin{cases} H^+ = -\dfrac{\Delta}{2} e^{i\pi \sum_k a_k^+ a_k} + \sum_k [\omega_k a_k^+ a_k + \lambda_r (a_k^+ + a_k)] \\ H^- = \dfrac{\Delta}{2} e^{i\pi \sum_k a_k^+ a_k} + \sum_k [\omega_k a_k^+ a_k - \lambda_r (a_k^+ + a_k)] \end{cases} \tag{7.3.22}$$

经过这样的幺正变换后宇称及能量的共同本征态不仅分为两支,而且分成了两个不相交的独立子空间中的态,即

$$\begin{pmatrix} |\varphi^+\rangle \\ 0 \end{pmatrix}, \quad \begin{pmatrix} 0 \\ |\varphi^-\rangle \end{pmatrix}$$

显然 $\begin{pmatrix} |\varphi^+\rangle \\ 0 \end{pmatrix}, \begin{pmatrix} 0 \\ |\varphi^-\rangle \end{pmatrix}$ 分别是正宇称态和负宇称态,因为有

$$\begin{cases} \sigma_z \begin{pmatrix} |\varphi^+\rangle \\ 0 \end{pmatrix} = \begin{pmatrix} |\varphi^+\rangle \\ 0 \end{pmatrix} \\ \sigma_z \begin{pmatrix} 0 \\ |\varphi^-\rangle \end{pmatrix} = \begin{pmatrix} 0 \\ |\varphi^-\rangle \end{pmatrix} \end{cases} \tag{7.3.23}$$

而 $|\varphi^+\rangle$ 及 E^+, $|\varphi^-\rangle$ 及 E^- 由

$$\begin{cases} H^+ |\varphi^+\rangle = E^+ |\varphi^+\rangle \\ H^- |\varphi^-\rangle = E^- |\varphi^-\rangle \end{cases} \tag{7.3.24}$$

求得.

设 $|\varphi^+\rangle, |\varphi^-\rangle$ 由下列的展开式表示:

$$\begin{cases} |\varphi^+\rangle = \sum_n c_{\{n\}}^+ |\{n\}\rangle_A \\ |\varphi^-\rangle = \sum_n c_{\{n\}}^- e^{i\pi \sum_k a_k^+ a_k} |\{n\}\rangle_A \end{cases} \tag{7.3.25}$$

上式中 $c_{\{n\}}^{\pm}$ 是待求的系数，$|\{n\}\rangle_A$ 的表示式为

$$|\{n\}\rangle_A = \prod_{k=1}^{N} \frac{e^{-g_k^2/2}}{\sqrt{n_k!}} (a_k^+ + g_k)^{n_k} e^{-g_k a_k^+} |0\rangle$$

$$g_k = \frac{\lambda_k}{\omega_k}, \quad k = 1, 2, \cdots, N \tag{7.3.26}$$

可以把(7.3.22)式右方的第一个算符表示为

$$\frac{\Delta}{2} e^{i\pi \sum_k a_k^+ a_k} = \sum_{\{m\}\{n\}} |\{m\}\rangle_{AA}\langle\{m\}| \frac{\Delta}{2} e^{i\pi \sum_k a_k^+ a_k} |\{n\}\rangle\langle\{n\}|$$

$$= \frac{\Delta}{2} \sum_{\{m\}\{n\}} D_{\{m,n\}} |\{m\}\rangle_{AA}\langle\{n\}| \tag{7.3.27}$$

其中

$$\begin{cases} D_{\{m,n\}} = e^{-2\sum_k g_k^2} L_{\{m,n\}} \\ L_{\{m,n\}} = \prod_{k=1}^{N} \sum_{j=0}^{\min[m_k, n_k]} (-1)^j \frac{\sqrt{m_k! n_k!} (2g_k)^{m_k + n_k - 2j}}{(m_k - j)!(n_k - j)! j!} \end{cases} \tag{7.3.28}$$

有了这样的准备很易从(7.3.22)式解得它的两支能谱为

$$E_{\{m\}}^{\pm} = \sum_k \omega_k (m_k - g_k^2) \mp \frac{\Delta}{2 c_{\{m\}}^{\pm}} \sum_{\{n\}} c_{\{n\}}^{\pm} D_{\{m,n\}} \tag{7.3.29}$$

这两支能谱中最低能态分别为

$$E_{\{0\}}^{\pm} = -\sum_k \omega_k g_k^2 \mp \frac{\Delta}{2 c_{\{0\}}^{\pm}} \sum_{\{n\}} c_{\{n\}}^{\pm} D_{\{0,n\}} \tag{7.3.30}$$

得到了上面的结果以后，我们就可以来论证这一系统是否会存在量子相变了，首先从(7.3.30)式可以看出，在一般的情况下由于 $\Delta \neq 0$，所以最低能态，也就是系统的基态是 $E_{\{0\}}^+$，这时系统保持其对称性，系统要产生相变，也即对称性破缺则必须是 $E_{\{0\}}^+ = E_{\{0\}}^-$ 的能级简并发生，由于 $\Delta \neq 0$，从(7.3.30)式看出只有满足以下两个条件才会发生：

(a)

$$\sum_{\{n\}} c_{\{n\}}^{\pm} D_{\{0,n\}} = 0$$

或(b)

$$\sum_{\{n\}} c_{\{n\}}^+ D_{\{0,n\}} / c_{\{0\}}^+ = -\sum_{\{n\}} c_{\{n\}}^- D_{\{0,n\}} / c_{\{0\}}^- \neq 0$$

为检验(a)或(b)是否成立，把 $D_{\{0,n\}}$ 明显表示出：

$$D_{\{0,n\}} = e^{-2\sum_k g_k^2} \prod_k \frac{(2g_k)^{n_k}}{\sqrt{n_k!}} \tag{7.3.31}$$

因为 $e^{-2\sum_k g_k^2} \neq 0$，则如要(a)成立，必须有

$$\sum_{\{n\}} c_{\{n\}}^{\pm} \prod_k [(2g_k)^{n_k}/\sqrt{n_k!}] = 0$$

要满足上式除非 $c_{\{n\}}^{\pm} = 0$，而这是毫无意义的结果，故(a)不可能成立；如要(b)成立，将它仔细一点表示出：

$$2D_{\{0,0\}} + \frac{1}{c_{\{0\}}^+} \sum_{\{n\} \neq 0} c_{\{n\}}^+ D_{\{0,n\}} = \frac{-1}{c_{\{0\}}^-} \sum_{\{n\} \neq 0} c_{\{n\}}^- D_{\{0,n\}}$$

再把(7.3.41)式代入上式后该条件成为

$$2 + \frac{1}{c_{\{0\}}^+} \sum_{\{n\} \neq 0} c_{\{n\}}^+ \prod_k \frac{(2g_k)^{n_k}}{\sqrt{n_k!}} = \frac{-1}{c_{\{0\}}^-} \sum_{\{n\} \neq 0} c_{\{n\}}^- \prod_k \frac{(2g_k)^{n_k}}{\sqrt{n_k!}}$$

从上式可以看出右端不可能出现一个常数项去平衡左端，也即(b)的条件也不能成立。至此便可得到结论，无定域场的 SBM 的基态不会出现简并，量子相变不会发生。

现在我们再回顾一下以上的论证过程，以上论证的一个立足点是 $e^{-\sum_k g_k^2}$ 是确定有限的，这点是基于在谱函数中消去了不合理的红外发散而得到的。如果发散没有消去，我们自然得不到合理的和可靠的结果，同时我们也可以理解过去的一些工作中得到相变的结论来源于隐含的红外发散的不合理因素。

附录 7.1 连续谱相干态矩阵元

（1）

$$\begin{aligned}
{}_A\langle 0 | 0 \rangle_A &= \langle 0 | \exp\left[-\int \alpha(\omega) a(\omega) d\omega\right] \exp\left[-\int \alpha(\omega') a^+(\omega') d\omega'\right] | 0 \rangle \\
&\quad \cdot \exp\left[-\int \alpha^2(\omega) d\omega\right] \\
&= \langle 0 | \exp\left[+\int \alpha(\omega) \alpha(\omega) d\omega\right] \exp\left[-\int \alpha(\omega') a^+(\omega') d\omega'\right] | 0 \rangle \\
&\quad \cdot \exp\left[-\int \alpha^2(\omega) d\omega\right] \\
&= \langle 0 | \exp\left[-\int \alpha(\omega') a^+(\omega') d\omega'\right] | 0 \rangle \\
&= \langle 0 | 0 \rangle = 1
\end{aligned}$$

(2)
$$_A\langle 0 \mid 0\rangle_B = \exp\left[-\int \alpha^2(\omega)\mathrm{d}\omega\right] \cdot \langle 0 \mid \exp\left[-\int \alpha(\omega')a(\omega')\mathrm{d}\omega'\right]$$
$$\cdot \exp\left[\int \alpha(\omega'')a^+(\omega'')\mathrm{d}\omega''\right] \mid 0\rangle$$
$$= \exp\left[-\int \alpha^2(\omega)\mathrm{d}\omega\right]\langle 0 \mid \exp\left[\int \alpha(\omega'')a^+(\omega'')\mathrm{d}\omega''\right] \mid 0\rangle$$
$$\cdot \exp\left[-\int \alpha^2(\omega')\mathrm{d}\omega'\right]$$
$$= \exp\left[-2\int \alpha^2(\omega)\mathrm{d}\omega\right]$$

(3)
$$_A\langle 0 \mid \int \varphi_1(\omega)B^+(\omega)\mathrm{d}\omega \mid 0\rangle_B$$
$$=\, _A\langle 0 \mid \int \varphi_1(\omega)[A^+(\omega) - 2\alpha(\omega)]\mathrm{d}\omega \mid 0\rangle_B$$
$$= -\int 2\varphi_1(\omega)\alpha(\omega)\mathrm{d}\omega\,_A\langle 0 \mid 0\rangle_B$$
$$= -\int 2\varphi_1(\omega)\alpha(\omega)\mathrm{d}\omega\exp\left[-2\int \alpha^2(\omega)\mathrm{d}\omega\right]$$

(4)
$$_A\langle 0 \mid \int \varphi_2(\omega_1,\omega_2)B^+(\omega_1)B^+(\omega_2)\mathrm{d}\omega_1\mathrm{d}\omega_2 \mid 0\rangle_B$$
$$=\, _A\langle 0 \mid \int \varphi_2(\omega_1,\omega_2)[A^+(\omega_1) - 2\alpha(\omega_1)]$$
$$\cdot [A^+(\omega_2) - 2\alpha(\omega_2)]\mathrm{d}\omega_1\mathrm{d}\omega_2 \mid 0\rangle_B$$
$$= \int 4\alpha(\omega_1)\alpha(\omega_2)\varphi_2(\omega_1,\omega_2)\mathrm{d}\omega_1\mathrm{d}\omega_2\,_A\langle 0 \mid 0\rangle_B$$
$$= \int 4\alpha(\omega_1)\alpha(\omega_2)\varphi_2(\omega_1,\omega_2)\mathrm{d}\omega_1\mathrm{d}\omega_2\exp\left[-2\int \alpha^2(\omega)\mathrm{d}\omega\right]$$

(5)
$$_A\langle 0 \mid A(\omega_1) \mid 0\rangle_B$$
$$=\, _A\langle 0 \mid [B(\omega_1) + 2\alpha(\omega_1)] \mid 0\rangle_B = 2\alpha(\omega_1)\,_A\langle 0 \mid 0\rangle_B$$
$$= 2\alpha(\omega_1)\exp\left[-2\int \alpha^2(\omega)\mathrm{d}\omega\right]$$

(6)
$$_A\langle 0 \mid A(\omega_1)\int \varphi_1(\omega'_1)B^+(\omega'_1)\mathrm{d}\omega'_1 \mid 0\rangle_B$$

$$= {}_A\langle 0 | \int \varphi_1(\omega'_1)[\delta(\omega_1 - \omega'_1) + B^+(\omega'_1)A(\omega_1)]d\omega'_1 | 0\rangle_B$$

$$= \varphi_1(\omega_1){}_A\langle 0 | 0\rangle_B + {}_A\langle 0 | \int \varphi_1(\omega'_1)$$

$$\cdot [A^+(\omega'_1) - 2\alpha(\omega'_1)][B(\omega'_1) + 2\alpha(\omega'_1)] | 0\rangle_B$$

$$= \varphi_1(\omega_1)\exp\left[-2\int\alpha^2(\omega)d\omega\right] - 4\int\varphi_1(\omega'_1)\alpha(\omega'_1){}_A\langle 0 | 0\rangle_B\alpha(\omega_1)$$

$$= \left[\varphi_1(\omega_1) - 4\alpha(\omega_1)\int\varphi_1(\omega'_1)\alpha(\omega'_1)d\omega'_1\right]\exp\left[-2\int\alpha^2(\omega)d\omega\right]$$

(7)

$${}_A\langle 0 | A(\omega_1)\int\varphi_2(\omega'_1, \omega'_2)B^+(\omega'_1)B^+(\omega'_2)d\omega'_1d\omega'_2 | 0\rangle_B$$

$$= {}_A\langle 0 | \int \varphi_2(\omega'_1, \omega'_2)[\delta(\omega_1 - \omega'_1) + B^+(\omega'_1)A(\omega_1)]B^+(\omega'_2)d\omega'_1d\omega'_2 | 0\rangle_B$$

$$= {}_A\langle 0 | \int \varphi_2(\omega'_1, \omega'_2)\delta(\omega_1 - \omega'_1)B^+(\omega'_2)d\omega'_1d\omega'_2 | 0\rangle_B$$

$$+ {}_A\langle 0 | \int \varphi_2(\omega'_1, \omega'_2)\delta(\omega_1 - \omega'_2)B^+(\omega'_1)d\omega'_1d\omega'_2 | 0\rangle_B$$

$$+ {}_A\langle 0 | \int \varphi_2(\omega'_1, \omega'_2)B^+(\omega'_1)B^+(\omega'_2)A(\omega_1)d\omega'_1d\omega'_2 | 0\rangle_B$$

$$= {}_A\langle 0 | \int \varphi_2(\omega_1, \omega'_2)B^+(\omega'_2)d\omega'_2 | 0\rangle_B$$

$$+ {}_A\langle 0 | \int \varphi_2(\omega'_1, \omega_1)B^+(\omega'_1)d\omega'_1 | 0\rangle_B$$

$$+ {}_A\langle 0 | \int \varphi_2(\omega'_1, \omega'_2)[A^+(\omega'_1) - 2\alpha(\omega'_1)][A^+(\omega'_2) - 2\alpha(\omega'_2)]$$

$$\cdot [B(\omega_1) + 2\alpha(\omega_1)]d\omega'_1d\omega'_2 | 0\rangle_B$$

$$= \left[\int \varphi_2(\omega_1, \omega'_2)(-2\alpha(\omega'_2)d\omega'_2)\right.$$

$$+ \int \varphi_2(\omega'_1, \omega_1)(-2\alpha(\omega'_1)d\omega'_1)$$

$$\left. + 8\alpha(\omega_1)\int\varphi_2(\omega'_1, \omega'_2)\alpha(\omega'_1)\alpha(\omega'_2)d\omega'_1d\omega'_2\right]$$

$$\cdot \exp\left[-2\int\alpha^2(\omega)d\omega\right]$$

$$= \left\{-2\int(\varphi_2[\omega_1, \omega'_1] + \varphi_2(\omega'_1, \omega_1)]\alpha(\omega'_1)d\omega'_1\right.$$

$$+ 8\alpha(\omega_1)\int \varphi_2(\omega'_1,\omega'_2)\alpha(\omega'_1)\alpha(\omega'_2)\mathrm{d}\omega'_1\mathrm{d}\omega'_2\Big\}$$

$$\cdot \exp\Big[-2\int \alpha^2(\omega)\mathrm{d}\omega\Big]$$

(8)
$$_A\langle 0\mid A(\omega_1)A(\omega_2)\mid 0\rangle_B$$
$$=\,_A\langle 0\mid [B(\omega_1)+2\alpha(\omega_1)][B(\omega_2)+2\alpha(\omega_2)]\mid 0\rangle_B$$
$$= 4\alpha(\omega_1)\alpha(\omega_2)\,_A\langle 0\mid 0\rangle_B$$
$$= 4\alpha(\omega_1)\alpha(\omega_2)\exp\Big[-2\int \alpha^2(\omega)\mathrm{d}\omega\Big]$$

(9)
$$_A\langle 0\mid A(\omega_1)A(\omega_2)\int \varphi_1(\omega'_1)B^+(\omega'_1)\mathrm{d}\omega'_1\mid 0\rangle_B$$
$$=\,_A\langle 0\mid \int \varphi_1(\omega'_1)A(\omega_1)[\delta(\omega_2-\omega'_1)+B^+(\omega'_1)A(\omega_2)]\mathrm{d}\omega'_1\mid 0\rangle_B$$
$$= \varphi_1(\omega_2)\,_A\langle 0\mid A(\omega_1)\mid 0\rangle_B$$
$$\quad +\,_A\langle 0\mid \int \varphi_1(\omega'_1)B^+(\omega'_1)A(\omega_1)A(\omega_2)\mathrm{d}\omega'_1\mid 0\rangle_B$$
$$\quad + \varphi_1(\omega_1)\,_A\langle 0\mid A(\omega_2)\mid 0\rangle_B$$
$$= \varphi_1(\omega_2)\,_A\langle 0\mid [B(\omega_1)+2\alpha(\omega_1)]\mid 0\rangle_B$$
$$\quad + \varphi_1(\omega_1)\,_A\langle 0\mid [B(\omega_2)+2\alpha(\omega_2)]\mid 0\rangle_B$$
$$\quad +\,_A\langle 0\mid \int \varphi_1(\omega'_1)[A^+(\omega'_1)-2\alpha(\omega'_1)]$$
$$\quad\cdot [B(\omega_1)+2\alpha(\omega_1)][B(\omega_2)+2\alpha(\omega_2)]\mid 0\rangle_B$$
$$= [2\alpha(\omega_1)\varphi_1(\omega_2)+2\alpha(\omega_2)\varphi_1(\omega_1)]$$
$$\quad - 8\alpha(\omega_1)\alpha(\omega_2)\int \varphi_1(\omega'_1)\alpha(\omega'_1)\mathrm{d}\omega'_1 \exp\Big[-2\int \alpha^2(\omega)\mathrm{d}\omega\Big]$$

(10)
$$_A\langle 0\mid A(\omega_1)A(\omega_2)\int \varphi_2(\omega'_1,\omega'_2)B^+(\omega'_1)B^+(\omega'_2)\mathrm{d}\omega'_1\mathrm{d}\omega'_2\mid 0\rangle_B$$
$$=\,_A\langle 0\mid \int \varphi_2(\omega'_1,\omega'_2)[\delta(\omega_1-\omega'_1)\delta(\omega_2-\omega'_2)+\delta(\omega_1-\omega'_2)\delta(\omega_2-\omega'_1)$$
$$\quad + B^+(\omega'_1)B^+(\omega'_2)A(\omega_1)A(\omega_2)]\mathrm{d}\omega'_1\mathrm{d}\omega'_2\mid 0\rangle_B$$
$$\quad +\,_A\langle 0\mid \int \varphi_2(\omega'_1,\omega'_2)[\delta(\omega_2-\omega'_1)B^+(\omega'_2)A(\omega_1)$$
$$\quad + \delta(\omega_1-\omega'_1)B^+(\omega'_2)A(\omega_2)$$

$$+ \delta(\omega_2 - \omega'_2)B^+(\omega'_1)A(\omega_1)$$
$$+ \delta(\omega_1 - \omega'_2)B^+(\omega'_1)A(\omega_2)]\mathrm{d}\omega'_1\mathrm{d}\omega'_2 \mid 0\rangle_B$$
$$= [\varphi_2(\omega_1,\omega_2) + \varphi_2(\omega_2,\omega_1)$$
$$- 4\alpha(\omega_1)\int \varphi_2(\omega_2,\omega'_2)\alpha(\omega'_2)\mathrm{d}\omega'_2$$
$$- 4\alpha(\omega_2)\int \varphi_2(\omega_1,\omega'_2)\alpha(\omega'_2)\mathrm{d}\omega'_2$$
$$- 4\alpha(\omega_1)\int \varphi_2(\omega'_1,\omega_2)\alpha(\omega'_1)\mathrm{d}\omega'_1$$
$$- 4\alpha(\omega_2)\int \varphi(\omega'_1,\omega_1)\alpha(\omega'_1)\mathrm{d}\omega'_1$$
$$+ 16\int \varphi_2(\omega'_1,\omega'_2)\alpha(\omega'_1)\alpha(\omega'_2)\alpha(\omega_1)\alpha(\omega_2)\mathrm{d}\omega'_1\mathrm{d}\omega'_2]$$
$$\cdot \exp\left[-2\int \alpha^2(\omega)\mathrm{d}\omega\right]$$

(11)

$$_B\langle 0 \mid 0\rangle_A = \exp\left[-\int \alpha(\omega)\mathrm{d}\omega\right]\exp\left[\int \alpha(\omega')\alpha(\omega')\mathrm{d}\omega'\right]$$
$$\cdot \langle 0 \mid \exp\left[-\int \alpha(\omega'')a^+(\omega'')\mathrm{d}\omega''\right] \mid 0\rangle$$
$$= \exp\left[-2\int \alpha^2(\omega)\mathrm{d}\omega\right]$$

(12)

$$_B\langle 0 \mid \int f_1(\omega)A^+(\omega)\mathrm{d}\omega \mid 0\rangle_A$$
$$= {}_B\langle 0 \mid \int f_1(\omega)[B^+(\omega) + 2\alpha(\omega)]\mathrm{d}\omega \mid 0\rangle_A$$
$$= 2\int f_1(\omega)\alpha(\omega)\mathrm{d}\omega {}_B\langle 0 \mid 0\rangle_A$$
$$= 2\int f_1(\omega)\alpha(\omega)\mathrm{d}\omega \cdot \exp\left[-2\int \alpha^2(\omega)\mathrm{d}\omega\right]$$

(13)

$$_B\langle 0 \mid \int f_2(\omega_1,\omega_2)A^+(\omega_1)A^+(\omega_2)\mathrm{d}\omega_1\mathrm{d}\omega_2 \mid 0\rangle_A$$
$$= {}_B\langle 0 \mid \int f_2(\omega_1,\omega_2)[B^+(\omega_1) + 2\alpha(\omega_1)]$$
$$\cdot [B^+(\omega_2) + 2\alpha(\omega_2)]\mathrm{d}\omega_1\mathrm{d}\omega_2 \mid 0\rangle_A$$

$$= 4\int f_2(\omega_1,\omega_2)\alpha(\omega_1)\alpha(\omega_2)\mathrm{d}\omega_1\mathrm{d}\omega_2$$
$$\cdot \exp\left[-\int 2\alpha^2(\omega)\mathrm{d}\omega\right]$$

(14)
$$_B\langle 0 \mid B(\omega_1) \mid 0\rangle_A = {}_B\langle 0 \mid [A(\omega_1)-2\alpha(\omega_1)] \mid 0\rangle_A$$
$$= -2\alpha(\omega_1)\exp\left[-2\int\alpha^2(\omega)\mathrm{d}\omega\right]$$

(15)
$$_B\langle 0 \mid B(\omega_1)\int f_1(\omega'_1)A^+(\omega'_1)\mathrm{d}\omega'_1 \mid 0\rangle_A$$
$$= f_1(\omega_1){}_B\langle 0 \mid 0\rangle_A + {}_B\langle 0 \mid \int f_1(\omega'_1)[B^+(\omega'_1)$$
$$+ 2\alpha(\omega'_1)][A(\omega_1)-2\alpha(\omega_1)]\mathrm{d}\omega_1 \mid 0\rangle_A$$
$$= \left[f_1(\omega_1)-4\alpha(\omega_1)\int f_1(\omega'_1)\alpha(\omega'_1)\mathrm{d}\omega'_1\right]$$
$$\cdot \exp\left[-2\int\alpha^2(\omega)\mathrm{d}\omega\right]$$

(16)
$$_B\langle 0 \mid B(\omega_1)\int f_2(\omega'_1,\omega'_2)A^+(\omega'_1)A^+(\omega'_2)\mathrm{d}\omega'_1\mathrm{d}\omega'_2 \mid 0\rangle_A$$
$$= \left[\int f_2(\omega_1,\omega'_2)2\alpha(\omega'_2)\mathrm{d}\omega'_2 + \rho(\omega_1)\int f_2(\omega'_1,\omega_1)2\alpha(\omega'_1)\mathrm{d}\omega'_1\right.$$
$$\left. - 8\alpha(\omega_1)\int f_2(\omega'_1,\omega'_2)\alpha(\omega'_1)\alpha(\omega'_2)\mathrm{d}\omega'_1\mathrm{d}\omega'_2\right]$$
$$\cdot \exp\left[-2\int\alpha^2(\omega)\mathrm{d}\omega\right]$$

(17)
$$_B\langle 0 \mid B(\omega_1)B(\omega_2) \mid 0\rangle_A = 4\alpha(\omega_1)\alpha(\omega_2)\exp\left[-2\int\alpha^2(\omega)\mathrm{d}\omega\right]$$

(18)
$$_B\langle 0 \mid B(\omega_1)B(\omega_2)\int f_1(\omega'_1)A^+(\omega'_1)\mathrm{d}\omega'_1 \mid 0\rangle_A$$
$$= f_1(\omega_1){}_B\langle 0 \mid [A(\omega_2)-2\alpha(\omega_2)] \mid 0\rangle_A$$
$$+ f_1(\omega_2){}_B\langle 0 \mid [A(\omega_1)-2\alpha(\omega_1)] \mid 0\rangle_A$$
$$+ {}_B\langle 0 \mid \int f_1(\omega'_1)[B^+(\omega'_1)+2\alpha(\omega'_1)][A(\omega_1)$$

$$-2\alpha(\omega_1)\big][A(\omega_2) - 2\alpha(\omega_2)]\mid 0\rangle_A$$

$$= \Big[-2\alpha(\omega_1)f_1(\omega_2) - 2\alpha(\omega_2)f_1(\omega_1)$$

$$+ 8\alpha(\omega_1)\alpha(\omega_2)\int f_1(\omega'_1)\alpha(\omega'_1)\mathrm{d}\omega'_1\Big]$$

$$\cdot \exp\Big[-2\int \alpha^2(\omega)\mathrm{d}\omega\Big]$$

(19)

$$_B\langle 0\mid B(\omega_1)B(\omega_2)\int f_2(\omega'_1,\omega'_2)A^+(\omega'_1)A^+(\omega'_2)\mathrm{d}\omega'_1\mathrm{d}\omega'_2\mid 0\rangle_A$$

$$= \Big[f_2(\omega_1,\omega_2) + f_2(\omega_2,\omega_1)$$

$$- 4\alpha(\omega_1)\int f_2(\omega_2,\omega'_2)\alpha(\omega'_2)\mathrm{d}\omega'_2$$

$$- 4\alpha(\omega_2)\int f_2(\omega_1,\omega'_2)\alpha(\omega'_2)\mathrm{d}\omega'_2$$

$$- 4\alpha(\omega_1)\int f_2(\omega'_1,\omega_2)\alpha(\omega'_1)\mathrm{d}\omega'_1$$

$$- 4\alpha(\omega_2)\int f_2(\omega'_1,\omega_1)\alpha(\omega'_1)\mathrm{d}\omega'_1$$

$$+ 16\int f_2(\omega'_1,\omega'_2)\alpha(\omega'_1)\alpha(\omega'_2)\alpha(\omega_1)\alpha(\omega_2)\mathrm{d}\omega'_1\mathrm{d}\omega'_2\Big]$$

$$\cdot \exp\Big[-2\int \alpha^2(\omega)\mathrm{d}\omega\Big]$$

附录 7.2　连续谱相干态与 Fock 态矩阵元

(1)
$$_A\langle 0\mid 0\rangle = \exp\Big[-\frac{1}{2}\int \alpha^2(\omega)\mathrm{d}\omega\Big] \equiv C = \langle 0\mid 0\rangle_A$$

(2)
$$_A\langle 0\mid \int f_1(\omega)a^+(\omega)\mathrm{d}\omega\mid 0\rangle$$

$$= {}_A\langle 0 | \int f_1(\omega)[A^+(\omega) - \alpha(\omega)]\mathrm{d}\omega | 0\rangle$$

$$= -\int f_1(\omega)\alpha(\omega)\mathrm{d}\omega \cdot C$$

(3)

$${}_A\langle 0 | \int f_2(\omega_1,\omega_2)a^+(\omega_1)a^+(\omega_2)\mathrm{d}\omega_1\mathrm{d}\omega_2 | 0\rangle$$

$$= {}_A\langle 0 | \int f_2(\omega_1,\omega_2)[A^+(\omega_1) - \alpha(\omega_1)]$$

$$\cdot [A^+(\omega_2) - \alpha(\omega_2)]\mathrm{d}\omega_1\mathrm{d}\omega_2 | 0\rangle$$

$$= \int f_2(\omega_1,\omega_2)\alpha(\omega_1)\alpha(\omega_2)\mathrm{d}\omega_1\mathrm{d}\omega_2 \cdot C$$

(4)

$${}_A\langle 0 | A(\omega) | 0\rangle = {}_A\langle 0 | [a(\omega_1) + \alpha(\omega_1)] | 0\rangle$$

$$= \alpha(\omega_1)C$$

(5)

$${}_A\langle 0 | A(\omega_1)\int f_1(\omega)a^+(\omega)\mathrm{d}\omega | 0\rangle$$

$$= f_1(\omega_1)C + {}_A\langle 0 | \int f_1(\omega)a^+(\omega)A(\omega_1)\mathrm{d}\omega | 0\rangle$$

$$= f_1(\omega_1)C + {}_A\langle 0 | \int f_1(\omega)[A^+(\omega) - \alpha(\omega)]$$

$$\cdot [\alpha(\omega_1) + \alpha(\omega_1)]\mathrm{d}\omega | 0\rangle$$

$$= \left[f_1(\omega_1) - \alpha(\omega_1)\int f_1(\omega)\alpha(\omega)\mathrm{d}\omega\right] \cdot C$$

(6)

$${}_A\langle 0 | A(\omega_1)\int f_2(\omega'_1,\omega'_2)a^+(\omega'_1)a^+(\omega'_2)\mathrm{d}\omega'_1\mathrm{d}\omega'_2 | 0\rangle$$

$$= {}_A\langle 0 | \left[\int f_2(\omega_1,\omega'_2)a^+(\omega'_2)\mathrm{d}\omega'_2 | 0\rangle\right.$$

$$+ {}_A\langle 0 | \int f_2(\omega'_1,\omega_1)a^+(\omega'_1)\mathrm{d}\omega'_1 | 0\rangle$$

$$+ {}_A\langle 0 | \int f_2(\omega'_1,\omega'_2)a^+(\omega'_1)a^+(\omega'_2)A(\omega_1)\mathrm{d}\omega'_1\mathrm{d}\omega'_2 \left.\right] | 0\rangle$$

$$= {}_A\langle 0 | \left\{\int [f_2(\omega_1,\omega'_1) + f_2(\omega'_1,\omega_1)]\right.$$

$$\cdot [A^+(\omega'_1) - \alpha(\omega'_1)]\mathrm{d}\omega'_1$$

$$+ \int f_2(\omega'_1, \omega'_2)[A^+(\omega'_1) - \alpha(\omega'_1)]$$

$$\cdot [A^+(\omega'_2) - \alpha(\omega'_2)][a(\omega_1) + \alpha(\omega_1)]$$

$$\cdot d\omega'_1 d\omega'_2 \Big\} \mid 0 \rangle$$

$$= - \int [f_2(\omega_1, \omega'_1) + f_2(\omega'_1, \omega_1)]\alpha(\omega'_1)d\omega'_1 \cdot C$$

$$+ \alpha(\omega_1) \int f_2(\omega'_1, \omega'_2)\alpha(\omega'_1)\alpha(\omega'_2)d\omega'_1 d\omega'_2 \cdot C$$

(7)
$$_A\langle 0 \mid A(\omega_1)A(\omega_2) \mid 0 \rangle$$
$$= {_A}\langle 0 \mid [\alpha(\omega_1) + \alpha(\omega_1)][a(\omega_2) + \alpha(\omega_2)] \mid 0 \rangle$$
$$= \alpha(\omega_1)\alpha(\omega_2) \cdot C$$

(8)
$$_A\langle 0 \mid A(\omega_1)A(\omega_2) \int f_1(\omega)a^+(\omega)d\omega \mid 0 \rangle$$

$$= {_A}\langle 0 \mid \Big[f_1(\omega_2)A(\omega_1) + f_1(\omega_1)A(\omega_2)$$

$$+ \int f_1(\omega)a^+(\omega)A(\omega_1)A(\omega_2)d\omega \Big] \mid 0 \rangle$$

$$= {_A}\langle 0 \mid \Big\{ f_1(\omega_2)[a(\omega_1) + \alpha(\omega_1)] + f_1(\omega_1)[a(\omega_2) + \alpha(\omega_2)]$$

$$+ \int f_1(\omega)[A^+(\omega) - \alpha(\omega)][a(\omega_1) + \alpha(\omega_1)][a(\omega_2) + \alpha(\omega_2)]d\omega \Big\} \mid 0 \rangle$$

$$= \Big[f_1(\omega_1)\alpha(\omega_2) + f_1(\omega_2)\alpha(\omega_1) - \alpha(\omega_1)\alpha(\omega_2) \int f_1(\omega)\alpha(\omega)d\omega \Big] \cdot C$$

(9)
$$_A\langle 0 \mid A(\omega_1)A(\omega_2) \int f_2(\omega'_1, \omega'_2)a^+(\omega'_1)a^+(\omega'_2)d\omega'_1 d\omega'_2 \mid 0 \rangle$$

$$= {_A}\langle 0 \mid \int f_2(\omega'_1, \omega'_2)A(\omega_1)A(\omega_2)a^+(\omega'_1)a^+(\omega'_2)d\omega'_1 d\omega'_2 \mid 0 \rangle$$

$$= {_A}\langle 0 \mid f_2(\omega'_1, \omega'_2)[\delta(\omega_2 - \omega'_1)\delta(\omega_1 - \omega'_2)$$

$$+ \delta(\omega_1 - \omega'_1)\delta(\omega_2 - \omega'_2)$$

$$+ \delta(\omega_2 - \omega'_1)a^+(\omega'_2)A(\omega_1) + \delta(\omega_1 - \omega'_1)a^+(\omega'_2)A(\omega_2)$$

$$+ \delta(\omega_2 - \omega'_2)a^+(\omega'_1)A(\omega_1)$$

$$+ \delta(\omega_1 - \omega'_2)a^+(\omega'_1)A(\omega_2) + a^+(\omega'_1)a^+(\omega'_2)A(\omega_1)A(\omega_2)]d\omega'_1 d\omega'_2 \mid 0 \rangle$$

$$\begin{aligned}
=\ & _A\langle 0 \mid \bigg\{ [f_2(\omega_2,\omega_1) + f_2(\omega_1,\omega_2)] \\
& + \int f_2(\omega_2,\omega'_2)[A^+(\omega'_2) - \alpha(\omega'_2)][a(\omega_1) + \alpha(\omega_1)]\mathrm{d}\omega'_2 \\
& + \int f_2(\omega_1,\omega'_2)[A^+(\omega'_2) - \alpha(\omega'_2)][a(\omega_2) + \alpha(\omega_2)]\mathrm{d}\omega'_2 \\
& + \int f_2(\omega'_1,\omega_2)[A^+(\omega'_1) - \alpha(\omega'_1)][a(\omega_1) + \alpha(\omega_1)]\mathrm{d}\omega'_1 \\
& + \int f_2(\omega'_1,\omega_1)[A^+(\omega'_1) - \alpha(\omega'_1)][a(\omega_2) + \alpha(\omega_2)]\mathrm{d}\omega'_1 \\
& + \int f_2(\omega'_1,\omega'_2)[A^+(\omega'_1) - \alpha(\omega'_1)][A^+(\omega'_2) - \alpha(\omega'_2)] \\
& \cdot [a^+(\omega_1) + \alpha(\omega_1)][a^+(\omega_2) + \alpha(\omega_2)]\mathrm{d}\omega'_1\mathrm{d}\omega'_2 \bigg\} \mid 0\rangle \\
=\ & \bigg\{ [f_2(\omega_2,\omega_1) + f_2(\omega_1,\omega_2)] \\
& - \alpha(\omega_2)\int [f_2(\omega_1,\omega'_1) + f_2(\omega'_1,\omega_1)]\alpha(\omega'_1)\mathrm{d}\omega'_1 \\
& - \alpha(\omega_1)\int [f_2(\omega_2,\omega'_1) + f_2(\omega'_1,\omega_2)]\alpha(\omega'_1)\mathrm{d}\omega'_1 \\
& + \int f_2(\omega'_1,\omega'_2)\alpha(\omega'_1)\alpha(\omega'_2)\mathrm{d}\omega'_1\mathrm{d}\omega'_2 \cdot \alpha(\omega_1)\alpha(\omega_2) \bigg\} C
\end{aligned}$$

(10)
$$\begin{aligned}
& \langle 0 \mid \int f_{11}(\omega)A^+(\omega)\mathrm{d}\omega \mid 0\rangle_A \\
& = \langle 0 \mid \int f_{11}(\omega)[a^+(\omega) + \alpha(\omega)]\mathrm{d}\omega \mid 0\rangle_A \\
& = \int f_{11}(\omega)\alpha(\omega)\mathrm{d}\omega \cdot C
\end{aligned}$$

(11)
$$\begin{aligned}
& \langle 0 \mid \int f_{12}(\omega_1,\omega_2)A^+(\omega_1)A^+(\omega_2)\mathrm{d}\omega_1\mathrm{d}\omega_2 \mid 0\rangle_A \\
& = \langle 0 \mid \int f_{12}(\omega_1,\omega_2)[a^+(\omega_1) + \alpha(\omega_1)] \\
& \quad \cdot [a^+(\omega_2) + \alpha(\omega_2)]\mathrm{d}\omega_1\mathrm{d}\omega_2 \mid 0\rangle_A \\
& = \int f_{12}(\omega_1,\omega_2)\alpha(\omega_1)\alpha(\omega_2)\mathrm{d}\omega_1\mathrm{d}\omega_2 \cdot C
\end{aligned}$$

(12)
$$\langle 0 | a(\omega_1) | 0 \rangle_A = \langle 0 | [A(\omega_1) - \alpha(\omega_1)] | 0 \rangle_A$$
$$= -\alpha(\omega_1) \cdot C$$

(13)
$$\langle 0 | a(\omega_1) \int f_{11}(\omega) A^+(\omega) d\omega | 0 \rangle_A$$
$$= f_{11}(\omega_1) \cdot C + \langle 0 | \int f_{11}(\omega) [a^+(\omega) + \alpha(\omega)]$$
$$\cdot [A(\omega_1) - \alpha(\omega_1)] d\omega | 0 \rangle_A$$
$$= \left[f_{11}(\omega_1) - \alpha(\omega_1) \int f_{11}(\omega) \alpha(\omega) d\omega \right] \cdot C$$

(14)
$$\langle 0 | a(\omega_1) \int f_{12}(\omega'_1, \omega'_2) A^+(\omega'_1) A^+(\omega'_2) d\omega'_1 d\omega'_2 | 0 \rangle_A$$
$$= \langle 0 | \left[\int f_2(\omega_1, \omega'_2) A^+(\omega'_2) d\omega'_2 + \int f_{12}(\omega'_1, \omega_1) A^+(\omega'_1) d\omega'_1 \right.$$
$$\left. + \int f_R(\omega'_1, \omega'_2) A^+(\omega'_1) A^+(\omega'_2) a(\omega_1) d\omega'_1 d\omega'_2 \right] | 0 \rangle_A$$
$$= \langle 0 | \left\{ \int f_{12}(\omega_1, \omega'_1) [a^+(\omega'_1) + \alpha(\omega'_1)] d\omega'_1 \right.$$
$$+ \int f_{12}(\omega'_1, \omega_1) [a^+(\omega'_1) + \alpha(\omega'_1)] d\omega'_1$$
$$+ \int f_{12}(\omega'_1, \omega'_2) [a^+(\omega'_1) + \alpha(\omega'_1)][a^+(\omega'_2) + \alpha(\omega'_2)][A(\omega_1) - \alpha(\omega_1)]$$
$$\left. \cdot d\omega'_1 d\omega'_2 \right\} | 0 \rangle_A$$
$$= \left\{ \int [f_{12}(\omega_1, \omega'_1) + f_{12}(\omega'_1, \omega_1)] \alpha(\omega'_1) d\omega'_1 \right.$$
$$\left. - \alpha(\omega_1) \int f_R(\omega'_1, \omega'_2) \alpha(\omega'_1) \alpha(\omega'_2) d\omega'_1 d\omega'_2 \right\} \cdot C$$

(15)
$$\langle 0 | a(\omega_1) a(\omega_2) | 0 \rangle_A$$
$$= \langle 0 | [A(\omega_1) - \alpha(\omega_1)][A(\omega_2) - \alpha(\omega_2)] | 0 \rangle_A$$
$$= \alpha(\omega_1) \alpha(\omega_2) \cdot C$$

(16)
$$\langle 0 | a(\omega_1) a(\omega_2) \int f_{11}(\omega) A^+(\omega) d\omega | 0 \rangle_A$$

$$= \langle 0 | [a(\omega_1)f_{11}(\omega_2) + a(\omega_2)f_{11}(\omega_1)$$
$$+ \int f_{11}(\omega) A^+(\omega) a(\omega_1) a(\omega_2) \mathrm{d}\omega] | 0 \rangle_A$$
$$= \langle 0 | \big\{ [A(\omega_1) - \alpha(\omega_1)] f_{11}(\omega_2)$$
$$+ [A(\omega_2) - \alpha(\omega_2)] f_{11}(\omega_1)$$
$$+ \int f_{11}(\omega) [a^+(\omega) + \alpha(\omega)] [A(\omega_1) - \alpha(\omega_1)]$$
$$\cdot [A(\omega_2) - \alpha(\omega_2)] \mathrm{d}\omega \big\} | 0 \rangle_A$$
$$= \big[-\alpha(\omega_1) f_{11}(\omega_2) - \alpha(\omega_2) f_{11}(\omega_1)$$
$$+ \alpha(\omega_1) \alpha(\omega_2) \int f_{11}(\omega) \alpha(\omega) \mathrm{d}\omega \big] \cdot C$$

(17)

$$\langle 0 | a(\omega_1) a(\omega_2) \int f_{12}(\omega'_1, \omega'_2) A^+(\omega'_1) A^+(\omega'_2) \mathrm{d}\omega'_1 \mathrm{d}\omega'_2 | 0 \rangle_A$$
$$= \langle 0 | \int f_{12}(\omega'_1, \omega'_2) [\delta(\omega_1 - \omega'_2) \delta(\omega_2 - \omega'_1) + \delta(\omega_1 - \omega'_1) \delta(\omega_2 - \omega'_2)$$
$$+ \delta(\omega_2 - \omega'_1) A^+(\omega'_2) a(\omega_1) + \delta(\omega_1 - \omega'_1) A^+(\omega'_2) a(\omega_2)$$
$$+ \delta(\omega_2 - \omega'_2) A^+(\omega'_1) a(\omega_1) + \delta(\omega_1 - \omega'_2) A^+(\omega'_1) a(\omega_2)$$
$$+ A^+(\omega'_1) A^+(\omega'_2) a(\omega_1) a(\omega_2)] \mathrm{d}\omega'_1 \mathrm{d}\omega'_2 | 0 \rangle_A$$
$$= \langle 0 | \big\{ [f_{12}(\omega_2, \omega_1) + f_{12}(\omega_1, \omega_2)]$$
$$+ \int f_{12}(\omega_2, \omega'_2) [a^+(\omega'_2) + \alpha(\omega'_2)] [A(\omega_1) - \alpha(\omega_1)] \mathrm{d}\omega'_2$$
$$+ \int f_{12}(\omega_1, \omega'_2) [a^+(\omega'_2) + \alpha(\omega'_2)] [A(\omega_2) - \alpha(\omega_2)] \mathrm{d}\omega'_2$$
$$+ \int f_{12}(\omega'_1, \omega_2) [a^+(\omega'_1) + \alpha(\omega'_1)] [A(\omega_1) - \alpha(\omega_1)] \mathrm{d}\omega'_1$$
$$+ \int f_{12}(\omega'_1, \omega_1) [a^+(\omega'_1) + \alpha(\omega'_1)] [A(\omega_2) - \alpha(\omega_2)] \mathrm{d}\omega'_1$$
$$+ \int f_{12}(\omega'_1, \omega'_2) [a^+(\omega'_1) + \alpha(\omega'_1)] [a^+(\omega'_2) + \alpha(\omega'_2)]$$
$$\cdot [A(\omega_1) - \alpha(\omega_1)] [A(\omega_2) - \alpha(\omega_2)] \mathrm{d}\omega'_1, \mathrm{d}\omega'_2 \big\} | 0 \rangle_A$$
$$= \big\{ [f_{12}(\omega_2, \omega_1) + f_{12}(\omega_1, \omega_2)] \cdot$$

$$- \alpha(\omega_2) \int [f_{12}(\omega_1, \omega'_1) + f_{12}(\omega'_1, \omega_1)] \alpha(\omega'_1) d\omega'_1$$

$$- \alpha(\omega_1) \int [f_{12}(\omega_2, \omega'_1) + f_{12}(\omega'_1, \omega_2)] \alpha(\omega'_1) d\omega'_1$$

$$+ \alpha(\omega_1) \alpha(\omega_2) \int f_{12}(\omega'_1, \omega'_2) \alpha(\omega'_1) \alpha(\omega'_2) d\omega'_1 d\omega'_2 \Big\} C$$

(18)

$$_B\langle 0 | 0 \rangle = \exp\Big[-\frac{1}{2}\int \alpha^2(\omega) d\omega\Big] \equiv C = \langle 0 | 0 \rangle_B$$

(19)

$$_B\langle 0 | \int f_1(\omega) a^+(\omega) d\omega | 0 \rangle =\ _B\langle 0 | \int f_1(\omega)[B^+(\omega) + \alpha(\omega)] d\omega | 0 \rangle$$

$$= \int f_1(\omega) \alpha(\omega) d\omega \cdot C$$

(20)

$$_B\langle 0 | \int f_2(\omega_1, \omega_2) a^+(\omega_1) a^+(\omega_2) d\omega_1 d\omega_2 | 0 \rangle$$

$$=\ _B\langle 0 | \int f_2(\omega_1, \omega_2)[B^+(\omega_1) + \alpha(\omega_1)]$$

$$\cdot [B^+(\omega_2) + \alpha(\omega_2)] d\omega_1 d\omega_2 | 0 \rangle$$

$$= \int f_2(\omega_1, \omega_2) \alpha(\omega_1) \alpha(\omega_2) d\omega_1 d\omega_2 \cdot C$$

(21)

$$_B\langle 0 | B(\omega_1) | 0 \rangle =\ _B\langle 0 | [a(\omega_1) - \alpha(\omega_1)] | 0 \rangle$$

$$= -\alpha(\omega_1) C$$

(22)

$$_B\langle 0 | B(\omega_1) \int f_1(\omega) a^+(\omega) d\omega | 0 \rangle$$

$$= f_1(\omega_1) C +\ _B\langle 0 | \int f_1(\omega) a^+(\omega) B(\omega_1) d\omega | 0 \rangle$$

$$= f_1(\omega_1) C +\ _B\langle 0 | \int f_1(\omega)[B^+(\omega) + \alpha(\omega)]$$

$$\cdot [a(\omega_1) - \alpha(\omega_1)] d\omega | 0 \rangle$$

$$= \Big[f_1(\omega_1) - \alpha(\omega_1) \int f_1(\omega) \alpha(\omega) d\omega\Big] \cdot C$$

(23)

$$_B\langle 0 \mid B(\omega_1)\int f_2(\omega'_1,\omega'_2)a^+(\omega'_1)a^+(\omega'_2)d\omega'_1 d\omega'_2 \mid 0\rangle$$

$$=\,_B\langle 0 \mid \int f_2(\omega_1,\omega'_2)a^+(\omega'_2)d\omega'_2 \mid 0\rangle$$

$$+\,_B\langle 0 \mid \int f_2(\omega'_1,\omega_1)a^+(\omega'_1)d\omega'_1 \mid 0\rangle$$

$$+\,_B\langle 0 \mid \int f_2(\omega'_1,\omega'_2)a^+(\omega'_1)a^+(\omega'_2)B(\omega_1)d\omega'_1 d\omega'_2 \mid 0\rangle$$

$$=\,_B\langle 0 \mid \Big\{\int [f_2(\omega_1,\omega'_1)+f_2(\omega'_1,\omega_1)][B^+(\omega'_1)+\alpha(\omega'_1)]d\omega'_1$$

$$+\int f_2(\omega'_1,\omega'_2)[B^+(\omega'_1)+\alpha(\omega'_1)][B^+(\omega'_2)+\alpha(\omega'_2)]$$

$$\cdot [a(\omega_1)-\alpha(\omega_1)]d\omega'_1 d\omega'_2\Big\} \mid 0\rangle$$

$$=\Big\{\int [f_2(\omega_1,\omega'_1)+f_2(\omega'_1,\omega_1)]\alpha(\omega'_1)d\omega'_1$$

$$-\alpha(\omega_1)\int f_2(\omega'_1,\omega'_2)\alpha(\omega'_1)\alpha(\omega'_2)d\omega'_1 d\omega'_2\Big\}C$$

(24)

$$_B\langle 0 \mid B(\omega_1)B(\omega_2) \mid 0\rangle$$
$$=\,_B\langle 0 \mid [a(\omega_1)-\alpha(\omega_1)][a(\omega_2)-\alpha(\omega_2)] \mid 0\rangle$$
$$=\alpha(\omega_1)\alpha(\omega_2)C$$

(25)

$$_B\langle 0 \mid B(\omega_1)B(\omega_2)\int f_1(\omega)a^+(\omega)d\omega \mid 0\rangle$$

$$=\,_B\langle 0 \mid \Big[f_1(\omega_2)B(\omega_1)+f_1(\omega_1)B(\omega_2)$$

$$+\int f_1(\omega)a^+(\omega)B(\omega_1)B(\omega_2)d\omega\Big] \mid 0\rangle$$

$$=\,_B\langle 0 \mid \{f_1(\omega_2)[a(\omega_1)-\alpha(\omega_2)]+f_1(\omega_1)[a(\omega_2)-\alpha(\omega_2)]$$

$$+\int f_1(\omega)[B(\omega)+\alpha(\omega)][a(\omega_1)-\alpha(\omega_1)][a(\omega_2)-\alpha(\omega_2)]d\omega\} \mid 0\rangle$$

$$=\Big[-f_1(\omega_1)\alpha(\omega_2)-f_1(\omega_2)\alpha(\omega_1)$$

$$+\alpha(\omega_1)\alpha(\omega_2)\int f_1(\omega)\alpha(\omega)d\omega\Big]\cdot C$$

(26)

$$_B\langle 0 \mid B(\omega_1)B(\omega_2)\int f_2(\omega'_1,\omega'_2)a^+(\omega'_1)a^+(\omega'_2)\mathrm{d}\omega'_1\mathrm{d}\omega'_2 \mid 0\rangle$$

$$=\,_B\langle 0 \mid \Big\{\int f_2(\omega'_1,\omega'_2)[\delta(\omega_2-\omega'_1)\delta(\omega_1-\omega'_2)$$
$$+\delta(\omega_1-\omega'_1)\delta(\omega_2-\omega'_2)$$
$$+\delta(\omega_2-\omega'_1)a^+(\omega'_2)B(\omega_1)+\delta(\omega_1-\omega'_1)a^+(\omega'_2)B(\omega_2)$$
$$+\delta(\omega_2-\omega'_2)a^+(\omega'_1)B(\omega_1)+\delta(\omega_1-\omega'_2)a^+(\omega'_1)B(\omega_2)$$
$$+a^+(\omega'_1)a^+(\omega'_2)B(\omega_1)B(\omega_2)]\mathrm{d}\omega'_1\mathrm{d}\omega'_2\Big\}\mid 0\rangle$$

$$=\,_B\langle 0 \mid \Big\{[f_2(\omega_2,\omega_1)+f_2(\omega_1,\omega_2)]$$
$$+\int f_2(\omega_2,\omega'_2)[B^+(\omega'_2)+\alpha(\omega'_2)][\alpha(\omega_1)-\alpha(\omega_1)]\mathrm{d}\omega'_2$$
$$+\int f_2(\omega_1,\omega'_2)[B^+(\omega'_2)+\alpha(\omega'_2)][a(\omega_2)-\alpha(\omega_2)]\mathrm{d}\omega'_2$$
$$+\int f_2(\omega'_1,\omega_2)[B^+(\omega'_1)+\alpha(\omega'_1)][\alpha(\omega_1)-\alpha(\omega_1)]\mathrm{d}\omega'_1$$
$$+\int f_2(\omega'_1,\omega_1)[B^+(\omega'_1)+\alpha(\omega'_1)][a(\omega_2)-\alpha(\omega_2)]\mathrm{d}\omega'_1$$
$$+\int f_2(\omega'_1,\omega'_2)[B^+(\omega'_1)+\alpha(\omega'_1)][B^+(\omega'_2)+\alpha(\omega'_2)]$$
$$\cdot[\alpha^+(\omega_1)-\alpha(\omega_1)][a^+(\omega_2)-\alpha(\omega_2)]\mathrm{d}\omega'_1\mathrm{d}\omega'_2\Big\}\mid 0\rangle$$

$$=\Big\{[f_2(\omega_2,\omega_1)+f_2(\omega_1,\omega_2)]$$
$$-\alpha(\omega_1)\int[f_2(\omega_2,\omega'_1)+f_2(\omega'_1,\omega_2)]\mathrm{d}\omega'_1$$
$$-\alpha(\omega_2)\int[f_1(\omega,\omega'_1)+f_2(\omega'_1,\omega_1)]\mathrm{d}\omega'_1$$
$$+\alpha(\omega_1)\alpha(\omega_2)\int f_2(\omega'_1,\omega'_2)\alpha(\omega'_1)\alpha(\omega'_2)\mathrm{d}\omega'_1\mathrm{d}\omega'_2\Big\}C$$

(27)

$$\langle 0 \mid \int f_{41}(\omega)B^+(\omega)\mathrm{d}\omega \mid 0\rangle_B$$
$$=\langle 0 \mid \int f_{41}(\omega)[a^+(\omega)-\alpha(\omega)]\mathrm{d}\omega \mid 0\rangle_B$$
$$=-\int f_{41}(\omega)\alpha(\omega)\mathrm{d}\omega \cdot C$$

(28)
$$\langle 0 | \int f_{42}(\omega_1,\omega_2) B^+(\omega_1) B^+(\omega_2) \mathrm{d}\omega_1 \mathrm{d}\omega_2 | 0\rangle_B$$
$$= \langle 0 | \int f_{42}(\omega_1,\omega_2) [a^+(\omega_1) - \alpha(\omega_1)]$$
$$\cdot [a^+(\omega_2) - \alpha(\omega_2)] \mathrm{d}\omega_1 \mathrm{d}\omega_2 | 0\rangle_B$$
$$= \int f_{42}(\omega_1,\omega_2) \alpha(\omega_1) \alpha(\omega_2) \mathrm{d}\omega_1 \mathrm{d}\omega_2 \cdot C$$

(29)
$$\langle 0 | a(\omega_1) | 0\rangle_B$$
$$= \langle 0 | [B(\omega_1) + \alpha(\omega_1)] | 0\rangle_B = \alpha(\omega_1) C$$

(30)
$$\langle 0 | a(\omega_1) \int f_{41}(\omega) B^+(\omega) \mathrm{d}\omega | 0\rangle_B$$
$$= f_{41}(\omega_1) C + \langle 0 | \int f_{41}(\omega) [a^+(\omega) - \alpha(\omega)]$$
$$\cdot [B(\omega_1) + \alpha(\omega_1)] \mathrm{d}\omega | 0\rangle_B$$
$$= \left[f_{41}(\omega_1) - \alpha(\omega_1) \int f_{41}(\omega) \alpha(\omega) \mathrm{d}\omega \right] C$$

(31)
$$\langle 0 | a(\omega_1) \int f_{42}(\omega'_1,\omega'_2) B^+(\omega'_1) B^+(\omega'_2) \mathrm{d}\omega'_1 \mathrm{d}\omega'_2 | 0\rangle_B$$
$$= \langle 0 | \left[\int f_{42}(\omega_1,\omega'_2) B^+(\omega'_2) \mathrm{d}\omega'_2 \right.$$
$$+ \int f_{42}(\omega'_1,\omega_1) B^+(\omega'_1) \mathrm{d}\omega'_1$$
$$\left. + \int f_{42}(\omega'_1,\omega'_2) B^+(\omega'_1) B^+(\omega'_2) a(\omega_1) \mathrm{d}\omega'_1 \mathrm{d}\omega'_2 \right] | 0\rangle_B$$
$$= \langle 0 | \left[\int f_{42}(\omega_1,\omega'_2) [a^+(\omega'_2) - \alpha(\omega'_2)] \mathrm{d}\omega'_2 \right.$$
$$+ \int f_{42}(\omega'_1,\omega_1) [a^+(\omega'_1) - \alpha(\omega'_1)] \mathrm{d}\omega'_1$$
$$+ \int f_{42}(\omega'_1,\omega'_2) [a^+(\omega'_1) - \alpha(\omega'_1)] [a^+(\omega'_2) - \alpha(\omega'_2)]$$
$$\left. \cdot [B(\omega_1) + \alpha(\omega_1)] \mathrm{d}\omega'_1 \mathrm{d}\omega'_2 \right] | 0\rangle_B$$
$$= \left\{ \int [f_{42}(\omega_1,\omega'_1) + f_{42}(\omega'_1,\omega_1)] \alpha(\omega'_1) \mathrm{d}\omega'_1 \right.$$

$$+ \alpha(\omega_1) \int f_{42}(\omega'_1, \omega'_2) \alpha(\omega'_1) \alpha(\omega'_2) d\omega'_1 d\omega'_2 \Big\} C$$

(32)
$$\langle 0 | a(\omega_1) a(\omega_2) | 0 \rangle_B$$
$$= \langle 0 | [B(\omega_1) + \alpha(\omega_1)][B(\omega_2) + \alpha(\omega_2)] | 0 \rangle_B$$
$$= \alpha(\omega_1) \alpha(\omega_2) \cdot C$$

(33)
$$\langle 0 | a(\omega_1) a(\omega_2) \int f_{41}(\omega) B^+(\omega) d\omega | 0 \rangle_B$$
$$= \langle 0 | \Big\{ a(\omega_1) f_{41}(\omega_2) + a(\omega_2) f_{41}(\omega_1)$$
$$+ \int f_{41}(\omega) B^+(\omega) a(\omega_1) a(\omega_2) d\omega \Big\} | 0 \rangle_B$$
$$= \langle 0 | \Big\{ [B(\omega_1) + \alpha(\omega_1)] f_{41}(\omega_2) + [B(\omega_2) + \alpha(\omega_2)] f_{41}(\omega_1)$$
$$+ \int f_{41}(\omega) [a^+(\omega) - \alpha(\omega)] [B(\omega_1) + \alpha(\omega_1)]$$
$$\cdot [B(\omega_2) + \alpha(\omega_2)] d\omega \Big\} | 0 \rangle_B$$
$$= \Big[\alpha(\omega_1) f_{41}(\omega_2) + \alpha(\omega_2) f_{41}(\omega_1)$$
$$- \alpha(\omega_1) \alpha(\omega_2) \int f_{41}(\omega) \alpha(\omega) d\omega \Big] C$$

(34)
$$\langle 0 | a(\omega_1) a(\omega_2) \int f_{42}(\omega'_1, \omega'_2) B^+(\omega'_1) B^+(\omega'_2) d\omega'_1 d\omega'_2 | 0 \rangle_B$$
$$= \langle 0 | \Big\{ \int f_{42}(\omega'_1, \omega'_2) [\delta(\omega_1 - \omega'_2) \delta(\omega_2 - \omega'_1) + \delta(\omega_1 - \omega'_1) \delta(\omega_2 - \omega'_2)$$
$$+ \delta(\omega_2 - \omega'_1) B^+(\omega'_2) a(\omega_1) + \delta(\omega_1 - \omega'_1) B^+(\omega'_2) a(\omega_2)$$
$$+ \delta(\omega_2 - \omega'_2) B^+(\omega'_1) a(\omega_1)$$
$$+ \delta(\omega_1 - \omega'_2) B^+(\omega'_1) a(\omega_2) + B^+(\omega'_1) B^+(\omega'_2) a(\omega_1) a(\omega_2)]$$
$$d\omega'_1 d\omega'_2 \Big\} | 0 \rangle_B$$
$$= \langle 0 | \Big\{ [f_{42}(\omega_2, \omega_1) + f_{42}(\omega_1 - \omega_2)]$$
$$+ \int f_{42}(\omega_2, \omega'_2) [a^+(\omega'_2) + \alpha(\omega'_2)][B(\omega_1) + \alpha(\omega_1)] d\omega'_2$$

$$+ \int f_{42}(\omega_1, \omega'_2)[a^+(\omega'_2) - \alpha(\omega'_2)][B(\omega_2) + \alpha(\omega_2)]d\omega'_2$$

$$+ \int f_{42}(\omega'_1, \omega_2)[a^+(\omega'_1) - \alpha(\omega'_1)][B(\omega_1) + \alpha(\omega_1)]d\omega'_1$$

$$+ \int f_{42}(\omega'_1, \omega_1)[a^+(\omega'_1) - \alpha(\omega'_1)][B(\omega_2) + \alpha(\omega_2)]d\omega'_1$$

$$+ \int f_{42}(\omega'_1, \omega'_2)[a^+(\omega'_1) - \alpha(\omega'_1)][a^+(\omega'_2) - \alpha(\omega'_2)]$$

$$\cdot [B(\omega_1) + \alpha(\omega_1)][B(\omega_2) + \alpha(\omega_2)]d\omega'_1 d\omega'_2\} \mid 0\rangle_B$$

$$= \{[f_{42}(\omega_2, \omega_1) + f_{42}(\omega_1, \omega_2)]$$

$$- \alpha(\omega_2) \int [f_{42}(\omega_1, \omega'_1) + f_{42}(\omega'_1, \omega_1)] \alpha(\omega'_1) d\omega'_1$$

$$- \alpha(\omega_1) \int [f_{42}(\omega_2, \omega'_1) + f_{42}(\omega'_1, \omega_2)] \alpha(\omega'_1) d\omega'_1$$

$$+ \alpha(\omega_1)\alpha(\omega_2) \int f_{42}(\omega'_1, \omega'_2) \alpha(\omega'_1) \alpha(\omega'_2) d\omega'_1 d\omega'_2\} C$$

参 考 文 献

[1] Alvermann A, Fehske H. Phys. Rev. Lett., 2009, 102: 150601.
[2] Garg A, Onuchic J N, Ambegaokar V. J. Chem. Phys., 1985, 83: 4491.
[3] Garg A. Phys. Rev. Lett., 1996, 77: 964.
[4] Leggett A J, Chakravarty S, Dorsey A T, et al. Rev. Mod. Phys., 1987, 59: 1.
[5] Rauschenbeutel A, Bertet P, Osnayyhi S, et al. Phys. Rev. A, 2001, 64: 050301.
[6] Chin A W, Prior J, Huelga S F, et al. Phys. Rev. Lett., 2011, 107: 160601.
[7] Winter A, Rieger H, Vojta M, et al. Phys. Rev. Lett., 2009, 102: 030601.
[8] Brif C, Mann A. Phys. Rev. A, 1996, 54: 4505.
[9] Guo C, Weichselbaum A, von Delft J, et al. preprint arXiv, 2011, 10: 6314.
[10] Zhao C, Lu Z, Zheng H. Phys. Rev. E, 2011, 84: 011114.
[11] Williams C P, et al. Phys. Rev. Lett., 2000, 85: 2733.
[12] Bouwmester D, Ekert A, Leilinger A. The Physics of Quantum Information. Berlin: Springer-Verlag, 2000.

[13] Solano E, Agarwal G S, Walher H. Phys. Rev. Lett. ,2003,90:027902.
[14] Solano E, de Matos Filho R L, Zagary N. Phys. Rev. Lett. ,2001,87:060402.
[15] Anders F B, Bulla R, Vojta M. Phys. Rev. Lett. ,2007,98:210402.
[16] Wong H, Chen Z D. Phys. Rev. B,2008,77:174305.
[17] Fiurasek J. Phys. Rev. A,2002,65:053818.
[18] Dowling J P. Phys. Rev. A,1998,57:4736.
[19] Hur K L. Ann. Phys. ,2008,323:2208.
[20] Hur K L, Doucet-Beaupre P, Hofstetter W. Phys. Rev. Lett. ,2007,99:126801.
[21] Liu Tao, Fan Yun Xia, Huang Shu Weng, et al. Commun. Theor. Phys. ,2007,47:791.
[22] Cheng M, Glossop M T, Ingersent K. Phys. Rev. B,2009,80:165113.
[23] Vojta M, Tong N H, Bulla R. Phys. Rev. Lett. ,2005,94:070604.
[24] Vojta M, Tong N H, Bulla R. ibid. ,2009,102:249904(E).
[25] Vojta M. Phil. Mag. ,2006,86:1807.
[26] Vojta M, Bulla R, Güttge F, et al. Phys. Rev. B,2010,81:075122.
[27] Bulla R, Lee H J, Tong N H, et al. Phys. Rev. B,2005,71:045122.
[28] Bulla R, Tong N H, Vojta M. Phys. Rev. Lett. ,2003,91:170601.
[29] Bulla R, Costi T A, Pruschke T. Rev. Mod. Phys. ,2008,80:395.
[30] Han R S, Gao X L, Wang K L, et al. Phys. Rev. B,2000,62:15579.
[31] Chakravarty S, Rudnick J. Phys. Rev. Lett. ,1995,75:501.
[32] Florens S, Freyn A, Venturelli D, et al. Phys. Rev. B,2011,84:155110.
[33] Florens S, Venturelli D, Narayanan R. Lect. Notes Phys. ,2010,802:145.
[34] Kehrein S K, Mielke A. Phys. Lett. A,1996,219:313.
[35] Liu T, Wang K L, Feng M. Euro phys. Lett. ,2009,86:54003.
[36] Liu Tao, Feng Mang, Li Lei, et al. arXiv,2012,1202:5719.
[37] Liu Tao, Feng Mang, Li Lei, et al. arXiv,2012,1203:3948.
[38] Weiss U. Quantum dissipative Systems. Singapore:World Scientic,1999.
[39] Makhlin Y, Schon G, Shnirman A. Rev. Mod. Phys. ,2001,73:357.
[40] Hou Y H, Tong N H. Euro. Phys. J. B,2010,78:127.
[41] Lu Z, Zheng H. Phys. Rev. B,2007,75:054302.

名 词 索 引

(给出英文名和所在的章节)

A

暗态　Dark state　　2.2
A(B)算符真空态　Vacuum state of A(B) operator　　2.3

B

保真度　Fidelity　　3.3
本征矢　Eigenvector　　3.4
变分法　Variational method　　5.1, 5.2, 5.3, 6.2, 6.3
标度　Scale　　3.3, 7.3
标度变换　Scale transformation　　7.3
波函数　Wave function　　1.1, 3.4, 5.2, 6.2, 6.3
玻色爱因斯坦凝聚　Bose Einstein condensation　　3.5
玻色场　Boson field　　2.2, 2.3, 2.4, 3.1, 3.2, 3.3, 4.2, 4.3
玻色子　Boson　　1.1, 1.2, 2.2, 2.3, 3.1, 3.3, 4.2, 4.3, 5.1, 5.2, 5.3, 6.4
Berry 相　Berry phase　　3.3
Bloch-Sigert 能级移动　Bloch-Sigert shift　　2.1

C

超导比特　Superconductor qubit　　2.4
超辐射相　Superradiance phase　　3.2, 3.4, 3.5
磁化　Magnetization　　3.3, 7.3
Cauchy-Schwarty(柯西-施瓦茨)不等式　Cauchy-Schwarty inequality　　3.4

D

导体相　Metal phase　　1.1
电荷转移　Charge transfer　　5.2
电路 QED　Circuit QED　　2.4, 3.4, 3.5
电偶矩　Electric dipole moment　　2.1
电声作用　Electron-phonon coupling　　5.2, 6.2, 6.3
定态　Stationary state　　5.2, 5.3, 5.4, 6.1, 6.2, 6.3, 6.4, 7.1, 7.2

定域声子　Localized phonon　　5.1，5.3，6.1
Dicke(狄克)模型　Dicke model　　5.1，3.1

F

费曼图　Feynman diagrams　　1.1
费米子　Fermion　　1.1，1.2，6.3，6.4
非旋波近似　Non-rotating wave approximation　　1.2，2.2，2.3，2.4，2.6
非线性薛定谔方程　Non-linear Schrödinger equation　　5.2
分布函数　Distribution function　　7.1，7.3
分布角　Distribution angle　　6.1
辐射损伤　Radiation damage　　5.2
Feynman(费曼)路径积分　Feynman's path integral　　6.1
Fock(福克)态　Fock state　　1.1，2.2，2.3，3.3

G

格点　Lattice point　　5.1，5.2，5.3，5.4，6.1
关联函数　Correlation function　　5.3，5.4
光学声子　Optical phonon　　6.1，6.2，6.4
干 DNA　Dry DNA　　5.2
Glauber-Sudanshan-P 函数　Glauber-Sudanshan-P function　　6.4
Green(格林)函数　Green function　　1.1

H

耗散　Dissipation　　4.1，7.1，7.2，7.3
红外发散　Infrared divergence　　7.1，7.3
Hausdorf(豪斯多夫)公式　Hausdorf formula　　1.2
Hilbert(希尔伯特)子空间　Hilbert subspace　　1.1，3.5
Holstein 模型　Holstein model　　2.1，5.1，5.2，5.3，5.4，6.1
Holstein-Primakov 单振子变换理论　Holstein-Primakov transformation theory　　1.1

J

极化子　Polaron　　5.1，5.2，5.3，6.1，6.2，6.3
概率　Probability　　5.2，5.3，6.4，7.2，7.3
基态　Ground state　　1.2，2.3，2.4，3.1，3.2，3.3，3.5，4.3，5.2，5.3，5.4，6.1，6.3，6.4，7.3
激子　Excition　　6.3
晶格位移　Lattice displacement　　5.2
静止极化子　Static polaron　　6.1
纠缠动力学　Entanglement dynamics　　2.6
巨磁阻　Giant Magneto resistance　　5.1

绝缘相　Insulating phase　　　1.1
Jaynes-Cummings 模型　Jaynes-Cummings model　　　2.1

L

粒子阱　Ion trap　　　2.1
连续近似　Continuous approximation　　　5.2
量子崩塌　Quantum collapse　　　2.2
量子多体系统　Quantum many-body system　　　1.1
量子复活　Quantum resurrection　　　2.3
量子纠缠　Quantum entanglement　　　2.6
量子通信　Quantum communication　　　2.1，2.6
量子相变　Quantum phase transition　　　7.3
量子涨落　Quantum fluctuation　　　3.3
临界耦合常数　Critical coupling constant　　　3.3
临界指数　Critical exponent　　　3.2
裸电子　Bare electron　　　6.2
Lang-Firsov 变换　Lang-Firsov transformation　　　5.1
Larmor(拉莫尔)频率　Larmor frequency　　　2.1
LLP 变换　LLP transformation　　　6.1
Λ 型原子　atom of Lambda type　　　2.1

M

模拟退火　Simulated Annealing(SA)　　　5.2
Migdal 近似　Migdal approximation　　　5.1
MLF 方法　MLF method　　　5.3，5.4
Monte Carlo(蒙特卡罗)方法　Monte Carlo method　　　5.2，6.1

N

No-Go 定理　No-Go theorem　　　3.4，3.5

O

耦合强度　Strength of coupling　　　3.5，5.3，5.4，7.1，7.3

P

谱函数　Spectral function　　　7.1，7.3
Pauli 矩阵　Pauli matrix　　　2.1，3.1，3.5
Polariton 模型　Polariton model　　　6.4

Q

奇异性　Singularity　　　3.3，5.3，6.1

腔电动力学　Cavity quantum electrodynamics　　2.1，2.4，3.1
囚禁　Trap　　2.1，3.1，4.1
驱动场　Driving field　　2.1

R

热库　Heat reservoir　　2.6，7.1，7.2，7.3
Rabi 模型　Rabi model　　2.1，2.2，4.1

S

声子库　Phonon bath　　4.1
声子数密度　Phonon number density　　6.1
声子云　Phonon cloud　　6.2
受激辐射　Stimulated radiation　　1.1
受激吸收　Stimulated absorption　　1.1
束缚能　Bound energy　　5.2，6.2，6.3
双极化子　Bipolaron　　6.2，6.3
双声子　Biphonon　　5.2
Schwinger 双振子理论　Schwinger's biooscillator theory of angular momentum　　1.1
Spin-Boson 模型　Spin-Boson model　　2.1，4.3，5.1，7.3

T

TRK 求和定则　TRK sum rule　　3.4，3.5

V

Van Neumann 熵　Van Neumann entropy　　7.3

W

微扰论　Perturbation theory　　1.1
Wigner 函数　Wigner function　　3.3

X

相干态　Coherent state　　1.2，2.2，2.3，2.4，2.5，2.6，3.3，5.2，5.3，5.4，6.1，6.2，6.3，6.4，7.3
相干态正交化　Diagonalization coherent state　　2.4，2.5，2.6，5.4，6.1，6.2，7.3
序参量　Order parameter　　1.1
旋波近似　Rotating wave approximation　　1.2，2.1，2.2，2.3，2.4，2.5，2.6，3.2

Y

压缩态　Squeezed state　　6.4
幺正变换　Unitary transformation　　1.2，2.1，2.4，2.6，3.3，6.1，6.3，7.3

宇称　Parity　　2.3，2.4，2.5，2.6，3.1，3.2，3.3，4.2，4.3，7.3
宇称算符　Parity operator　　2.3，2.4，2.5，3.1，3.2，3.3，4.2，7.3
跃迁频谱　Transition spectrum　　2.4
跃迁禁戒　Forbiddenness of a transition　　2.1
运动极化子　moving polaron　　6.2
Yukawa 型相互作用　Interaction of Yukawa type　　1.1

Z

正常相　Normal phase　　3.2，3.4，3.5
正则变换　Canonical transformation　　1.2，6.4
准粒子　Quasi-particle　　6.4
自发辐射　Spontaneous radiation　　1.1
自发破缺　Spontaneous symmetry breaking　　3.3，3.4
自陷态　Self-trapping state　　5.1